普通高等教育"十三五"规划教材（软件工程专业）

数据库原理及应用（MySQL 版）

主　编　高　亮　韩玉民

副主编　赵　冬　郭　丽

中国水利水电出版社
www.waterpub.com.cn

·北京·

内 容 提 要

本书主要介绍数据库的基本原理，并以 MySQL 数据库为平台，讲解关系型数据库基本原理在 MySQL 数据库中的应用，是数据库原理和 MySQL 数据库应用学习的基础教材。

本书共 16 章，第 1 章介绍数据库基本概念；第 2 章介绍概念模型设计；第 3 章介绍逻辑模型设计；第 4 章介绍 MySQL 数据库环境；第 5 章介绍 MySQL 数据库的创建与管理；第 6 章介绍数据表的创建与管理；第 7 章介绍数据更新与维护相关的 DML 语句及其用法；第 8 章介绍数据查询语句及其用法；第 9 章介绍 SQL 编程基础，如 MySQL 常用函数、游标等；第 10 章介绍视图的定义与使用；第 11 章介绍索引的定义与使用；第 12 章介绍存储过程的定义与使用；第 13 章介绍触发器的定义与使用；第 14 章介绍 MySQL 数据库的安全管理；第 15 章介绍 MySQL 高级应用；第 16 章使用 Java 语言进行 MySQL 数据库应用软件开发，以此介绍 Java 操作 MySQL 数据库的方法。

本书以图书管理系统的数据库设计为例，以案例驱动的方式引出知识点和内容讲解，帮助读者理解每一个知识点在实际项目中的应用。本书可作为高等院校计算机相关专业数据库课程的教材，也可作为软件开发人员、数据库管理人员的参考用书。

图书在版编目（CIP）数据

数据库原理及应用：MySQL版 / 高亮，韩玉民主编
． -- 北京：中国水利水电出版社，2019.3（2022.7 重印）
 普通高等教育"十三五"规划教材．软件工程专业
 ISBN 978-7-5170-7228-7

Ⅰ．①数… Ⅱ．①高… ②韩… Ⅲ．①关系数据库系统－高等学校－教材 Ⅳ．①TP311.132.3

中国版本图书馆CIP数据核字(2018)第273673号

策划编辑：石永峰　　　责任编辑：张玉玲　　　封面设计：李 佳

书　　名	普通高等教育"十三五"规划教材（软件工程专业） **数据库原理及应用（MySQL版）** SHUJUKU YUANLI JI YINGYONG （MySQL BAN）
作　　者	主　编　高　亮　韩玉民 副主编　赵　冬　郭　丽
出版发行	中国水利水电出版社 （北京市海淀区玉渊潭南路1号D座　100038） 网址：www.waterpub.com.cn E-mail：mchannel@263.net（万水） 　　　　sales@mwr.gov.cn 电话：（010）68545888（营销中心）、82562819（万水）
经　　售	北京科水图书销售有限公司 电话：（010）68545874、63202643 全国各地新华书店和相关出版物销售网点
排　　版	北京万水电子信息有限公司
印　　刷	三河市德贤弘印务有限公司
规　　格	184mm×260mm　16开本　17.5印张　432千字
版　　次	2019年3月第1版　2022年7月第3次印刷
印　　数	5001—7000 册
定　　价	48.00 元

凡购买我社图书，如有缺页、倒页、脱页的，本社营销中心负责调换
版权所有·侵权必究

前　　言

数据库是计算机相关专业的专业基础课程，主要讲解关系型数据库基本原理及其应用。

MySQL 是由瑞典 MySQL AB 公司开发的开源数据库产品，目前属于 Oracle。MySQL 是目前最流行的关系型数据库管理系统之一。在 Web 应用方面，MySQL 是最好的 RDBMS（Relational Database Management System，关系数据库管理系统）应用软件之一。

本书是数据库原理和 MySQL 数据库应用学习的基础教材，在讲解关系型数据库基本原理的同时，以 MySQL 数据库为平台，介绍关系型数据库理论在 MySQL 数据库中的具体应用。

本书主要介绍关系型数据库的基本原理和 MySQL 数据库的基本应用，包括数据库的基本概念、概念数据模型、逻辑数据模型、关系数据库理论、标准 SQL 语句、MySQL 数据库管理、数据表管理、数据管理、视图、索引器、存储过程、触发器、安全管理以及 MySQL 数据库的高级应用等。本书可作为高等院校计算机相关专业数据库课程的教材，也可作为软件开发人员和数据库管理人员的参考用书。

本书共 16 章，可分为以下三部分：

（1）第一部分：第 1 章～第 3 章，介绍数据库基本概念、关系型数据库基本理论。

（2）第二部分：第 4 章～第 15 章，结合关系数据库理论，介绍 MySQL 数据库的基本应用，包括 MySQL 数据库环境、数据库管理、数据表管理、DML、视图、索引、存储过程、触发器、安全管理和 MySQL 高级应用等。

（3）第三部分：第 16 章，通过数据库应用案例介绍 Java 语言操作 MySQL 数据库的基本方法和技巧。

本书由高亮、韩玉民担任主编，赵冬、郭丽担任副主编。全书共 16 章，第 1 章、第 4 章、第 14 章由韩玉民编写，第 2 章、第 3 章、第 7 章由贾晓辉编写，第 5 章、第 16 章由高亮编写，第 6 章、第 12 章、第 13 章由赵冬编写，第 8 章、第 10 章、第 11 章由朱彦松编写，第 9 章、第 15 章由郭丽编写，全书由高亮、韩玉民负责统稿。

本书在编写过程中得到了中原工学院车战斌教授和郭基凤教授的指导和帮助。本书的出版得到了中原工学院教材建设基金资助，另外也吸收了许多相关专著和文献的优点，在此一并表示感谢。

由于编者时间和水平有限，书中不当之处在所难免，恳请广大读者批评指正。

编　者
2018 年 12 月

目　　录

前言

第1章　数据库基本概念 ... 1
1.1　数据与数据管理技术 ... 1
1.1.1　数据 ... 1
1.1.2　数据管理技术 ... 1
1.2　数据库 ... 2
1.3　数据库管理系统 ... 2
1.4　数据库系统 ... 3
1.5　数据库系统的结构 ... 3
1.5.1　数据库三级模式结构 ... 3
1.5.2　三级模式之间的映射 ... 4
1.6　结构化查询语言SQL ... 5
1.7　数据库系统设计步骤 ... 6
1.8　常用数据库管理系统 ... 7
习题 ... 9

第2章　概念模型设计 ... 10
2.1　概念模型的基础知识 ... 10
2.1.1　数据模型 ... 10
2.1.2　信息的三个世界 ... 10
2.1.3　概念模型概述 ... 12
2.1.4　概念模型的基本概念 ... 12
2.2　概念模型的设计方法与步骤 ... 14
2.3　示例——图书管理系统的概念模型设计 ... 19
习题 ... 20

第3章　逻辑模型设计 ... 22
3.1　逻辑模型的基础知识 ... 22
3.1.1　关系模型概述 ... 22
3.1.2　关系数据模型的基本概念 ... 22
3.2　关系的完整性 ... 24
3.3　关系数据库理论 ... 25
3.3.1　关系模式设计中的问题 ... 25
3.3.2　函数依赖 ... 26
3.3.3　范式 ... 27
3.3.4　关系模式的规范化 ... 32

3.4　数据库逻辑模型设计 ... 33
3.4.1　概念模型向关系模型的转换规则 ... 33
3.4.2　采用E-R模型图方法的逻辑设计步骤 ... 35
3.5　示例——图书管理系统的逻辑模型设计 ... 36
习题 ... 37

第4章　MySQL数据库环境 ... 39
4.1　MySQL简介 ... 39
4.2　MySQL的安装与配置 ... 39
4.2.1　MySQL的下载 ... 39
4.2.2　Windows平台下MySQL的安装 ... 42
4.2.3　Linux平台下MySQL的安装 ... 55
4.3　MySQL启动与关闭 ... 61
4.3.1　Windows平台下MySQL的启动与关闭 ... 61
4.3.2　Linux平台下MySQL的启动与关闭 ... 63
4.4　MySQL图形化客户端 ... 63
4.4.1　MySQL Workbench简介 ... 63
4.4.2　MySQL-Front简介 ... 69
4.4.3　Navicat for MySQL简介 ... 70
习题 ... 72

第5章　数据库创建与管理 ... 73
5.1　创建数据库 ... 73
5.1.1　可视化创建数据库 ... 73
5.1.2　命令行创建数据库 ... 76
5.2　修改数据库 ... 78
5.2.1　可视化修改数据库 ... 78
5.2.2　命令行修改数据库 ... 80
5.3　删除数据库 ... 81
5.3.1　可视化删除数据库 ... 81
5.3.2　命令行删除数据库 ... 81
5.4　备份数据库 ... 82
5.4.1　可视化备份数据库 ... 82

| 5.4.2   命令行备份数据库 … 83
| 5.5   还原数据库 … 84
| 5.5.1   可视化还原数据库 … 84
| 5.5.2   命令行还原数据库 … 84
| 习题 … 85

第6章 数据表创建与管理 … 86
6.1   数据表基本概念 … 86
6.2   MySQL 中的基本数据类型 … 86
   6.2.1   数值数据类型 … 86
   6.2.2   日期和时间类型 … 87
   6.2.3   字符串类型 … 88
6.3   创建数据表 … 89
   6.3.1   用 CREATE TABLE 语句创建表 … 89
   6.3.2   在 Workbench 客户端创建表 … 92
6.4   查看数据表 … 97
6.5   修改数据表 … 100
6.6   删除数据表 … 102
6.7   约束设置 … 103
   6.7.1   非空约束 … 103
   6.7.2   唯一性约束 … 104
6.8   示例——图书管理系统的数据表建立 … 104
习题 … 106

第7章 数据更新 … 108
7.1   插入记录 … 108
7.2   修改记录 … 109
7.3   删除记录 … 109
7.4   示例——图书管理系统的数据更新 … 110
习题 … 110

第8章 数据查询 … 112
8.1   关系代数理论 … 112
8.2   单表查询 … 114
8.3   连接查询 … 122
8.4   嵌套查询 … 126
8.5   示例——图书管理系统的数据输入与维护 … 129
习题 … 130

第9章 SQL 编程基础 … 131
9.1   SQL 编程基础语法 … 131
   9.1.1   系统变量 … 131

   9.1.2   用户变量 … 135
   9.1.3   运算符 … 137
9.2   MySQL 系统函数 … 140
   9.2.1   条件判断函数 … 140
   9.2.2   数学函数 … 142
   9.2.3   字符串函数 … 144
   9.2.4   日期函数 … 148
   9.2.5   系统信息函数 … 156
   9.2.6   聚合函数 … 157
9.3   MySQL 自定义函数 … 159
   9.3.1   创建及调用函数 … 159
   9.3.2   复合语句语法 … 161
   9.3.3   函数中的变量 … 162
   9.3.4   流程控制结构 … 165
   9.3.5   查看函数 … 170
   9.3.6   删除函数 … 171
   9.3.7   通过 MySQL Workbench 管理函数 … 172
9.4   示例——获取图书借阅排名的函数定义 … 174
习题 … 177

第10章 视图 … 178
10.1   视图概念 … 178
10.2   创建视图 … 179
10.3   使用视图 … 181
10.4   修改与删除视图 … 181
10.5   示例——图书管理系统的视图创建 … 184
习题 … 184

第11章 索引 … 185
11.1   索引概念 … 185
11.2   索引的创建 … 186
11.3   索引的使用 … 188
11.4   索引的删除 … 189
11.5   示例——图书管理系统的索引创建 … 190
习题 … 190

第12章 存储过程 … 191
12.1   存储过程基本概念 … 191
12.2   创建存储过程 … 192
12.3   调用存储过程 … 196
12.4   查看和修改存储过程 … 198
   12.4.1   显示存储过程和函数状态 … 198

12.4.2 显示存储过程的源代码············200
12.4.3 修改存储过程············201
12.5 删除存储过程············201
12.6 示例——图书管理系统的存储过程创建············202
习题············202

第13章 触发器············203
13.1 触发器基本概念············203
13.1.1 MySQL 触发器简介············203
13.1.2 触发器命名············204
13.1.3 SQL 触发器的优点············204
13.1.4 SQL 触发器的缺点············204
13.2 创建触发器············204
13.3 删除触发器············207
习题············207

第14章 MySQL 用户管理与权限管理············208
14.1 授权管理表与访问控制············208
14.1.1 user 表············208
14.1.2 db 表············209
14.1.3 tables_priv 表············210
14.1.4 columns_priv 表············210
14.1.5 mysql.procs_priv 表············211
14.1.6 访问控制机制············212
14.2 用户管理············213
14.2.1 新建用户············214
14.2.2 修改用户密码············215
14.2.3 删除用户············216
14.3 权限管理············216
14.3.1 授予权限············216
14.3.2 查看权限············218
14.3.3 撤销权限············219
14.4 使用 Workbench 管理用户与权限············220
14.5 示例——图书管理系统的用户与权限设置············224
14.5.1 用户分类与权限分配············224
14.5.2 用户管理与权限授予············225
习题············226

第15章 MySQL 的高级应用············227
15.1 MySQL 中的大数据问题处理与分析············227
15.2 数据切分············228
15.2.1 MySQL 数据表分区············229
15.2.2 MySQL 数据库分表············238
15.3 MySQL 主从复制············239
15.4 SQL 优化············243
15.4.1 MySQL 运行原理············243
15.4.2 SQL 编写技巧············245
习题············246

第16章 数据库编程示例——知识自测系统············247
16.1 项目目标············247
16.2 系统需求············247
16.2.1 需求描述············247
16.2.2 用户及功能描述············247
16.3 概念模型设计············248
16.4 逻辑模型设计············248
16.5 物理模型设计············249
16.6 技术准备············252
16.7 系统类结构设计············256
16.8 代码实现············257
16.8.1 entity.Teacher 类············257
16.8.2 util.DBConnection 类············258
16.8.3 dao.TeacherDao 类············259
16.8.4 view.TeacherMainFrm 类············262
16.8.5 view.TeacherManageFrm 类············264
16.8.6 view.TeacherEditFrm 类············268
16.9 本章小结············273

参考文献············274

第 1 章　数据库基本概念

数据是人类活动的重要资源。目前在计算机的各类应用中，用于数据处理的应用占 80%左右，特别是在当前的信息化时代，数据作为一种资源的重要性日益提高。数据库是存放数据的仓库；数据库系统是研究如何妥善地组织、存储和科学地管理数据的计算机系统。

数据库（Database，DB）一词早在 20 世纪 50 年代就已经提出，经过多年的发展，数据库技术已成为计算机科学的一个重要分支，是计算机科学技术中发展最快、应用最广泛的领域之一。学校的学生信息管理、企业中的企业信息管理、银行信息管理，以及国家的各种信息管理等，都广泛应用了数据库技术，数据库技术已是计算机信息系统和应用程序的核心技术和重要基础。

本章主要介绍数据库系统的基本概念、SQL 语言、数据库系统设计步骤和常用的数据库管理系统。

1.1　数据与数据管理技术

1.1.1　数据

数据（Data）是描述事物的符号记录，具体来讲就是人们从客观世界当中抽取感兴趣事物的特征或属性。数据是信息的符号表示或载体。信息是数据的内涵，是数据有意义的表示。

数据能够被记录、存储和处理。在计算机中，数据包括数字、文字、图形、图像、音频、视频等，对数据进行处理加工后可以得到有用的信息。

数据具有一定的格式（语法）和含义（语义）。数据的格式规定了数据的语法结构，如身份证号、电话号码、车牌号等都有相应的编码规则，即语法定义。数据的含义（语义）是对数据的具体解释。

1.1.2　数据管理技术

数据管理技术是人们对数据进行收集、组织、存储、处理、传播和利用的一系列活动的总和。随着人们对数据处理需求的增加，以及计算机软件、硬件和应用的不断发展，数据管理技术的发展经历了人工管理、文件系统、数据库系统 3 个阶段。

1. 人工管理阶段

20 世纪 50 年中期代以前，计算机主要用于科学计算，外存只有穿孔纸带、卡片、磁带等，没有可以直接存取的磁盘等存储设备。软件也没有操作系统和数据管理软件，只有简单的管理程序，数据靠人工管理，数据处理是批处理方式。该阶段的主要特点是数据不长期保存在计算机中，使用应用程序管理数据，数据不独立于应用程序，并且应用程序间不能共享数据。

2. 文件系统阶段

20 世纪 50 年代后期到 20 世纪 60 年代中期，计算机技术得到了很大发展，有了磁盘、磁鼓等直接存取的存储设备，出现操作系统，并含有专门进行数据管理的功能（称为文件系统），使计算机在信息应用方面得到迅速发展。该阶段的主要特点是数据可以以文件形式长期保存在外存上重复使用，数据独立于程序，由文件系统来管理数据。

3. 数据库系统阶段

20 世纪 60 年代后期以来，计算机应用日益广泛，数据规模越来越大，出现了大容量磁盘、联机实时处理技术。随着计算机软硬件和网络通信的出现，人们对数据开始提出和考虑分布处理。文件系统已不能满足数据管理的要求，于是数据库系统便应运而生。数据库系统是数据管理技术的一个飞跃，该技术克服了文件系统的不足，可以对数据进行更有效、方便地管理。该阶段的主要特点是数据结构化，数据的独立性高、共享性高、冗余度低，易扩充，数据由数据库管理系统（DataBase Management System，DBMS）统一管理和控制，便于使用。

1.2 数据库

数据库是存储在计算机内、有组织的、统一管理的相关数据的集合。就是说数据库是存储数据的仓库，其中的数据是按一定的结构组织存储的，具有较小的冗余度、较高的数据独立性和易扩展性，可为多个用户共享。例如，高校的学生学籍信息数据库，学生成绩、学籍信息等都是按一定的结构和联系进行组织、存储，教务管理部门、任课教师和学生等用户都可以对数据进行权限允许的处理、查看等操作。

数据库只是用来存储数据，需要通过相应的软件才能对其中的数据进行处理。

1.3 数据库管理系统

数据库管理系统是对数据库进行管理的软件。数据库管理系统为数据库提供数据的定义、建立、维护、查询、统计等操作功能，并提供数据完整性、安全性、多用户并发使用、备份与恢复等管理功能。

数据库管理系统是位于用户和操作系统之间的一层数据管理软件，为用户或应用程序提供了访问数据库的各种方法，使用户可以透明地访问数据库，而不需要知道数据库的物理组织和存储方式。

DBMS 总是基于某种数据模型，采用关系数据模型的数据库管理系统称为关系数据库管理系统（Relational Database Management System，RDBMS）。关系数据模型数据结构简单、清晰、易用，目前常用的数据库管理系统几乎都是关系数据库管理系统，主要功能描述如下。

1. 数据定义功能

DBMS 中提供了多种数据库对象，包括数据表、视图、存储过程等，用户首先需要定义创建这些对象，然后才能使用。

DBMS 提供数据定义语言（Data Definition Language，DDL）。用户通过 DDL 可以方便地对数据库中的数据对象进行定义。

2. 数据操纵功能

DBMS 还提供数据操纵语言（Data Manipulation Language，DML）。用户可以使用 DML 实现对数据库的基本操作，如数据查询、插入、修改和删除等。

3. 数据库的运行管理

数据库在建立、使用和维护时由 DBMS 统一管理、统一控制，以保证数据的安全性、完整性，以及多个用户对数据并发使用和故障后的数据库恢复等，保证数据库能正确、有效地运行。

4. 数据库的建立和维护

数据库的建立和维护包括数据库初始数据的输入和转换功能，数据库的转储和恢复功能，数据库的重组、性能监测和分析等功能，这些功能由 DBMS 提供的一些实用程序完成。

1.4 数据库系统

数据库系统（Database System，DBS）是指包含数据库和数据库管理系统的计算机应用系统。

数据库系统通常由数据库、数据库管理系统、应用系统、数据库管理员及用户构成，如图 1-1 所示。

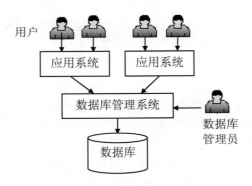

图 1-1 数据库系统的组成

负责数据库的建立、使用和维护等的专门管理人员被称为数据库管理员（Database Administrator，DBA）。

1.5 数据库系统的结构

1.5.1 数据库三级模式结构

从数据库最终用户的角度来看，即从数据库系统外部来看，数据库系统的体系结构可分为集中式结构（又可分为单用户结构和主从式结构）、分布式结构、客户/服务器结构和并行结构。

从数据库管理系统角度来看，数据库系统通常采用三级模式结构：外模式、内模式和概念模式，如图 1-2 所示。这是从数据库系统内部看到的体系结构。

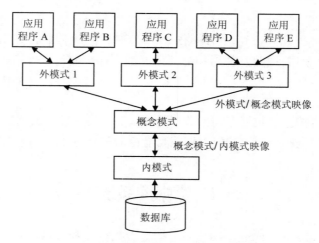

图 1-2 数据库系统的三级模式结构

1. 概念模式（逻辑模式、模式）

概念模式也称逻辑模式，常简称为模式。逻辑模式是数据库中整体数据的逻辑结构和特征的描述，包括概念记录类型、记录之间的联系、数据的完整性和安全性约束等数据控制方面的规定等。逻辑模式是所有用户的公共数据视图。例如，学籍数据库中有学生基本信息表、课程表、选课成绩表，以及各种视图和存储过程等对象，对这些对象及其关联的定义就构成了学籍数据库的逻辑模式。

2. 内模式（存储模式）

内模式也称存储模式，是对数据库内部数据物理存储结构的描述，定义了记录的存储结构、索引组织方式以及数据是否压缩、存储和加密等数据控制细节。

3. 外模式（用户模式）

外模式是数据库用户能看到和使用的数据的逻辑结构和特征的描述，是用户的数据视图，也是应用程序与数据库系统之间的接口。

用户可以通过数据定义语言和数据操纵语言来定义数据库的结构并对数据库进行操作，只需按所定义的外模式进行操作，无需了解概念模式和内模式的内部细节。

由于外模式通常是模式的子集，即一个用户通常只用到数据库中的部分数据，所以外模式通常也称为子模式或用户模式。对应于不同的用户和应用，一个数据库可以有多个不同的外模式。例如在学籍数据库系统中，教学管理部门可以分析、汇总学生成绩，而每个学生只能查看个人的成绩、学分等学籍有关信息等。

有时也将外模式、概念模式和内模式对应的不同层次的数据库分别称为用户级数据库、概念级数据库和物理级数据库。

1.5.2 三级模式之间的映射

在图 1-2 中可以看出，在三级模式之间还存在外模式/概念模式和概念模式/内模式两层映射，这是为了实现数据库三个抽象层次的联系与转换。

对一个数据库系统来说，实际上存在的只是物理级数据库，它是数据访问的基础；概念级数据库不过是物理级数据库的一种抽象描述；用户级数据库是用户和数据库的接口。用户根据外模式进行数据操作,通过外模式到概念模式的映射与概念级数据库联系起来,又通过概念级到内模式(存储)的映射与物理级联系起来,使用户不必关心数据在计算机中的具体表示方式和存储方式。

1. 外模式/概念模式映射

外模式/概念模式映射存在于外模式和概念模式之间,它定义了外模式和概念模式之间的对应关系。当数据库的概念模式改变时(如增加新的关系、新的属性、改变属性的数据类型等),而使外模式保持不变。因为应用程序依据外模式编写,所以外模式/概念模式映射使得应用程序不必随着概念模式的改变而修改,保证了数据与应用程序的逻辑独立性,简称数据的逻辑独立性。

2. 概念模式/内模式映射

概念模式/内模式映射存在于概念模式和内模式之间,它定义了数据库全局的逻辑结构与存储结构之间的对应关系,例如,说明逻辑记录和字段在内部是如何表示的。当数据库的内模式需要改变时(如改变存储结构),只需修改概念模式/内模式映射,使概念模式保持不变,从而使应用程序也不必修改,保证了数据与应用程序的物理独立性,简称数据的物理独立性。

DBMS 的中心工作之一就是完成三级模式之间的两层映射,把用户对数据库的操作具体实现到对物理设备的操作,实现数据与应用程序之间的独立性。

1.6 结构化查询语言 SQL

存储在数据库中的数据最终是要使用的,对数据库的主要操作就是数据查询。由于数据库规模通常很大,特别是在信息爆炸的时代,在庞大的数据库中快速准确地找到需要的数据,需要有效地数据查询技术和工具。SQL(Structured Query Language,结构化查询语言)是目前关系数据库系统广泛采用的数据查询语言。

SQL 由 Boyce 和 Chamberlin 于 1974 年提出,并在 IBM 研制的 System R 关系数据库管理系统上实现,1987 年成为国际标准。经多次改进,SQL 也从简单的数据查询语言逐渐成为功能强大、更加规范、应用广泛的数据库语言。

1. SQL 的特点

SQL 语言之所以能够在业界得到广泛使用,是因为其功能完善、语法统一、易学。SQL 主要有以下特点。

(1)功能的一体化。SQL 集数据定义语言(Data Definition Language,DDL)、数据操纵语言(Data Manipulation Language,DML)、数据控制语言(Data Control Language,DCL)于一体,能够实现定义关系模式、建立数据库、插入数据、查询、更新、维护、重构数据库、控制数据库安全性等一系列操作。

(2)统一的语法结构。SQL 有两种使用方式,一种是自含式(联机使用方式),即 SQL 可以独立地以联机方式交互使用;另一种是嵌入式,即将 SQL 嵌入到某种高级程序设计语言中使用。这两种方式分别适用于普通用户和程序员,虽然使用方式不同,但 SQL 的语法结构是统一的,便于普通用户与程序员交流。

(3)高度非过程化。SQL 是一种非过程化数据操作语言,即用户只需指出"干什么",

而无需说明"怎么干"。例如用户只需给出数据查询条件,系统就可以自动查询出符合条件的数据,而用户无需告诉系统存取路径及如何进行查询等。

(4)语言简洁。SQL 语句简洁,语法简单,非常自然化,易学易用。

2. SQL 的功能

SQL 主要有以下功能。

(1)数据定义。定义数据库的逻辑结构,包括定义基本表、视图和索引,还包括对基本表、视图、索引的修改与删除。数据定义功能通过数据定义语言(DDL)实现。

基本表是数据库中独立存在的表,简称为表。在 SQL 中一个关系就对应一个基本表,一个数据库中可以有多个基本表;一个或多个基本表对应一个存储文件;一个基本表可以有多个索引,索引也保存在存储文件中;视图则是由一个或多个基本表导出的表。

(2)数据操纵。主要包括数据查询和数据更新操作。数据查询是数据库应用中最常用、最重要的操作;数据更新则包括对数据库中记录的增加、修改和删除操作。数据操作功能通过数据操纵语言(DML)实现。

(3)数据控制。主要对数据库的访问权限进行控制,包括对数据库的访问权限设置、事务管理、安全性和完整性控制等。数据控制功能通过数据控制语言(DCL)实现。

(4)嵌入功能。SQL 可以嵌入到其他高级程序设计语言(宿主语言)中使用。

前面讲过 SQL 有自含式和嵌入式两种使用方式,SQL 的主要功能是数据操作,自含式方式数据处理功能较弱,而高级程序设计语言的数据处理功能较强,但其数据操作功能较弱,为了结合二者的优点,常将 SQL 嵌入到高级程序设计语言中使用,实现混合编程。

为了实现嵌入使用,SQL 提供了与宿主语言之间的接口。

1.7 数据库系统设计步骤

按照规范设计的方法,考虑数据库及其应用系统开发全过程,将数据库系统设计分为以下 6 个阶段:需求分析、概念结构设计、逻辑结构设计、物理结构设计、数据库实施、数据库的运行和维护,如图 1-3 所示。

在数据库设计过程中,需求分析和概念设计可以独立于任何数据库管理系统进行,逻辑设计和物理设计与选用的 DBMS 密切相关。

1. 需求分析阶段

设计数据库首先必须要准确了解和分析用户需求,需求分析的任务是通过详细调查现实世界要处理的对象和原有系统的应用情况,明确用户的各种需求,弄清系统要达到的目标和实现的功能。

需求分析是整个设计过程的基础,也是最困难、最耗时的一步。需求分析是否做得充分与准确,决定了数据库系统的质量与成败。如果需求分析做得差,会严重影响系统性能和实施进度。需求分析常用方法有结构化分析方法和面向对象的分析方法等。

2. 概念结构设计阶段

概念结构是独立于任何一种数据模型的信息结构。概念结构设计是通过对用户需求进行综合、归纳与抽象,形成一个独立于具体 DBMS 的概念模型,是整个数据库设计的关键,通常采用 E-R 模型描述设计结果。

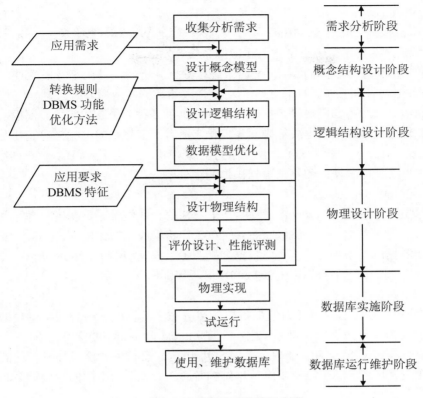

图 1-3　数据库系统设计步骤

3. 逻辑结构设计阶段

逻辑结构设计是将概念结构转换为某个 DBMS 所支持的数据模型,并对其进行优化。例如要使用 MySQL,就需要将概念结构设计的 E-R 模型转换成 MySQL 所支持的关系模型。

4. 物理设计阶段

物理设计的主要任务是为逻辑数据模型选取一个最适合应用环境的物理结构,包括数据存储结构、存储位置和存取方法。

5. 数据库实施阶段

本阶段系统设计人员通过 DBMS 提供的数据操作语言(如 SQL)及其宿主语言,根据逻辑设计和物理设计的结果建立数据库,编制和调试应用程序,组织数据入库,并进行试运行。

6. 数据库运行和维护阶段

数据库系统经过试运行后,即可投入正式运行,在数据库系统运行过程中必须不断地对其进行评价、调整和修改。

1.8　常用数据库管理系统

目前常用的数据库管理系统包括 Microsoft Access、Microsoft SQL Server、Oracle、MySQL、SQLite、MongoDB、DB2 等,本节将对它们作简要介绍。

1. Microsoft Access

Microsoft Access 是 Microsoft Office 办公组件之一,是 Windows 操作系统下基于桌面的关系数据库管理系统,主要用于中小型数据库应用系统开发。

Access 的功能体现在两个方面:一是用来进行数据分析,二是用来开发软件。在功能上 Access 不仅是数据库管理系统,而且是一个功能强大的数据库应用开发工具,它提供了表、查询、窗体、报表、页、宏、模块等数据库对象;提供了多种向导、生成器、模板,把数据存储、数据查询、界面设计、报表生成等操作规范化,不需太多复杂的编程,就能开发出一般的数据库应用系统。Access 采用 SQL 语言作为数据库语言,使用 VBA(Visual Basic for Application)作为高级控制操作和复杂数据操作的编程语言。

2. Microsoft SQL Server

Microsoft SQL Server 是 Microsoft 开发的基于 C/S 的企业级关系数据库管理系统,是目前最流行的数据库管理系统之一。从 SQL Server 2005 开始集成了.Net Framework 框架,其功能强大,组件包括数据库引擎、集成服务、数据分析服务、报表服务等。SQL Server 根据不同的应用主要包括企业版、商业智能版、标准版和精简版等。

3. Oracle

Oracle 是美国 Oracle 公司(甲骨文)提供的以分布式数据库为核心的一组数据库产品,是目前最流行的大型关系数据库管理系统之一,是 Oracle 公司的核心产品。

Oracle 数据库支持 C/S 和 B/S 架构,采用 SQL 语言,支持多种操作系统,并支持多种多媒体数据,如图形、声音、动画以及多维数据结构等。Oracle 根据不同的应用分为企业版、标准版、简化版等。

4. MySQL

MySQL 最初开发者为瑞典 MySQL AB 公司,2008 年被 Sun 公司收购,而 Sun 又在 2009 年被 Oracle 收购。

MySQL 是一个小型关系数据库管理系统,虽然其功能较大型数据库管理系统简单,但它具有开放源码、体积小、速度快、简单易用、成本低等特点,并提供可运行于多种操作系统下的版本。目前 MySQL 被广泛地应用在 Internet 上的中小型网站中,是目前最流行的数据库管理系统之一。MySQL 根据不同的应用主要分为企业版、社区版、集群版和高级集群版等。

5. SQLite

SQLite 最初由 D.Richard Hipp 开发,2000 年发布 SQLite 1.0 版。

SQLite 是一个开源的嵌入式关系数据库管理系统,具有自包容、高度便携、支持 ACID 事务、零配置、结构紧凑、占用资源少、高效、可靠等特点,目前广泛应用于智能手机等嵌入式产品中。

6. MongoDB

MongoDB 是一个基于分布式文件存储的数据库,是一个介于关系数据库和非关系数据库之间的产品,是目前应用最广的大型数据库管理系统之一。

MongoDB 的主要特点是高性能、易部署、易使用,面向集合存储,可以存储比较复杂的数据类型,支持多种语言,查询功能强大。

7. DB2

DB2 是 IBM 公司开发的大型关系数据库管理系统,主要应用于大型数据库系统,具有较好的可伸缩性，可支持多种硬件和软件平台，可以在主机上以主/从方式独立运行，也可以在 C/S 环境中运行，提供了高层次的数据利用性、完整性、安全性、可恢复性，并支持面向对象的编程和多媒体应用程序等。

习　　题

1. 什么是数据库？什么是数据库管理系统？什么是数据库系统？
2. 简述数据管理技术的几个发展阶段。
3. 简述数据库系统的组成。
4. 简述数据库系统的结构。
5. DBMS 的含义是什么？RDBMS 的含义是什么？
6. SQL 含义是什么？SQL 有哪些功能和特点？
7. 简述数据库系统的设计步骤。
8. 上网查阅 MySQL 的当前最新版本及其特性。

第 2 章　概念模型设计

概念结构设计是将用户需求抽象为信息结构的过程，最终表现为数据库的概念模型。这是数据库设计的开始，也是关键阶段。概念模型设计分为两个步骤，首先了解用户需求，然后抽象用户需求，并用概念模型表达。本章将介绍概念模型基础知识，并以图书管理系统为例建立概念模型。

2.1　概念模型的基础知识

2.1.1　数据模型

对于模型，特别是具体的模型，人们并不陌生，比如售楼处的建筑沙盘、展柜里的手机模型。模型就是对事物、对象等客观世界中具体内容的模拟和抽象，通过模型可以联想到现实。数据模型也是模型，是对现实世界事物的数据特征的抽象和模拟。

数据模型一般需要满足三个要求：第一，数据模型应该能够比较真实地模拟现实；第二，数据模型应该能够容易被人理解；第三，数据模型应该能够在计算机上很容易实现。因此，数据模型是一组定义严谨的概念集合，通过这些概念，能够描述对象的静态结构、动态执行等。数据模型通常由数据结构、数据操作等要素组成。

计算机可以直接处理的只有二进制数据，只有先把现实中的事物转换为计算机能够识别的数据，才能保证计算机理解。数据库应用系统就是模拟现实的处理方式，把现实中的具体事物转变为计算机能够处理的数据。

数据模型是模型化数据和信息的工具，根据模型应用目的的不同，可以将模型分为两大类：第一类是概念层数据模型，应用在设计阶段，与具体的数据库系统无关；第二类是组织层数据模型，从数据的组织方式来描述，包括层次模型、网状模型、关系模型、对象模型，从计算机系统的观点对数据建模，与所使用的数据库管理系统的种类有关。

2.1.2　信息的三个世界

信息的三个世界指现实世界、信息世界、计算机世界。供生存在现实世界，需要把现实世界中的事物转变到机器世界，才能利用计算机达到解决问题的目的。首先需要把现实世界抽象到信息世界，然后再将信息世界转变到机器世界，即首先将现实世界中的某些客观对象抽象成一种结构化信息即概念模型，它不依赖任何一个具体的计算机系统，然后再把它转变到机器世界，即为具体的数据库管理系统支持的数据组织模型。

1. 信息的现实世界

现实世界就是人们所在的客观世界。人们各自通过自己的眼睛学习和了解现实世界，并处理各种事务，信息的现实世界就是人类看到的事物、事物行为、事物之间的联系。比如，在学校里有老师、学生、图书馆、体育馆、食堂等各种实体，教师可以教学生学习知识，学生可以在食堂吃饭、可以去图书馆看书，这就是现实世界的一个小的组织。

2. 信息的本体世界

现实世界中的事物反映到人们的头脑里，经过认识、选择、分类等综合分析形成的印象和概念就是信息，当事物用信息来描述时，就进入了信息世界，比如，一个人有性别、年龄、职业、身高等不同特征，在招聘教师时可能关心应聘人的专业、学历、工作经历；在招聘保安时更关心应聘人的身高、性别、体重、健康历史。同样是对于一个人的描述，显然不同的场合需要的特征不同，这些所需要的特征就组成了信息。

信息世界通过概念模型、过程模型反映现实世界，需要对现实世界中的事物、事物之间的联系准确、全面地表示。概念模型描述事物之间的静态关系，使用 E-R 图表示，信息世界中存在实体、实体属性、实体之间的联系等概念。

（1）实体。现实世界中可以相互区分的事物或者概念称作实体。比如一个人、一台机器、一本书都是实体，实体也可以是一个概念，比如班级、书的分类、水果等。

（2）实体属性。每个实体都有自己的特征，这些特征是实体相互区别的基础。比如人，可以使用姓名、职业、身高、体重、五官等特征描述。每个实体的特征很多，但只选择对需求有用的特征，比如某招聘单位要求：学历、性别、身高、年龄，那么应聘的人在填写简历时注明这些特征即可。

（3）实体集。具有相同属性的实体集合称为实体集，一个实体集能够与另外的实体集相区别，同一实体集拥有同样的名称和属性，不同实体集具有不同的名称和属性。

（4）联系。现实世界具有不同的实体集，实体集之间具有不同的联系，比如人和空气、食物、水之间的联系保证了物质需要，人和书的联系保证了精神需要等。

3. 信息的计算机世界

信息世界中的信息经过计算机数字化处理进入计算机世界，计算机世界也叫数据世界或者机器世界，计算机世界的语言里有数据项、记录、文件等。

现实世界、信息世界、机器世界包含由客观到认识、由认识到使用的不同层次，它们之间的联系如图 2-1 所示。

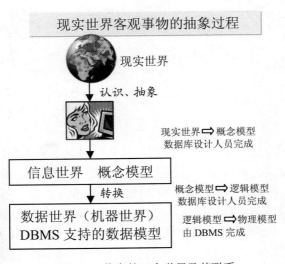

图 2-1 信息的三个世界及其联系

2.1.3 概念模型概述

对信息世界建模,是现实世界到信息世界的第一层抽象。模型具有较强的语义表达能力,同时具有简单清晰、容易被人理解的特征,比数据模型更独立于机器、更抽像,也更稳定。常用的概念层数据模型有实体-联系模型(E-R 模型)、语义对象模型等。

2.1.4 概念模型的基本概念

目前被广泛采用的用于描述现实世界的概念模型是实体-联系模型(E-R 模型)。它最早由美籍华裔科学家 Peter Chen(陈品山)于 1976 年在论文《实体联系模型:将来的数据视图》中提出,后来很多人对它进行了扩展和修改,出现了 E-R 模型的许多变种,但是绝大部分 E-R 模型的基本构件相同,仅仅表达方法有所差别。E-R 模型是概念模型的高层描述所使用的数据模型或模式图,它是设计者、编程者和客户之间的交流工具,为形象化数据提供了一种标准及逻辑化的途径,E-R 模型能够准确反映现实世界中的数据,因此是数据库设计人员必须掌握的重要技能。E-R 模型图包括实体、属性、联系三个基本概念,能够图形化表示信息,也称为 E-R 图,E-R 图中需要全面、准确地描述信息世界的基本概念,下面分别介绍。

1. 实体

实体集(Entity Set)是同一类实体的集合,实体特征用实体类型(Entity Type)表示,实体类型是对实体集中实体的定义。一般将实体、实体集、实体类型等概念统称为实体,实体用长方形表示,长方形内部注明实体的名称。椭圆表示实体具有的属性,椭圆内部注明属性的名称。比如有一个叫作图书的实体,具有书号、书名、出版社、价格、作者五个属性特征,可以用图 2-2 表示。

有些实体不是物理存在的事物,仅仅是一个概念,比如书的类型、水果、交通工具、图书目录等,但这些概念在系统中也表示独立存在的实体,比如水果就是一个抽象实体,水果有名称、形状、颜色等属性,如图 2-3 所示。

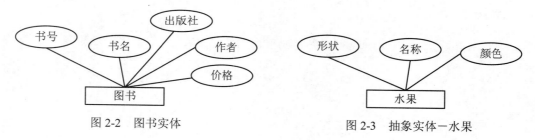

图 2-2 图书实体　　　　　　　　图 2-3 抽象实体-水果

2. 联系

现实世界中不存在孤立的事物,某些事物之间有联系,事物内部以及事物之间的联系在信息的本体世界中反映为实体内部的联系和实体之间的联系(Relationship),联系也称为关系。同一类联系称为联系集(Relationship Set)。联系的特征用联系类型(Relationship Type)表示,联系类型是对联系集中联系的定义,同实体一样,联系、联系集、联系类型统称为联系。

联系是实体之间的一种行为,一般会使用动词或者名词命名,比如参加、属于、教学、下载等。例如在高校里,教师跟课程之间是讲授的联系,学生跟课程之间就是学习或者选课的联系等。在 E-R 模型图中用菱形表示联系,菱形框内写明联系的名称,并用线段将联系与实体连接。

联系涉及的实体个数称为联系的元数或者度数（Degree），通常将一个实体内部之间的联系称为一元联系，两个不同实体之间的联系称为二元联系，三个不同实体之间的联系称为三元联系，以此类推，如图 2-4 所示。

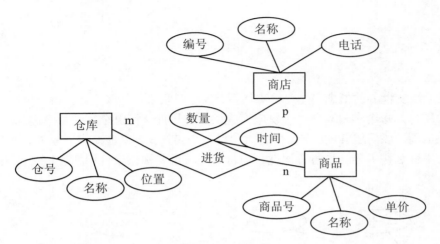

图 2-4　三元联系示例

实体之间联系更为详细的描述可以使用联系的基数表达。联系的基数有三种，分别是一对一（1:1）联系、一对多（1：n）联系、多对多（n：m）联系。比如班级和班长，一个班级只有一个班长，一个班长只能属于一个班级，班长与班级间为一对一联系，如图 2-5 所示；一个专业可以有多个学生，而一个学生只能属于一个专业，专业和学生间为一对多联系，如图 2-6 所示；图书和学生的借阅关系中，一个学生可以借阅多本图书，一本图书也可以被多个学生借阅，图书与学生间为多对多联系，如图 2-7 所示。

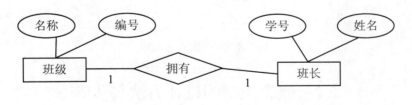

图 2-5　一对一联系

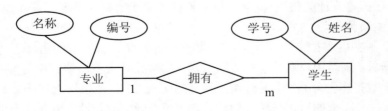

图 2-6　一对多联系

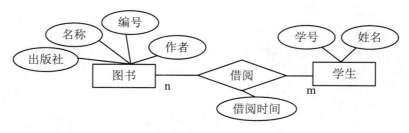

图 2-7 多对多联系

3. E-R 图

E-R 图表示现实世界的概念模型，用实体型、属性、联系表达。比如，每个供应商为多个项目提供多种零件，每个项目需要多个供应商提供多种零件，而每个零件可应用到多个项目，并来自多个供应商。该问题有供应商、零件、项目三个实体集。供应商有联系人、联系电话等属性，零件有零件名称、零件型号等属性，项目具有项目名称、项目周期等，具体 E-R 图如图 2-8 所示。

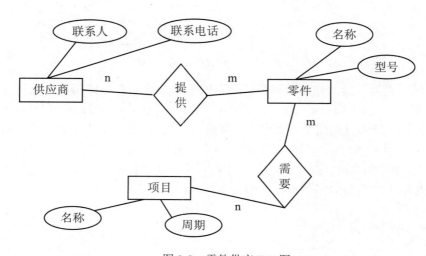

图 2-8 零件供应 E-R 图

2.2 概念模型的设计方法与步骤

概念模型设计的重点在于信息结构的设计，主要是将需要解决的问题抽象为代表不同信息的结构体，这是数据库设计的关键，概念模型的设计独立于数据库管理系统和逻辑模型的设计。

1. 概念模型的特点

概念模型从现实世界抽象而来，因此概念模型首先要具备丰富的语义表达能力，能够充分反映用户的需求，满足用户对信息的处理需求；同时设计人员需要经常与客户交流沟通，而概念模型独立于数据库管理系统，通过作为各方的交流工具，所以概念模型必须易于交流和理解；为了及时修订对需求的错误认识等问题，概念模型要容易修改；概念模型要能够方便地转变成计算机能够识别的各种数据库系统的逻辑模型。

2. 概念模型设计的策略

概念模型设计是数据库设计的关键阶段。概念模型设计得好，系统的实现及维护工作将轻松很多，尤其对于复杂的问题，更需要设计人员深思熟虑，采取更优化的方案执行，通常情况下概念模型可以采用自底向上、自顶向下或者混合方式进行设计。

自底向上：先定义局部的概念结构，完成各个确定的局部结构，再按照一定的规则集成，进而得到全局的概念结构。

自顶向下：先定义全局的概念结构，然后对全局结构逐步细化和调整，进而得到完整的、清晰的概念结构。

混合策略：将自顶向下和自底向上的方法结合，同时定义全局结构和局部结构，不断完善全局结构和局部结构，最终得到期望的概念结构。

概念结构设计重点在于信息结构的设计，使用集合概念，抽取现实业务系统的元素及其应用语义关联，最终形成 E-R 模型，最常用的方法是自底向上设计方法。

3. 概念模型的设计

自底向上的方法是从局部开始，逐步到全局的思考过程，通常情况下首先会具备清晰的局部思考，因此会采用自底向上方法，其概念结构设计可以分为以下三个步骤：

（1）设计局部 E-R 模型：确定局部清晰的实体及其联系。

通常情况下，一个数据库系统为多种类型用户提供服务，而各个类型的用户对数据的需求不同，为了更好地模拟现实世界，可以采取"分而治之"的策略，即分别考虑各个类型用户的需求，形成局部概念结构，然后再综合形成全局结构。局部 E-R 模型的设计过程如图 2-9 所示。

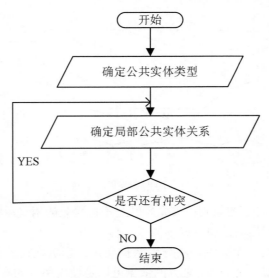

图 2-9　局部 E-R 模型结构设计过程

1）确定局部结构范围。设计局部 E-R 模型的第一步是确定局部结构的范围。划分局部结构可以采用两种方法。一种是依据系统的当前用户自然划分。比如某个数据库应用中，使用的用户有企业决策部门、生产部门、销售部门等，各部门对于数据内容和处理要求不同，因此可以分别为各个部门设计局部 E-R 模型；另一种划分方式是按照用户需要系统提供的服务归纳为不同类别，每一类应用访问的数据不同于其他类，为每类服务设计局部的 E-R 模型。比如高校一个应用服务中,可提供的服务为教师的档案信息查询、教师的科研成果查询、教师工资及职称的历史分析三类。这样做的目的就是可以降低统一考虑全部问题的复杂度,可以更清晰地描述局部现实世界。

局部结构的设计需要考虑范围的大小、范围之间的界限、范围的划分等因素,范围的大小要适度,太大了不方便分析,而太小局部结构过多,设计繁琐;范围之间的界限要清晰,相互之间的影响要小;范围的划分要自然,便于管理。

2)定义实体。每个局部结构都包括一些实体类型,实体定义的任务就是从信息需求和局部定义出发,确定每个实体类型的名称。实际上实体、属性、联系并没有截然不同的界限,划分的时候可以根据人们的习惯,避免冗余的信息等。实体类型确定后,实体的属性也随之确定,命名尽量反映语义性质,并保证唯一。

3)定义联系。E-R 模型的"联系"表达了实体之间的联系。可以对局部结构中的实体分析是否存在联系,若有联系,需要明确联系的基数是 1:1、1:n,还是 m:n 等。同时还需要分析实体内部是否存在联系,实体之间是否存在多元联系等。

确定联系时,还需要注意防止出现冗余的联系(可从其他联系中导出的联系),比如图 2-10 中教师和学生的联系就显得冗余。

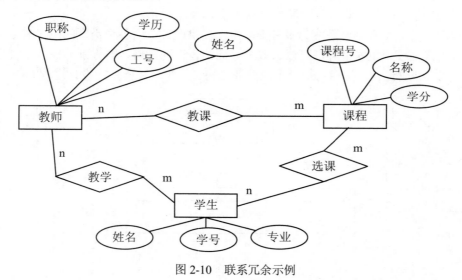

图 2-10 联系冗余示例

4)分配属性。属性确定的原则:首先属性是不可再分的语义单位,然后不同实体的属性之间没有直接关联关系,最后是属性必须属于实体。

如果多个实体都用到某个属性,将导致数据冗余,影响数据的存储效率及完整性约束,所以需要将该属性划归到某个实体,划分的依据可以是使用率高的实体。有些属性不宜归属任何一个实体。比如每个学生的每一门功课的成绩,既不应该属于学生也不应该属于课程,而是划归到选修联系中。

(2)设计全局的 E-R 模型:将局部的 E-R 图集成为全局的 E-R 图。

所有局部 E-R 模型设计完成后,需要把局部的 E-R 模型整合成一个完整的 E-R 模型。全局 E-R 模型不仅需要支持所有局部 E-R 模型,还必须合理地表示一个完整的、一致的系统数据库概念模型。全局的 E-R 模型设计过程如图 2-11 所示。

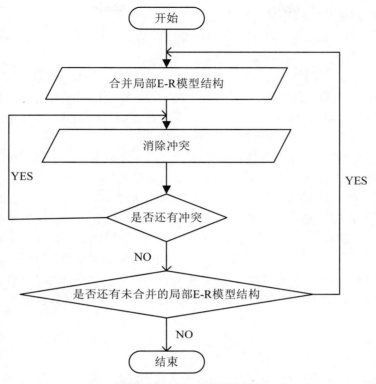

图 2-11 全局 E-R 模型设计

1）确定公共实体。公共实体类型的确定并非一目了然，特别是当系统规模比较庞大，拥有很多局部 E-R 模型时，局部 E-R 模型可能因为不同类型的用户对不同对象的理解，给予相同对象不同的描述，可能有的作为实体，有的作为属性，即使相同的实体，实体类型名称或者属性也会不同。在确定公共实体的过程中，一般会把同名实体类型当作公共实体类型的候选。

2）合并局部 E-R 模型。合并顺序会影响和并的效率和结果，建议合并原则：首先两两合并，可以有效减少合并工作的复杂性；再合并现实世界中有联系的局部结构；合并从公共实体类型开始，最后加入独立的局部结构，这样可以使得合并的规模尽量小。

3）消除冲突。因为局部 E-R 模型仅仅考虑部分用户的需求，因此不可避免会有不一致的地方，这些不一致称为冲突。一般情况下，冲突有三种类型。

a．结构冲突。同一实体在不同的局部 E-R 模型中属性不同，包括属性名称、属性的数量等，比如学生实体在一个局部 E-R 模型中，属性有姓名、性别，在另一个局部 E-R 模型中有姓名、学号、专业、入学时间。同一对象在不同的局部 E-R 模型的定义不同，比如"地址"在某个局部 E-R 模型中是一个实体的属性，而在另一个局部 E-R 模型中是一个实体。实体之间的联系在不同的局部 E-R 模型中呈现不同的类型，比如两个实体在一个局部 E-R 模型中是多对多联系，在另一个局部 E-R 模型中可能是一对多联系。

b．属性冲突。属性值的类型、属性的取值范围、属性集合不同，比如长度的单位中有的是米，有的是公里。

c．命名冲突。实体名称、属性名称、联系名称发生冲突。同名异义，同样名称的对象表达的语义不同；异名同义，表达同样语义的对象具有不同的名字。属性冲突和命名冲突可以通过讨论，经过协商解决，结构冲突则需要重新分析才能解决。

全局 E-R 模型的目的是消除冲突，建立一个完整的 E-R 模型，并且能够被所有类型的用户理解和接受。

（3）优化全局 E-R 模型：对相同的实体合并，消除冗余的属性和联系等。

得到全局 E-R 模型后，还会进一步根据需要对全局 E-R 模型进行优化。良好的全局 E-R 模型不仅能够准确、全面地反映用户需求，还会保证实体类型的数量、属性数量尽可能少，实体类型没有冗余联系等。全局优化也遵循一些优化原则。

1）实体类型的合并。这里的合并不是前面"公共实体类型"的合并，而是实体类型的合并，减少实体类型的数量，能够减少连接开销，提高处理效率。但从不同角度反映现实世界的实体类型合并成一个实体类型，可能会产生很多空值，需要在存储和查询之间平衡。

2）冗余属性的消除。通常在局部结构综合成全局结构之后，可能产生冗余属性。比如，某个局部结构设计中需要统计学生的性别、年龄，另外一个局部结构设计中需要统计学生的男女生数量、出生日期，合并设计中的年龄和出生日期，年龄属性冗余，可以消除。如果一个属性可以从其他属性导出，或者某个属性出现在不同的实体中，就存在冗余属性，应该在优化过程中将冗余属性消除。有时会因提高访问效率而保留一些冗余属性，这就牺牲了维护代价和存储空间。

3）冗余联系的消除。全局结构中也可能存在联系的冗余，需要利用规范化理论消除冗余联系。

比如在一个图书管理系统中，为了提高市民文化素质，由政府出面建立公共的读书场所，为了管理方便而提出了软件开发需求。该系统应该能够为市民提供借阅服务，因此可以得到市民和图书之间具有借阅关系，每个市民都可以根据图书馆制定的借阅规则在某工作时间借出一定数量的图书，同时对任何一本图书来说，可以在不同时间借阅给任何一个市民，因此图书和市民之间为多对多关系。

为了方便市民快速借书，需要对图书分类，这样图书和书类型之间具有一个属于关系，每种类型的图书有很多本，而每一本图书具有一个基本类型，比如《百年孤独》是一本文学著作，而文学著作还有《飘》《红楼梦》《三国演义》等，因此得出图书和类型之间为一对多关系。

根据类似的方法，就可以找出不同实体之间的联系，然后把这些实体及联系进行合并，得到一个完整的全局 E-R 模型，最后再优化得到最终的全局 E-R 模型。

4．设计过程中遇到的问题

首先可能遇到命名冲突问题，在数据库设计过程中，每个实体型、属性、联系在 E-R 图中只有唯一的名字，就是说不允许同一个实体型、属性、联系型在同一个 E-R 图中表示不同的含义。

其次是属性的冲突，同一实体的属性应该使用不同名字，不同实体型的属性有相同的含义，也使用相同名字。

还有结构上的冲突，在局部 E-R 图设计过程中，可能有语义相同的实体型命名不同，在合并时，要进行统一。另外还有将实体看作属性或将属性看作实体的问题。通常情况下，实体能够当作属性对待就划分成属性，这样能够降低实体型之间的联系。

不同的组织有不同的命名习惯，只要所有实体集一致地使用同一个习惯即可。当模式规模增大，关系更加复杂时，使用一致的命名方式会使得数据库设计和程序开发更轻松。

2.3 示例——图书管理系统的概念模型设计

1. 问题描述

某市为了更好地服务当地市民,新建了一所公共图书馆,图书馆藏书数万册,包括小说、生活、专业等多种类型。为了更好地开展服务,现欲开发图书管理系统,方便市民在图书馆看书和借阅。为了保证图书良好流通,防止借书不还等不良行为的发生,图书馆要求借出的图书总价值不能超过 100 元,借阅时间不超过 1 个月,逾期不还者,每本书每天罚款 0.1 元。市民如果需要办理图书证,只需带个人身份证,同时提交 100 元押金,即可到图书馆前台办理。

2. 概念模型分析与设计

根据问题描述,可以看出该图书管理系统中,为了方便图书查询、记录登记,需要区分每一本书,为了保证公民借书及归还书,图书和市民的信息需要保存以便管理。该图书管理系统主要是为了满足市民借阅的需要,如果市民遵守图书馆规定的借阅规则,就可以借出图书,因此很容易发现图书和公民两个实体存在借阅联系,因此得到局部的 E-R 图,如图 2-12 所示。

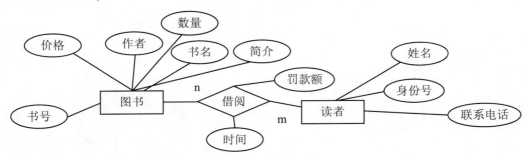

图 2-12　局部 E-R1

图书馆每年需要从出版社购书,因此出版社也是一个需要关注的实体集,图书和出版社有直接的购买联系;同时图书具有小说、生活等不同类型,通过类别读者可找到自己想阅读的书籍,因此书的类型也是需要考虑的实体集,图书和书的类型有直接所属联系,得到局部 E-R 图,如图 2-13 所示。

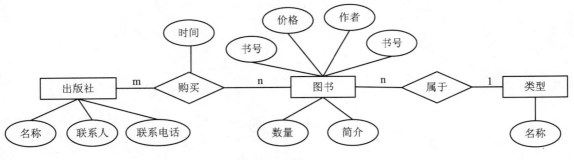

图 2-13　局部 E-R2

经过分析局部的 E-R 图后,逐步得到图书、读者、书类型、出版社等实体集,图书和读者存在借阅的联系,因为一个读者可以在某个时间借阅多本书,某本书可以在不同时间借给不同的人，因此读者与书存在多对多的关系，如图 2-14 所示。为了明确知道某个读者在什么时间因为哪本书被罚款，那么不仅需要知道借书时间，还需要知道还书时间，则 E-R 图如图 2-15 所示。

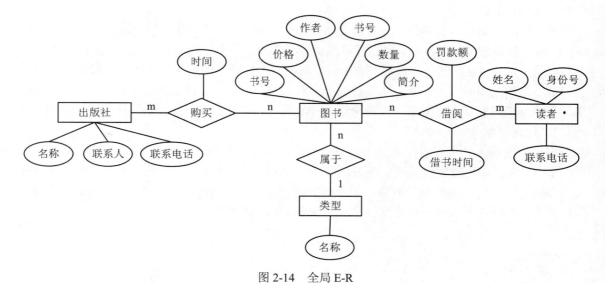

图 2-14　全局 E-R

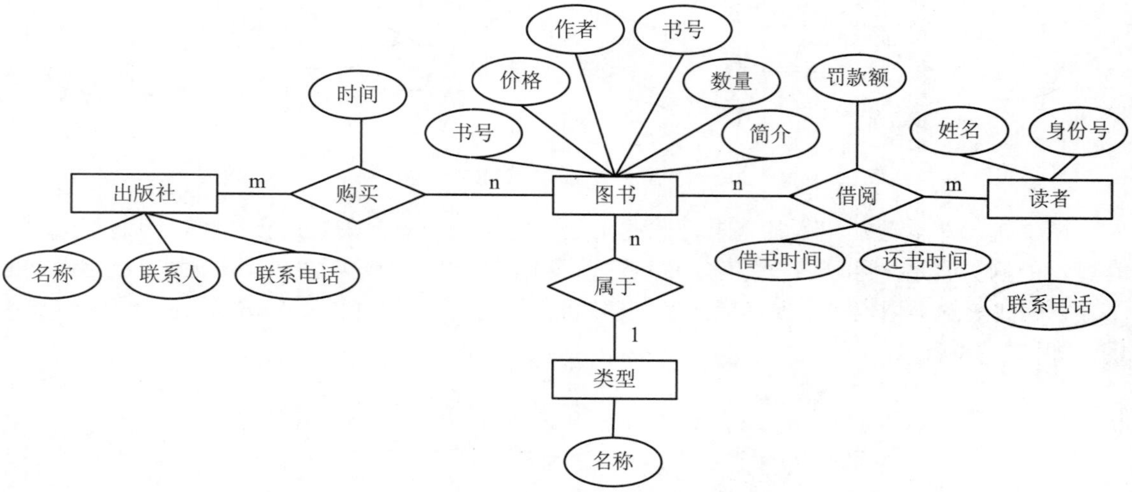

图 2-15　优化后全局 E-R

习　题

根据下列问题描述，设计概念模型。

1．企业仓库存放生产的商品，仓库管理员需要对库存进行保管，并根据库存量决定是否进货。进货时仓库管理员需要与供应商联系，供应商具有供应单位、联系地址、联系电话、联系人等基本信息，商品具有名称、数量、单价、批次等基本信息。不同的仓库存放不同商品，不同的仓库有仓库管理员、联系电话、仓库地址等信息。

2．选课过程中，学生可以根据个人能力、时间等选择课程学习，学校为学生开设不同课程。学生选课时，某些课程是针对特定专业设置，某些课程可供不同专业学生选择，某些课程可能需要先修的课程通过才能选择，公共选修课程一般是为了拓宽学生知识面，因此没有先修课程的要求，但是一些专业课程有先修课，比如在软件工程专业中，选修 Java 高级需要 Java 基础成绩及格，学生选课后在开课一周之内还可以退选或者改选，每个课程只能选修后才会有成绩。

3．某事业单位鼓励员工外出学习，当员工有学习需求时，提前联系上级领导，将学习内容、学习时间及费用告知领导，领导认同即可参加学习，学习结束后将学习内容汇报给相关管理人员，其他同志可以学习或者与参会者交流。

4．每个人为了防止遗忘重要事情或者出现差错，需要提前把一些待办事情记录下来，用来提醒自己，每件事情需要记录待办事件的处理时间、关于事件的描述，待办事情完成后可以对该事件进行标记。

5．某品牌连锁专卖，每个专卖店有一个业务员，每个业务员每天售出很多裤子，每个店面有多种类型的裤子，每款裤子有裤型、价格、面料等属性。该专卖店实行会员制，会员消费可以积分，买够一定数量的裤子将免费送一条裤子回馈顾客，顾客需要有联系方式，会员有一张会员卡。

第 3 章　逻辑模型设计

逻辑模型是对数据概念模型的进一步描述,是实现数据在计算机世界表达的基础。本章以关系模式为基础,介绍逻辑模型的设计方法和步骤,并实现图书管理系统的逻辑模型设计。

3.1　逻辑模型的基础知识

3.1.1　关系模型概述

关系数据模型起源于数学,它用二维表来组织数据,而这个二维表在关系数据库中称为关系,关系数据库就是表(或者说关系)的集合。

在关系数据库中,表是逻辑结构而不是物理结构。实际上,物理存储可以采用任何存储结构如顺序文件、索引、哈希、指针等形式,表是物理存储的一种抽象,对用户来说存储记录的位置、记录的顺序、数据值的表示都是不可见的。

3.1.2　关系数据模型的基本概念

用关系表示实体集及实体集之间联系的模型为关系数据模型,简称为关系模型,如表 3-1 所示就是学生基本信息的关系模型。关系模型是用二维表组织数据的模型。

表 3-1　学生基本信息

学号	姓名	性别	联系方式	家庭住址
201770024101	刘勇	男	13526784092	郑州
201770024102	李晨	男	13628763098	荥阳
201770024103	张敏	女	13894557846	新郑
201770024104	宋健	男	13927489876	驻马店

在关系模型中具有关系、元组、属性、主键、域等基本概念,下面具体展开描述。

1. 关系

关系就是二维表,满足以下条件:

(1)每一列都是不可再分的基本属性。表 3-2 所示的表就不是关系,因为家庭住址细分包含了属性省、市。

(2)关系中的各列名称互不相同,代表了关系不同方面的信息描述。

(3)关系中的行、列次序不重要,交换顺序也不影响所要表达的内容,比如性别、姓名交换顺序都没关系。

表 3-2　包含复合属性的学生信息

学号	姓名	性别	联系方式	家庭住址	
				省	市
201770024101	刘勇	男	13526784092	河南	郑州
201770024102	李晨	男	13628763098	河南	荥阳
201770024103	张敏	女	13894557846	河南	新郑
201770024104	宋健	男	13927489876	河北	石家庄

2. 元组

关系中的每一行数据称为一个元组，相当于一条记录，比如表 3-1 中包含 4 个元组，或者称为包含 4 条记录。

3. 属性

关系的每一列都是属性，比如表 3-1 中包含 5 个属性，分别是学号、姓名、性别、联系方式、家庭住址。

4. 码

码是能够唯一标识实体的属性，是关于整个实体集的性质。

5. 主码

主码也称为主键、主属性或关键字，是关系中唯一能够确定一个元组的属性或最小的属性组。也就是说主码可以是一个属性，也可以由多个属性共同组成。外码是相对于主码而言的概念，该码本身是其他关系模式的主码，即在某个关系模式中出现了其他关系模式的主码的码称为外码。

6. 超码

一个或者多个属性的集合，这些属性可以在一个实体集中唯一地标识某个实体，如果 K 是一个超码，则 K 的任意超集也是超码。

7. 候选码

如果一个关系中存在多个可以作为主码的属性，这些属性称为候选码属性，相应的码称为候选码，主码是候选码之一，任何一个候选码都可以作为主码，但是只能选择候选码中的一个作为主码。

8. 域

属性的取值范围是域。比如性别只有"男""女"两个值，则性别属性的域就是{男，女}。

9. 关系模式

二维表的结构称为关系模式，或者说关系模式就是二维表的表头结构。关系模式一般表示为：关系名（属性 1，属性 2，……，属性 n），比如表 3-1 的关系模式为：学生基本信息（学号，姓名，性别，联系方式，家庭地址）。各个概念之间的关系如图 3-1 所示。

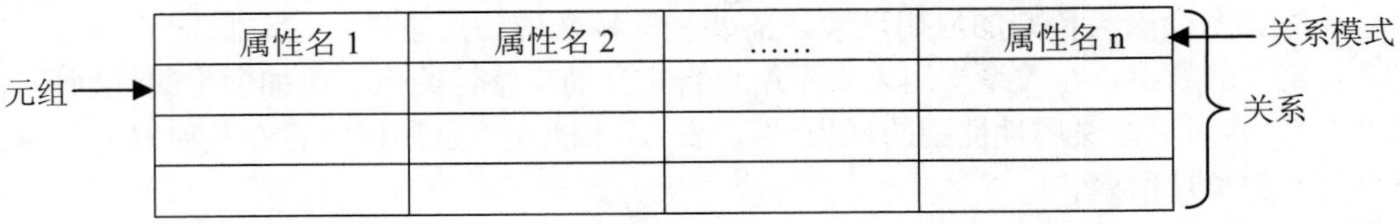

图 3-1　关系

3.2 关系的完整性

关系模型在某个时间应该满足一定约束条件，这些约束条件是现实世界的要求。在关系模型中有三类完整性约束：实体完整性约束、参照完整性约束、用户自定义的完整性约束。

1. 实体完整性

实体完整性是关系模型必须满足的完整性约束要求。实体完整性是指关系中的任何一个元组能够彼此区分，而任何一个元组是用一组属性对应的值来表示的，因此一个关系中不存在完全相同的元组，区分元组的属性称为主码，即主码用来表示实体完整性约束，因此主码不能为空（NULL），所谓"空"就是"不存在"或者"不知道"的数据值。

关于实体完整性，可以理解为现实世界中的每个对象相互区分，关系中的元组代表现实世界中的对象，因此需要对元组彼此加以区分。关系模型采用主属性，主属性的值在一个关系中互相不同，因此主属性就用来表示实体的完整性。例如学生关系（<u>学号</u>，身份证，姓名，性别，年龄），学号可以唯一确定一个学生，因此学号就是主属性，用来代表学生关系的完整性约束。

2. 参照完整性

参照完整性也是关系模型必须满足的完整性约束要求。参照完整性是用来反映实体之间的某种联系。现实世界中，对象之间必然存在某种联系，在反映现实世界的关系模型中，为了表达实体与实体之间的联系，则提出了参照完整性约束，关系模型中，参照完整性约束用外码来表示。

例如，当某个学生从图书馆借阅了一本书，那么该学生与书之间就存在借阅的联系，用关系模型表示为：

学生（<u>学号</u>，姓名，性别）
图书（<u>书号</u>，书名，出版社，作者，价格）
借阅（<u>学号</u>，<u>书号</u>，借阅时间）

其中关系借阅就表示了学生和图书两个实体集的联系，在关系借阅中，学号和书号作为关系模型借阅的主码，表示了该关系的实体完整性约束，书号及学号也反映了参照完整性约束，表示了关系借阅与关系学生和关系图书的联系。

例如，在高校中，任何一个学生都有自己的专业，学生和专业之间有一个联系，关系模型如下：

学生（<u>学号</u>，姓名，性别，<u>专业号</u>）
专业（<u>专业号</u>，专业名，专业介绍）

专业号体现在关系学生中，就是外码，用于表示学生和专业之间具有联系。

3. 用户自定义完整性

某些关系会因为特殊的应用环境，需要一些特殊的约束条件，这些特殊的约束条件就是用户自定义的约束，在关系中用来表示用户自定义的完整性约束。比如学生的性别只有"男"和"女"，就可以定义属性性别的域为{男，女}，不能在性别属性中存在其他取值，这就是用户自定义完整性约束。

3.3 关系数据库理论

关系数据库理论以数学理论为基础,该理论可以使得设计出的关系模型更科学,关系操作更优化。关系理论包括两个方面:一是关系数据库设计理论,一是关系数据库操作理论。

3.3.1 关系模式设计中的问题

关系数据库的设计主要是关系模式的设计,非规范化的关系数据库,会存在数据冗余量大,数据删除、插入异常及数据更新不一致等问题。关系规范化指在关系理论基础上,尽量降低数据冗余、异常操作等问题。

例如关系模式,学生(学号,姓名,性别,系别,系领导,课程,成绩),其中学号、课程为关系模式的主键,如表 3-3 所示。

表 3-3 学生关系模式

学号	姓名	性别	系别	系领导	课程	成绩
201607101	王乐	女	数学	李建	线性代数	86
201607101	王乐	女	数学	李建	高等数学	75
201607101	王乐	女	数学	李建	微积分	70
201606101	江平	男	计算机	张明	数据库	87
201606101	江平	男	计算机	张明	操作系统	94
201603103	王瑶	男	计算机	张明	数据库	90
201603103	王瑶	男	计算机	张明	操作系统	65

表 3-3 中数据存在下列问题:

(1) 数据冗余大。每个学生的每门课程都需要输入系别和系领导,重复量太大。

(2) 插入异常。当一个新系在没有招生的时候,因为没有学生,该系信息不能输入。

(3) 更新异常。如果更换某个系的系领导,则需要每条记录中的系领导都需要修改,容易造成数据不一致。

(4) 删除异常。假如一个系的学生全部毕业,则删除该系学生,但是在删除学生的同时,该系也被删除,而实际上该系仍然存在,只是没有学生,因此出现不该删除的数据丢失的问题。

为了解决上述问题,就需要引入关系理论,分解该关系模式,从根本上消除上述问题。该关系模式分解成三个不同的关系模式,可消除上述更新、删除、插入异常,降低数据冗余,见表 3-4、表 3-5、表 3-6。

表 3-4 学生关系模式

学号	姓名	性别	系别
201607101	王乐	女	数学
201606101	江平	男	计算机
201603103	王瑶	男	计算机

表 3-5 系别关系模式

系别	系领导
数学	李建
计算机	张明

表 3-6 成绩关系模式

学号	课程	成绩
201607101	线性代数	86
201607101	高等数学	75
201607101	微积分	70
201606101	数据库	87
201606101	操作系统	94
201603103	数据库	90
201603103	操作系统	65

3.3.2 函数依赖

数据库设计的目标是把特定数据整理成有组织的结构，生成一系列的关系模式，尽量保证关系中不存储冗余信息，通过函数依赖的概念可以实现最小的数据冗余。

数据依赖是通过关系内部属性间值的相等与否体现的数据间的相互关系，是属性之间的相互关系的描述。函数依赖是数据依赖的一种。

函数依赖（FD）是指某一种关系所表达的信息的性质，它定义了数据库中数据项之间最常见的关联特性，通常考虑的是一个关系表中属性之间的关联，即关注的是属性或属性集之间的依赖。

函数依赖跟其他数据依赖一样，是语义范畴的概念，只能够根据语义来确定某个函数依赖。例如，姓名→年龄是在该关系中没有同名人的前提下的函数依赖，也可以是对现实世界的强制规定，比如规定不能有同名出现。

设 $R(U)$ 是属性集 U 上的关系模式，X 和 Y 是 U 上的子集，对于 $R(U)$ 的任意一个可能的关系 r，r 中不可能存在两个元组在 X 上的属性值相等，但是在属性值 Y 上不等，则称 X 函数确定 Y 或者 Y 函数依赖于 X，记为 $X \rightarrow Y$。

函数依赖是一个从数学理论中派生的术语,指明属性中的每个元素存在唯一一个元素与之对应。假设关系表 R 中的行被标记为 r1，r2，……，表中的每个属性被标记为 A，B，……，X，Y 表示属性的子集。用数学理论解释，对于一个至少包含两个属性 A 和 B 的给定表 R，可以说 A→B，箭头"→"称作"函数决定"，因此我们可以说，A 函数决定 B 或 B 函数依赖于 A。换句话说，在表 R 中，已知两行 R1 和 R2，如果 R1(A)=R2(A)，则 R1(B)=R2(B)。

关于函数依赖，需要介绍一些基本概念：

非平凡的函数依赖：在关系模式 R(U)中，若 X→Y，但 Y ⊈ X，则称 X→Y 是非平凡的函数依赖。

平凡的函数依赖：在关系模式 R(U)中，若 X→Y，但 Y∈X，则称 X→Y 是平凡的函数依赖。

完全函数依赖：在关系模式 R(U)中，如果 X→Y，并且对于 X 的任何一个真子集 X'，都有 X'↛Y，则称 Y 对 X 完全函数依赖。

部分函数依赖：在关系模式 R(U)中，若 X→Y，但 Y 不完全函数依赖于 X，则称 Y 对 X 部分函数依赖。

传递函数依赖：在关系模式 R(U)中，如果 X→Y，Y↛X，且 Y∉X，Y→Z，则称 Z 传递函数依赖于 X。

3.3.3 范式

范式是关系的一种状态，是将函数依赖的简单规则应用到关系的结果，满足不同程度要求的为不同范式。

为了确定一个特定关系是否符合范式要求，需要检查关系中属性间的函数依赖，而不是检查关系中的内容。关系定义成两个部分，即属性和属性之间的函数依赖，这是 C.Berri 和他的同事首先提出的，可以用以下形式表示：R1=({X,Y,Z}，{X→Y，X→Z})，关系 R1 的第一部分是属性，第二部分是函数依赖。

关系数据库中的关系满足不同程度要求的为不同的范式。最低要求称为第一范式，简称 1NF（First Normal Form）。满足进一步要求的关系称为第二范式，简称 2NF，依次有 3NF、4NF 和 5NF。最初是 E.F.Codd 提出了三种范式，后来，R.Boyce 和 E.F.Codd 一起提出了 BCNF。随后基于多值依赖和连接依赖的概念提出了 4NF 和 5NF，所有范式都基于关系表属性间的函数依赖。

1. 第一范式

如果关系中所有属性域的值都是原子的（即不可再分的、简单的），则该关系属于第一范式（1NF）。第一范式中，关系模式中的每行对应属性只有一个值，而且不存在重复行。1NF 要求每个数据项或者属性值必须不可再分。

【例 3-1】 表 3-7 的联系人关系中，记录了每个人的联系方式，联系方式可以是手机、QQ 号，在这个关系中，联系方式不是简单域，因此联系人关系不属于 1NF，将联系方式中的手机号和 QQ 号作为联系方式对应到姓名中，即可变为 1NF，见表 3-8。

表 3-7 非规范化关系

姓名	联系方式	
	手机号	QQ 号
张红	13526783872	11324564
刘云	15890056654	098712

表 3-8 规范化关系

姓名	手机号	QQ 号
张红	13526783872	11324564
刘云	15890056654	098712

【例 3-2】 表 3-9 的关系中表达了病人提前预约医生的详情, 此关系符合 1NF 需求。

表 3-9 预约医生 1NF 关系

预约病人姓名	医生姓名	病人出生日期	预约时间	医生联系方式
李林	张兰	1992.2.3	2016.4.4 9:00－10:00	15678952354
王非	张兰	1945.4.2	2016.4.8 9:00－10:00	15678952354
张东	李诗诗	1976.6.7	2016.5.4 10:00－12:00	13843245678
芈月	王伟	1990.9.10	2016.5.4 10:00－12:00	13977865667
李林	张兰	2014.7.9	2016.5.4 9:00－10:00	15678952354

在病人预约关系中, 同一个病人同一医生只能预约一个时间, 因此病人、医生为主键, 病人、医生为候选码, 该关系中存在冗余问题, 比如, 李林和张兰医生预约了两次, 两次都需要填写电话号码, 若医生换了电话, 则冗余的电话号码不能确保正确; 而且不能描述没有预约的病人信息; 当删除某个预约的病人信息时, 该记录对应的医生也被删除, 因此需要通过分解进一步规范关系。

2. 第二范式

如果关系 R 属于 1NF, 并且 R 中的每个非主属性都完全函数依赖于 R 的候选码, 则该关系 R 属于第二范式 (2NF)。换句话说, 就是关系中的属性都不函数依赖于复合主键的一部分, 也只有在主键是复合的或者包含多个属性的情况下, 关系才可能不是 2NF。

【例 3-3】 表 3-9 中的电话不函数依赖于主键, 而是依赖于医生名称, 病人出生日期不依赖于主键, 而是依赖于病人, 所以该关系不是 2NF, 为了满足 2NF, 必须把医生及其联系方式从病人预约关系中分离出来, 把病人从预约中分离出来, 该关系分解成预约、病人和医生三个关系见表 3-10、表 3-11、表 3-12。

表 3-10 医生

医生姓名	医生联系方式
张兰	15678952354
王伟	13977865667
李诗诗	13843245678

表 3-11 2NF 预约

预约病人姓名	医生姓名	预约时间
李林	张兰	2016.4.4 9:00－10:00
王非	张兰	2016.4.8 9:00－10:00
张东	李诗诗	2016.5.4 10:00－12:00
芈月	王伟	2016.5.4 10:00－12:00
李林	张兰	2016.5.4 9:00－10:00

表 3-12 病人

预约病人姓名	病人出生日期
李林	1992.2.3
王非	1945.4.2
张东	1976.6.7
芈月	1990.9.10

【例 3-4】 预定餐桌时，某个餐桌在同一个时间只能由一个人预定，因此餐桌和预定时间、预订人构成组合键，关系模式如表 3-13 所示。其中联系电话仅仅函数依赖于预订人，因此不符合 2NF。

表 3-13 预定餐桌

餐桌	预定时间	预订人	联系电话	定金
大堂 1 号	2014.6.1.19:00	李鑫	13456657776	100
大堂 1 号	2014.10.1.19:00	李鑫	13456657776	100
大堂 6 号	2014.6.1.14:00	王露	13564349996	100
包间 1	2014.6.1.14:00	王露	13564349996	100
包间 2	2014.6.6.18:00	姜瑶	13599994856	300

将预订人和联系电话分解出来，形成两个关系，见表 3-14、表 3-15。

表 3-14 预约餐桌 2NF

餐桌	预定时间	预订人	定金
大堂 1 号	2014.6.1.19:00	李鑫	100
大堂 1 号	2014.10.1.19:00	李鑫	100
大堂 6 号	2014.6.1.14:00	王露	100
包间 1	2014.6.1.14:00	王露	100
包间 2	2014.6.6.18:00	姜瑶	300

表 3-15 预约人 2NF

预订人	联系电话
李鑫	13456657776
李鑫	13456657776
王露	13564349996
王露	13564349996
姜瑶	13599994856

3. 第三范式

如果关系 R 属于 2NF,并且 R 中的非主属性满足两个条件:相互独立、函数依赖于主键。则关系 R 属于第三范式,换句话说就是,关系中的属性不传递函数依赖于主键;非主属性都不函数依赖于另一个非主属性,意味着 3NF 是由主键和一组相互独立的非主属性组成。

表 3-16 表示了学生的课程考试成绩,在该关系中,学生姓名和课程名称组成了该关系主键,非主属性完全函数依赖于主键,属于 2NF,但是非主属性中,系名和系别存在依赖关系,因此不属于 3NF。

表 3-16 学生课程成绩

学生姓名	课程名称	成绩	系别	系名
李兰	数据库应用	80	D01	计算机系
张鑫	软件工程基础	78	D01	计算机系
王菲	软件工程基础	87	D02	信息系
李兰	软件工程基础	86	D03	软件工程系

把系分解出来单独表示一个关系,消除了传递依赖,符合 3NF 规范要求,见表 3-17、表 3-18。

表 3-17 3NF 学生课程成绩

学生姓名	课程名称	成绩	系别
李兰	数据库应用	80	D01
张鑫	软件工程基础	78	D01
王菲	软件工程基础	87	D02
李兰	软件工程基础	86	D03

表 3-18 系别

系别	系名
D01	计算机系
D02	信息系
D03	软件工程系

【例 3-5】 假设每个项目在固定房间,每个项目有一个项目经理,每个项目需要很多部件,则项目和经理使用房间的关系见表 3-19。

表 3-19 项目和经理使用房间的关系

项目名	经理	房间	部件数量
构件管理系统	江景	科研楼 101	4
图书销售平台	贾瑞	办公楼 307	5

续表

项目名	经理	房间	部件数量
旧物交易系统	刘玲	办公楼 302	4
构件管理系统	江景	办公楼 309	4
图书销售平台	贾瑞	科研楼 103	5
旧物交易系统	刘玲	科研楼 105	4

项目、经理、房间函数决定部件数量，因此该关系满足 3NF，但是在该关系中，存在每个项目和项目经理存储多次的问题；项目分配房间之前不能存储项目经理信息；只有分配了项目经理才能录入项目信息；假如更换项目经理，则很多元组都需要修改，在该关系中存在数据冗余问题。

4. Boyce-Codd 范式（BC 范式）

如果关系 R<U, F>∈1NF，若 X→Y 且 Y 不是 X 的子集，则 X 必含有候选码，那么 R<U, F>∈BCNF。这意味着：X 是 R 的超键，即关系中只能由候选码作为决定因子。如果所有非主属性只依赖于整个键，这个关系就是 BCNF 关系，在满足 BCNF 的关系模式中，排除了任何属性对候选码的传递依赖和部分依赖。

任何 BCNF 都属于 3NF，但是 3NF 关系不一定属于 BCNF。BCNF 是 3NF 的一个简单形式，但是消除了 3NF 中的问题。3NF 和 BCNF 的区别是：如果 B 是主键属性，A 不是候选键，3NF 允许关系中存在函数依赖 A→B，在 BCNF 中，如果关系中存在该函数依赖，则 A 必须是候选键。表 3-19 可以分解为两个关系，都符合 BCNF，见表 3-20、表 3-21。

表 3-20 项目经理

项目名	经理
构件管理系统	江景
图书销售平台	贾瑞
旧物交易系统	刘玲

表 3-21 项目房间

项目名	房间	部件数量
构件管理系统	科研楼 101	4
图书销售平台	办公楼 307	5
旧物交易系统	办公楼 302	4
构件管理系统	办公楼 309	4
图书销售平台	科研楼 103	5
旧物交易系统	科研楼 105	4

综上所述，满足 BCNF 范式的关系中有如下规则：
- BCNF 意味着在关系模式中每一个决定因素都包含候选键。也就是说，只要属性或属性组 A 能够决定任何一个属性 B，则 A 的子集中必须有候选键。
- BCNF 范式排除了任何属性（不光是非主属性，2NF 和 3NF 所限制的都是非主属性）对候选键的传递依赖与部分依赖。
- BCNF 是在函数依赖的条件下对模式分解所能达到的最大程度。一个模式中的关系模式如果都属于 BCNF，那么在函数依赖范围内，它已经实现了彻底的分离，消除了插入和删除异常。

【例 3-6】一个仓库有一个管理员，一个仓库可以存放很多种物品，一种物品只在一个仓库存放，该关系见表 3-22。

表 3-22 仓库存储

仓库	存储物品	管理员	数量
101	洗衣粉	王磊	200
101	肥皂	王磊	100
102	脸盆	刘飞	200

该关系中（仓库，存储物品）→（管理员，数量），（管理员，存储物品）→（仓库，数量），（仓库）→（管理员），（管理员）→（仓库），候选键有（仓库，存储物品）、（管理员，存储物品），但是管理员、仓库不是候选键，因此不属于 BCNF，需要分解该关系，见表 3-23、表 3-24。

表 3-23 仓库管理员

仓库	管理员
101	王磊
102	刘飞

表 3-24 仓库存储

仓库	存储物品	数量
101	洗衣粉	200
101	肥皂	100
102	脸盆	200

3.3.4 关系模式的规范化

到目前为止，规范化理论已经提出六个级别的范式，都是在一定函数依赖条件下对关系模式分离程度的一个测度，任何低级别的范式都可以通过模式分解转化为高级别的关系模式，这个分解过程就是关系模式的规范化。

规范化的目的是为了数据结构合理，数据冗余尽量少，方便数据插入、修改及删除等操作，在规范化过程中，尽量一个关系只描述一个实体集或者联系集，假如描述的对象多于一个实体集，就应该进行分离。

1. 规范化

规范化是把一组有异常的关系分解为更小的、结构良好的关系的过程，这些关系应该有最小的冗余。在规范化过程中，必须确保规范化模式做到以下几点：

- 不丢失规范化前模式中的任何信息。
- 当重构原始模式时，不包含伪信息。
- 保留原始模式中的函数依赖。

比如图书出版社没必要在多个地方存储，重复的存储占用了不必要的空间，而且还会带来更多混淆。即使数据库结构并不复杂，冗余也是一种灾难，但是冗余的数据可能会带来性能方面的好处。

2. 规范化如何应用在数据库中

尽管从技术上来说，任何一个关系模式中的属性名顺序都无关紧要，但是习惯上仍然把主码属性列在前面，这样使得阅读更加容易。

联系集常常以相关实体集名称的拼接来命名，可以使用连字符及下划线连接，例如student_book（学生_图书）、book_type（图书_类型），也可用 borrow（借阅）、booktype（图书类型）的形式命名，如果一对实体集之间有多个联系，联系的名字可包含额外的信息以便区别联系。

在定义 E-R 图时，能正确识别所有实体，再由 E-R 图生成关系模式时，不需要太多规范化。如果生成的关系不符合范式要求，则问题也可以在 E-R 图上解决，即规范化作为数据建模的一部分形式化。规范化既可留给数据库设计人员实现，也可在 E-R 图生成的关系上形式化开展。

规范化不是程度越高越好，对一些特定应用，使用冗余可以提高性能。比如在查询账户余额时，每次都希望将姓名和存款余额一起显示，在规范化处理方式下应该是账户表和账户余额表两个表连接查询，而如果把账户表和余额表中属性保存在一个表中，会查询更快，但会造成账户的余额信息对于拥有该账户的每个人都重复，而且更新余额时应用程序必须更新所有副本，这就是用更多存储空间来换取查询效率的设计。

3.4 数据库逻辑模型设计

3.4.1 概念模型向关系模型的转换规则

概念模型是对现实数据模型的抽象，为了关系型数据库的准确表达，在概念模型转变为关系模型时，需遵循一定规则。E-R 模型图中的主要成分是实体和联系，转换规则就是如何把实体、联系转换为关系模式。转换的规则主要是 E-R 模型图中每个实体需要转变为一个关系模式。实体之间具有一对一、一对多、多对多的三种联系，其中一对多、一对一的联系可以转变为一个关系模式，也可以合并到联系的某一实体中，但是多对多的联系必须要转变为一个关系模式。

1. 实体之间 1:1 的联系

转换为独立的关系模式时,需要在该模式中添加所联系的实体集的主码;如果不转变为独立的关系模式,则需要与联系任何一端进行合并,即把联系的某一端实体集的主码增加到联系的另一端。图 3-2 中的 E-R 模型图转换为关系模式如下:

班级(<u>编号</u>,名称)

班长(<u>学号</u>,姓名,编号)

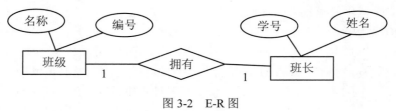

图 3-2　E-R 图

2. 实体之间 1:n 的联系

转换为一个独立的关系模式时,需要在独立的关系模式中增加所联系的实体集的主码;如果不转变为独立的关系模式,则需要在联系中表示多的一方实体集中增加另一方实体集的主码。图 3-3 中的 E-R 模型图转换为关系模式如下:

班级(<u>编号</u>,名称)

学生(<u>学号</u>,姓名,编号)

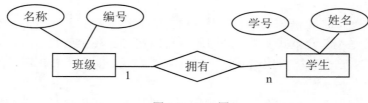

图 3-3　E-R 图

3. 实体之间 n:m 的联系

多对多的联系转换为一个独立的关系模式,独立的关系模式中,需要将联系两端的实体集的主码同时体现在该关系模式中,如果该联系有其他属性,也需要增加到该关系模式中。图 3-4 中的 E-R 模型图转换为关系模式如下:

图书(<u>编号</u>,名称,作者,出版社)

学生(<u>学号</u>,姓名)

借阅(<u>编号</u>,<u>学号</u>,借阅时间)

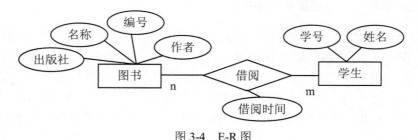

图 3-4　E-R 图

4. 具有相同码的实体

在实体转变为关系模式后,如果有一些关系模式的码相同,则需要对这些关系模式合并,以减少系统中的关系数量。

对于三元联系,不论是何种类型,都将三元联系类型转换为关系模式,其属性为三端实体类型的主码以及联系的属性。

3.4.2 采用 E-R 模型图方法的逻辑设计步骤

采用关系理论设计逻辑模型,可以充分利用关系模式结构简单、清晰的优点。在设计过程中,概念模型的结果直接对逻辑模型的设计产生影响,概念模型、逻辑模型的设计过程都应用了关系规范化理论,关系数据库逻辑设计的结果是一组关系模式,设计过程如图 3-5 所示。

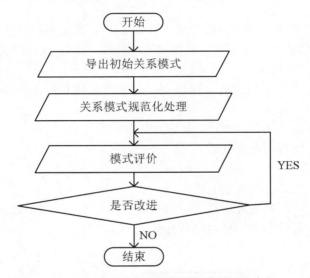

图 3-5 关系数据库的逻辑模型设计流程

(1)导出初始关系模式。根据转换规则,将全局结构的 E-R 模型图中的实体和联系转换为初始关系模式。

(2)规范化处理。减少或者消除关系模式中存在的各种异常,规范化分为确定规范化级别、实施规范化处理两步。

1)规范化级别确定。规范化级别首先是根据实际应用的需要考虑数据依赖类型。数据依赖包含函数依赖、多值依赖两种,由于多值依赖语义复杂、不直观等特点,一般较少采用,因此大部分使用函数依赖,满足 3NF 或者 BCNF 即可。

2)规范化处理实施。规范化级别确定后,逐一考查关系模式,判断是否属于 3NF 或者 BCNF,利用规范算法对关系模式进行规范化处理。

(3)关系模式评价。检查关系模式是否完全符合用户的需求,是否满足用户要求的查询效率或者存储要求等相关的要求。

(4)关系模式修正。根据评价结果,对已经完成的关系模式进行修正。比如由于需求分析、概念设计的疏漏而需要增加新的关系模式或者属性,因性能需求进行关系模式的合并或者分解等。最终经过反复修正确定全局逻辑结构。

在逻辑模型设计阶段，还需要设计出面向各个最终用户或组织的局部逻辑结构的子模式。子模式体现了不同的用户对数据库的不同观点，也为系统提供了某种程度的安全控制。

数据库逻辑设计的结果不唯一，对得到的数据模型进行修改、调整甚至合并。为了识别或者操作方便还可以根据需要增加某些关系。需要注意的是，数据库模式是全局模式，考虑时间效率，空间效率，维护性等。规范到什么程度，需要权衡利弊，需要针对具体应用具体分析。比如，用户子模式需要考虑应用的特殊需求和用户体验，针对不同级别的用户定义不同的视图，提高系统的安全性。同时简化用户对系统的使用，局部应用中可以建立视图，方便用户使用。

3.5 示例——图书管理系统的逻辑模型设计

根据 2.3 节的图书管理系统的概念模型设计进行逻辑模型的设计，根据关系模式的转换规则，将 E-R 图中的实体和联系分别转换为正确的关系模式。首先对所有实体及联系进行转换，然后考虑实际情况进行优化设计。

（1）基本转换。根据关系模式的转换规则，首先将实体和联系转换为关系模式，转换如下：

1）图书（<u>书号</u>，书名，简介，作者，价格，数量，<u>类型名称</u>）

2）读者（<u>身份号</u>，姓名，联系电话）

3）图书类型（<u>类型名称</u>）

4）出版社（<u>名称</u>，联系人，联系电话）

5）购买（<u>名称，书号</u>，购买时间）

6）借阅（<u>身份号，书号</u>，借书时间，还书时间，罚款额）

（2）优化

上述关系模式已不存在部分函数依赖，传递函数依赖的情况，满足第三范式的要求。但是由于业务需要，系统有修改基础数据的需求，比如，修改图书类型表中的某个类型名称、修改出版社表中的某个出版社名称等，必然会造成图书表中已存在数据的类型名称的级联修改，在修改出版社表中的某条数据的出版社名称时，必然会造成购买表中已存在数据的出版社名称的级联修改，系统开销较大。

基于上述问题，因特殊业务需要为关系模式增加可控的冗余属性是必要的，优化后的关系模式如下：

1）图书（<u>书号</u>，书名，简介，作者，价格，数量，<u>类型编号</u>）

2）读者（<u>身份号</u>，姓名，联系电话）

3）图书类型（<u>类型编号</u>，类型名称）

4）出版社（<u>出版社编号</u>，名称，联系人，联系电话）

5）购买（<u>出版社编号，书号</u>，购买时间）

6）借阅（<u>身份号，书号</u>，借书时间，还书时间，罚款额）

上述关系模式为图书类型关系增加了类型编号属性，以类型编号为主键，为出版社关系增加了出版社编号属性，以出版社编号为主键。图书关系以类型编号为外键，参照图书类型关系的类型编号，购买关系以出版社编号为外键，参照出版社关系的出版社编号。这样优化后的关系模式，在需要修改图书类型表中的类型名称或出版社表中的出版社名称时，就不会再造成图书表和购买表的级联修改，在后期系统运行时可以提高运行效率。

习　题

1. 某公司设计了内部人事管理信息系统，其中包括部门、职工两个实体，其 E-R 模型图如图 3-6 所示，请将该模型转换为关系模式。

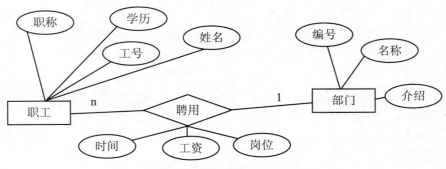

图 3-6　人事管理信息系统 E-R 模型图

2. 某旅行社设计了一个国内旅游信息管理系统，其中涉及的信息包括旅游路线、旅游团、保险、导游、游客、景点，E-R 模型如图 3-7 所示。请根据该 E-R 模型图设计关系模式。

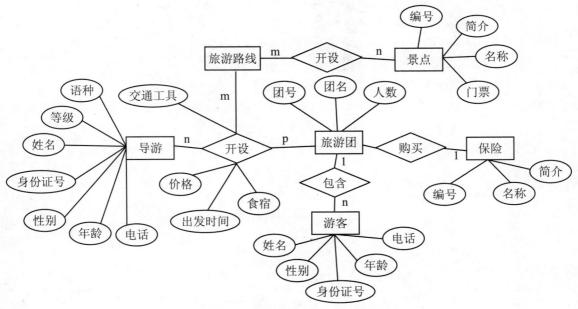

图 3-7　旅游信息管理系统 E-R 模型图

3. 某货运公司在设计车队信息管理系统时，对司机、车辆、维修、保险等信息建模，该系统 E-R 模型图如图 3-8 所示，请根据该模型图进行关系模式设计。

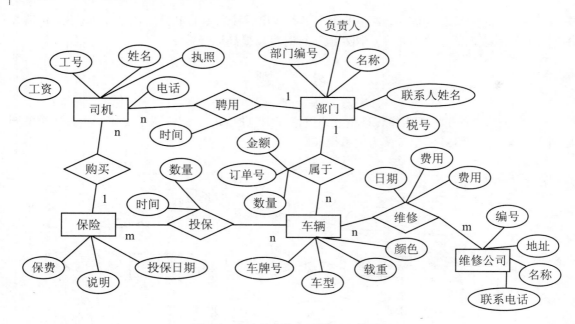

图 3-8 车队信息管理系统 E-R 模型图

4. 某个零件供应信息管理系统中，包括有供应商、零件、项目实体，该系统的 E-R 模型图如图 3-9 所示，请将该 E-R 模型图转换为关系模式。

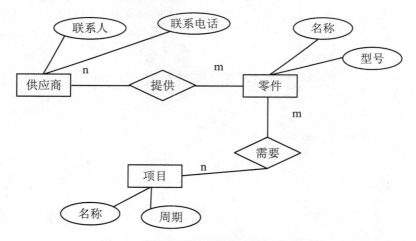

图 3-9 零件供应信息管理系统 E-R 模型图

第 4 章　MySQL 数据库环境

MySQL 数据库管理系统是目前最流行的数据库管理系统之一,被广泛地应用在 Internet 上的中小型网站中。本书基于 MySQL 数据库管理系统,介绍具体操作与管理等。本章主要介绍 MySQL 的安装与配置、MySQL 服务的启停,以及 MySQL 常用的图形化客户端管理工具 MySQL Workbench 的使用等。

4.1　MySQL 简介

MySQL 是一个关系数据库管理系统,由天才程序员 Monty Widenius 开发。他在 1996 年发布了 MySQL 1.0 版,当时只是面向极少数人,到了同年 10 月又发布了 MySQL 3.11.1 版本。2000 年 6 月 MySQL 的第一个发行版本 3.23 由瑞典的 MySQL AB 公司发行,2008 年 2 月被 Sun 公司收购,2009 年 Sun 公司又被 Oracle 公司收购,MySQL 并入 Oracle 公司。之后 Oracle 开发了 MySQL 的企业版和社区版,其中,企业版提供 MySQL 监控程序和技术支持并收费。

目前 MySQL 是最受欢迎的开源数据库管理系统,MySQL 数据库结构被组织成针对速度优化的物理文件。逻辑模型具有数据库、表、视图、行和列等对象,可提供灵活的编程环境。MySQL Server 最初开发用于处理大型数据库的速度比现有解决方案快得多,并且已成功应用于高要求的生产环境中数年。MySQL Server 提供了丰富且功能强大的功能集,它的连接性、速度和安全性使 MySQL Server 非常适合访问 Internet 上的数据库。

MySQL 提供多种不同的版本,有收费版本和免费版本,用户可根据自身实际应用,选择所需版本,主要有下列版本:

(1) MySQL Community Server:社区版,开源免费,但不提供官方技术支持。
(2) MySQL Enterprise Edition:企业版,需付费,可免费试用 30 天。
(3) MySQL Cluster:集群版,开源免费。
(4) MySQL Cluster CGE:高级集群版,需付费。

本书所有数据库操作实例都基于 MySQL Community Server 5.6 版。

4.2　MySQL 的安装与配置

4.2.1　MySQL 的下载

MySQL 的安装文件可以在 MySQL 官网 https://dev.mysql.com/downloads/ 下载,如图 4-1 所示。下载时选择所需要的版本下载,这里选择 MySQL Community Server 开源免费社区版。

在选定 MySQL 的版本后,还需要确定要下载的具体的版本号,这里选择下载 MySQL 5.6。在 MySQL 默认下载页面中,显示的是最新的 MySQL 服务版本 MySQL 8.0,若想选择以前的 MySQL 版本,可以在图 4-2 所示的 Looking for previous GA versions?下选择所需要的 MySQL

Community Server 版本。这里选择 MySQL Community Server 5.6。

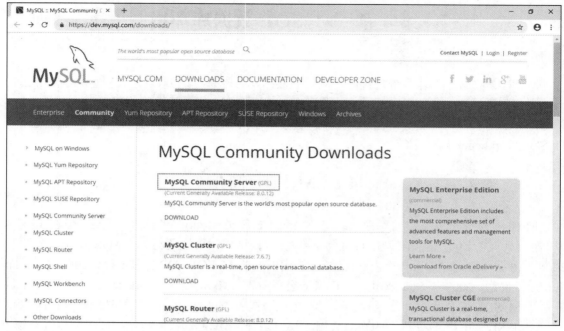

图 4-1　MySQL 社区版下载界面

图 4-2　MySQL 服务版本选择

然后还要选择下载何种操作系统平台下的安装程序，如图 4-3 所示。这里选择 Microsoft Windows。然后单击 Go to Download Page 按钮，进入下载页面。

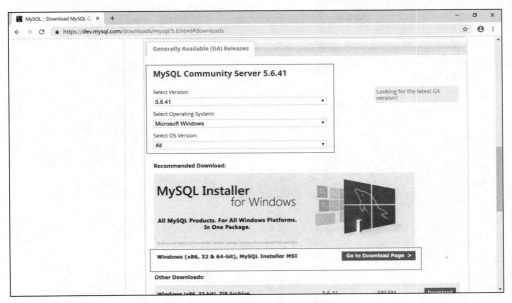

图 4-3　MySQL 操作系统平台选择

下载页面如图 4-4 所示,可以看到在线安装包(文件较小)和离线安装包(文件大),这里选择离线安装包,即先全部下载到本地再安装。单击 Download 按钮后,进入开始下载(Begin Your Download)页面。

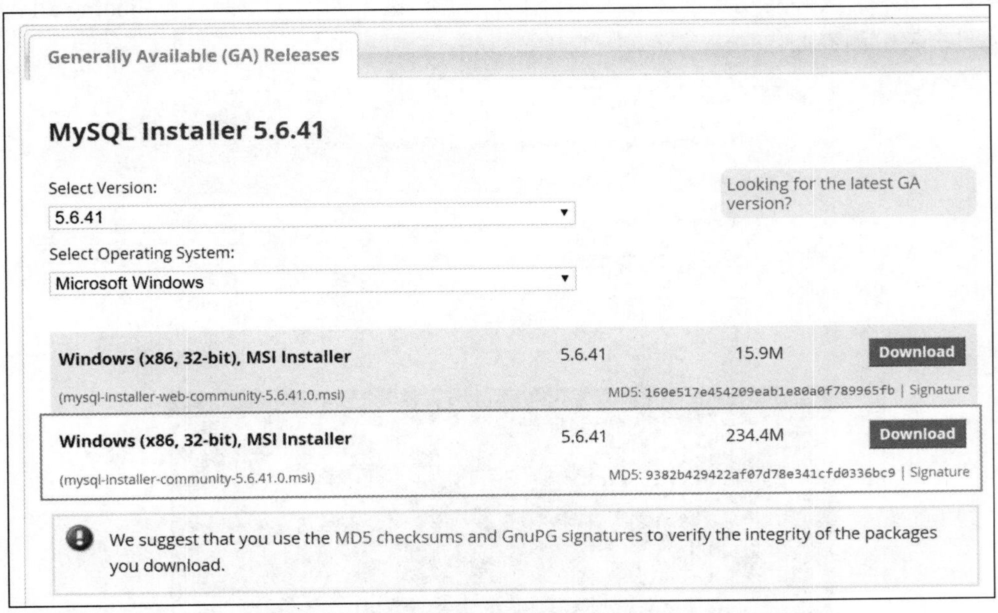

图 4-4　Windows 版 MySQL 离线安装包下载

开始下载页面如图 4-5 所示,在此页面中,会邀请下载者登录或者注册,但并非强制性。如果没有账号,或者不想注册,那么可以选择页面底部的 No thanks, just start my download,直接开始下载 mysql-installer-community-5.6.41.0.msi 安装文件。

图 4-5　开始下载 MySQL 安装文件

4.2.2　Windows 平台下 MySQL 的安装

下载完毕后，双击下载的 MySQL 安装文件 mysql-installer-community-5.6.41.0.msi，会打开如图 4-6 所示的安装启动界面。当准备工作完毕后，进入如图 4-7 所示的 Finding all installed packages 安装检测界面。

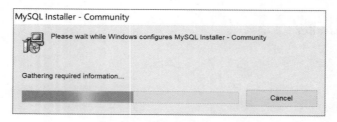

图 4-6　安装启动界面

图 4-7　安装检测页面

稍等片刻后，进入如图 4-8 所示的安装许可界面，在此要求安装者阅读 MySQL 的使用许可协议，并在阅读后勾选 I accept the license terms，此时 Next 按钮可用，单击 Next 按钮，进入如图 4-9 所示的选择安装配置类型界面。

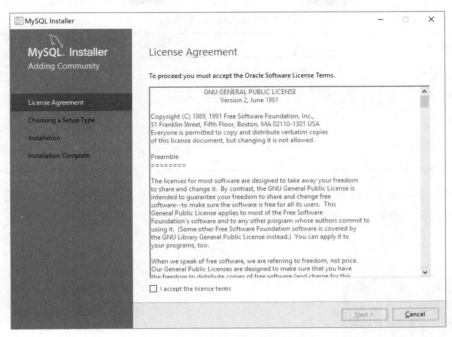

图 4-8　MySQL 安装许可协议

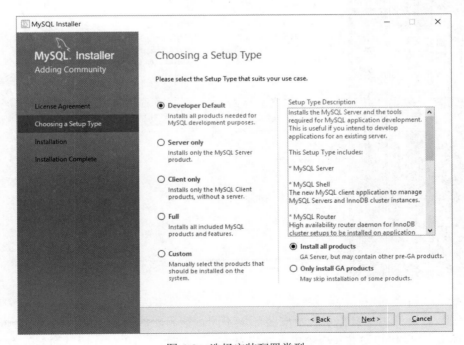

图 4-9　选择安装配置类型

在图 4-9 所示的 Choosing a Setup Type 界面中，要求安装者选择要安装的 MySQL 服务的类型，包括 Developer Default、Server only、Client only、Full 和 Custom 五种，具体说明见表 4-1。

表 4-1 MySQL 服务类型

选项	说明
Developer Default	开发者类型，默认安装模式
Server only	仅作为服务器，仅安装 MySQL Server 组件
Client only	仅作为客户端，仅安装客户端组件
Full	完全安装，安装所有组件
Custom	用户自定义安装

这里选择 Developer Default 的默认安装，该安装模式下包含了本书所需的所有组件。如果无特殊要求，直接选择默认安装类型即可。单击 Next 按钮进入环境依赖检测页面，如图 4-10 所示。

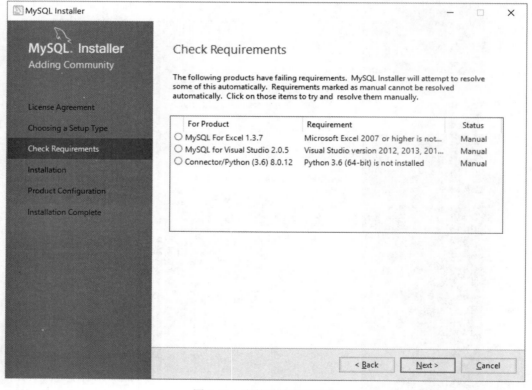

图 4-10 安装环境依赖检测

根据安装者所使用的操作系统及安装环境不同，该界面的检测结果不同。对于检测出的一些所需环境，MySQL 安装包会给出直接修复方案。此时，在图 4-10 所示的界面中，会显示 Execute 按钮，单击该按钮即可自动修复环境。

还有一部分的依赖环境需要手动下载及安装，图 4-10 所示界面中，Status 显示 Manual 的需要手动安装。安装文件的下载路径，只需要单击具体的 For Product 行，在界面中就会出现解决方案。根据实际安装需求，并不是所有的依赖环境都必须安装，有些依赖是不影响 MySQL 服务的，可以选择忽略。例如，本书中并不涉及 Excel、Python 的相关开发内容，对这些环境就进行忽略。单击 Next 按钮后，会弹出如图 4-11 所示的对话框。单击 Yes 按钮，进入图 4-12 所示界面。

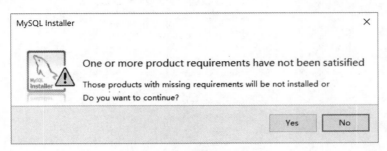

图 4-11　环境依赖缺失提示框

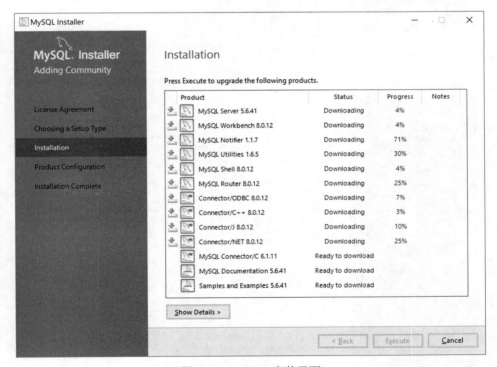

图 4-12　MySQL 安装界面

图 4-12 所示界面中为 MySQL 各个组件的正式安装界面，MySQL 所需组件的安装包需要联网进行下载。单击界面中 Execute 按钮后，MySQL 组件安装过程正式开始，先下载要安装的组件，当全部组件下载完毕后，进入图 4-13 所示实际安装界面。

单击图 4-13 中的 Next 按钮，进入如图 4-14 所示产品配置界面，主要为三个组件进行配置，分别是 MySQL Server、MySQL Router、Samples and Examples。

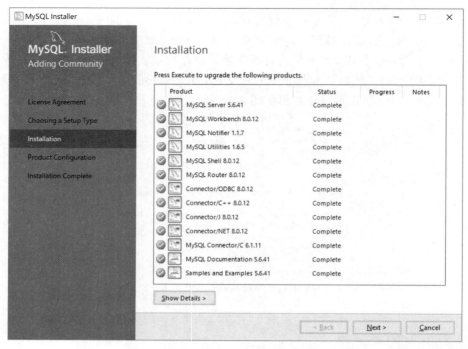

图 4-13　MySQL 组件下载成功

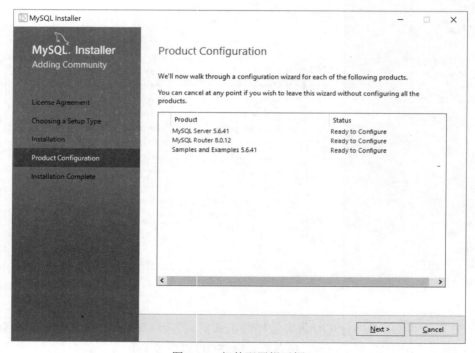

图 4-14　组件配置提示框

其中，MySQL Server 是本书所要介绍的核心内容，即 MySQL 数据库服务功能的相关内容。而 MySQL Router 是为应用程序和 MySQL 服务之间提供透明路由的轻量级中间件，是

InnoDB 集群的一部分。通过 MySQL Router 来构建高可用架构，可以简化应用程序开发，提高性能和可靠性。Examples and Samples 是一些数据库案例，在安装好 MySQL 服务后，可以在数据库服务端，查看到这些数据库实例。

单击 Next 按钮，进入图 4-15 所示的 MySQL Server 类型与网络配置页面，在该页面中，需要配置当前 MySQL 服务。首先是 Server Configuration Type 中的 Config Type 选项，说明如下：

（1）Development Computer。开发机器，该选项代表典型个人用桌面工作站。假定机器上运行着多个桌面应用程序。将 MySQL 服务器配置成使用最少的系统资源。

（2）Server Machine。服务器，该选项代表服务器，MySQL 服务器可以同其他应用程序一起运行，例如 FTP、email 和 Web 服务器。MySQL 服务器配置成使用适当比例的系统资源。

（3）Dedicated MySQL Server Machine。专用 MySQL 服务器，该选项代表只运行 MySQL 服务的服务器。MySQL 服务器配置成使用所有可用系统资源。

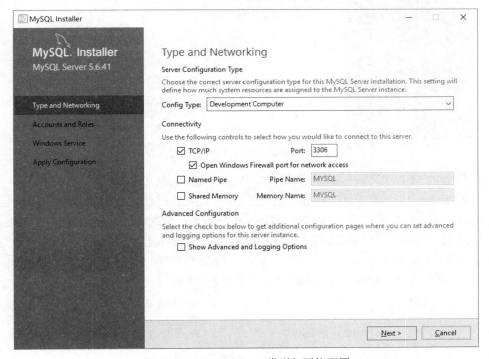

图 4-15　MySQL server 类型与网络配置

作为初学者，建议选择 Development Computer，这样占用系统的资源比较少。

其次，是否启用 TCP/IP 连接，设定端口，如果不启用，就只能在本机上访问 MySQL 数据库，这里选择启用，服务端口默认设置为 3306。还有一个关于防火墙的设置 Open Windows Firewall port for network access 需要勾选，将 MySQL 服务的监听端口加为 Windows 防火墙例外，避免防火墙阻断。最后 Show Advanced Configuration 项询问是否进行高级配置，这里不进行高级配置。

单击 Next 按钮，进入 MySQL Server 的账户与角色配置页面，如图 4-16 所示。在该页面中，安装者需要设置 MySQL 服务器的 Root 账户的登录密码。该密码请读者设置完毕后记好，因为后期对 MySQL Server 的配置更改、账户管理、权限管理等操作，都需要使用 Root 账户来处理。

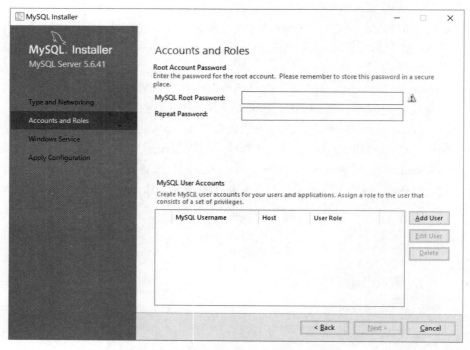

图 4-16　MySQL Server 账户配置界面

在图 4-16 的 MySQL User Accounts 下方，可以创建 MySQL Server 的新的账户。

单击 Add User 按钮，即可打开如图 4-17 所示的对话框。在该对话框中，除了指定 Username 和 Password，另外两个比较重要的选项是 Host 和 Role。Host 表明当前增加的账户可以从哪里访问本 MySQL Server，是只能在当前 MySQL Server 安装的机器上，即 localhost 进行访问，还是允许远程访问；在某个 IP 下进行远程访问，还是所有情况下，都可以连接 MySQL Server 进行访问；其中默认的<All Host (%)>就代表当前增加的账户可以在任何地址对 MySQL Server 进行远程访问。Role 代表了当前账户的角色，决定了当前账户的权限。

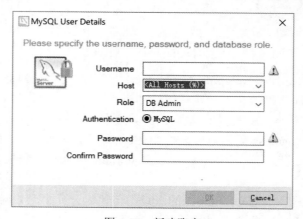

图 4-17　新建账户

设置好用户账户信息后，单击 OK，在 Accounts and Roles 配置页面中，就可以看到新增加的账户信息，如图 4-18 所示。

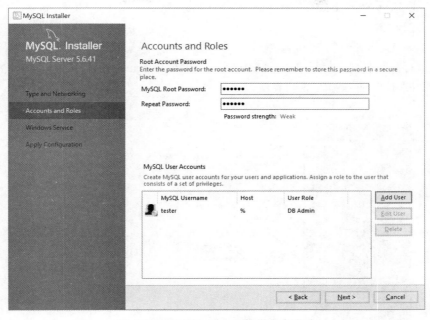

图 4-18　MySQL Server 新增账户成功

单击 Next 按钮，进入 Windows 服务设置界面。MySQL Server 作为 Windows 操作系统中一个系统服务存在，可以通过 Windows 的服务管理界面进行管理。所以需要将 MySQL Server 注册到 Windows 操作系统中，如图 4-19 所示。

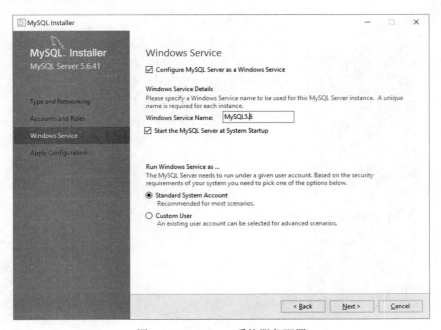

图 4-19　Windows 系统服务配置

在这里需要勾选 Configure MySQL Server as a Windows Service，该选项表明将 MySQL Server 配置为 Windows 操作系统下的服务，默认名称为 MySQL5.6，可根据需要自行更改。

另外，可以勾选 Start the MySQL Server at System Startup，让 MySQL Server 在操作系统启动时可以自动启动。

至此，MySQL Server 所需的相关配置内容，就已经全部配置完毕。接下来，需要单击 Next 按钮，正式执行配置使之生效，如图 4-20 所示。单击 Execute 按钮开始执行配置，配置完成后，会显示如图 4-21 所示配置成功界面。

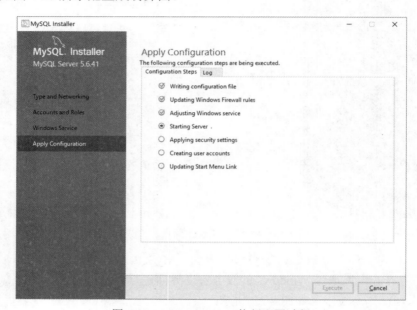

图 4-20　MySQL Server 执行配置过程

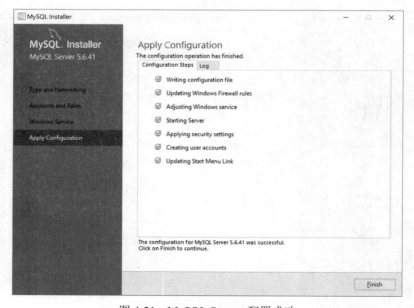

图 4-21　MySQL Server 配置成功

MySQL Server 配置完成后，单击 Finish 按钮，回到 Product Configuration 界面，准备进行后续的其他产品组件配置，包括 MySQL Router 和 MySQL 数据库案例包，如图 4-22 所示。

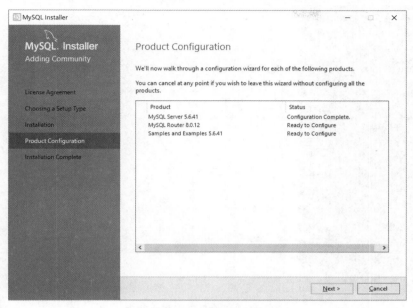

图 4-22　MySQL Router 配置准备

首先，进行 MySQL Router 的配置准备，MySQL Router 并不是本书的重点，该组件可以在前期安装的时候选自定义安装，或者选择开发版。所以，这里对 MySQL Router 的安装过程不再赘述，用户只需要按照默认选项，直接单击 Next 按钮进入下一步，如图 4-23 所示，MySQL Router 配置完毕。

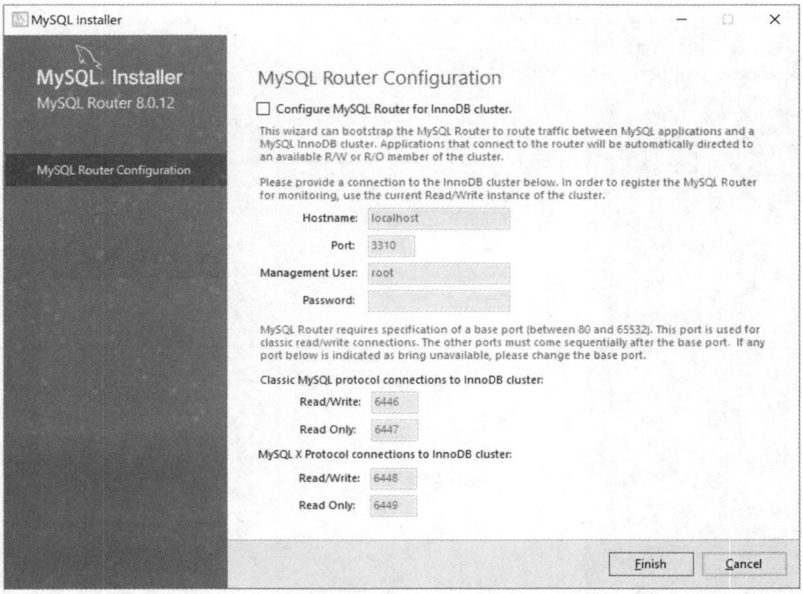

图 4-23　MySQL Router 配置

单击 Finish 按钮，进行 MySQL 数据库案例的安装，如图 4-24 所示。

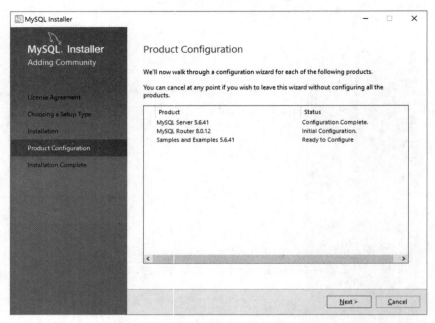

图 4-24　MySQL 案例安装准备

MySQL 数据库案例安装时，需要确定当前 MySQL Server 已经正常安装并启动。还需要设置能够正常访问这个 MySQL Server 的用户名和密码，并进行测试连接，当连接成功后，才能够进行后续的安装过程。单击 Next 按钮，进入 MySQL Serve 连接测试界面，如图 4-25 所示。

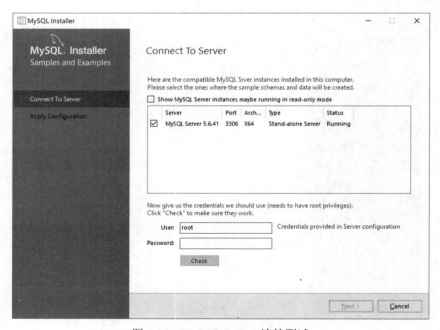

图 4-25　MySQL Server 连接测试

选择当前系统中能够进行连接的 MySQL Server 的服务，然后使用 root 账户进行登录，如图 4-26 所示。此时，Check 按钮可用，单击 Check 按钮，会显示连接结果，连接成功。单击 Next 按钮，即可进入如图 4-27 所示的安装界面，单击 Execute 按钮，进行安装。

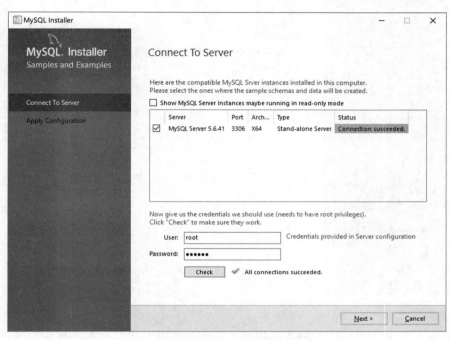

图 4-26　MySQL Server 连接测试成功

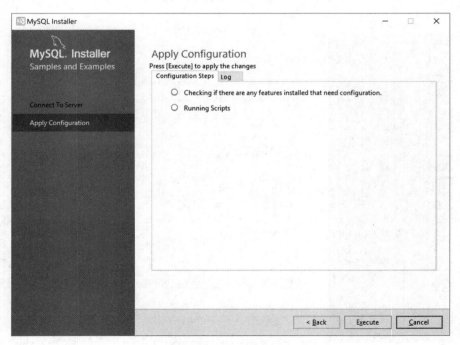

图 4-27　安装案例库

安装完成后,进入如图 4-28 所示案例安装成功界面。

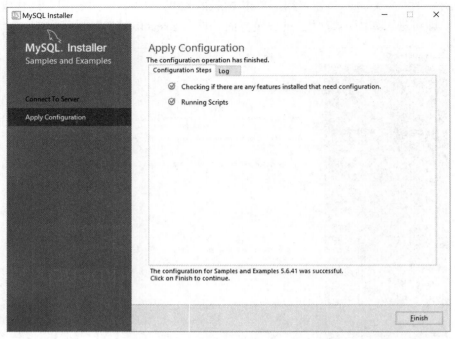

图 4-28　案例库安装成功

单击 Finish 按钮,进入图 4-29 所示界面。至此,MySQL 安装过程中所需要的产品配置信息都已经配置成功了。单击 Next 按钮,完成所有安装。如图 4-30 所示,MySQL 安装成功。

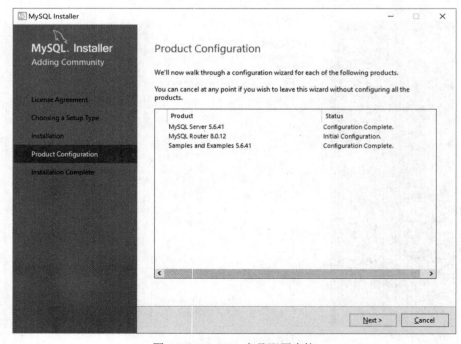

图 4-29　MySQL 产品配置完毕

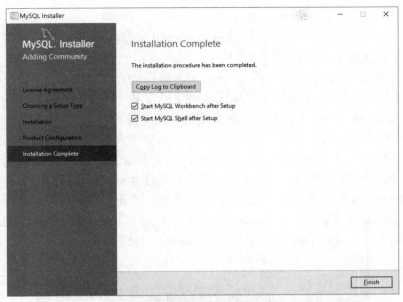

图 4-30　MySQL 安装完成

单击 Finish 按钮，稍等片刻，进入 MySQL 图形化客户端 MySQL Workbench 工具的主界面，如图 4-31 所示。

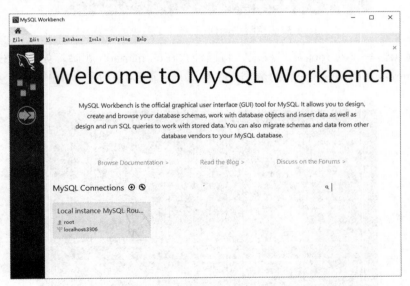

图 4-31　MySQL Workbench 主界面

4.2.3　Linux 平台下 MySQL 的安装

MySQL 的 Linux 操作系统下的安装方式有以下三种：

（1）yum 安装。此种方式需要连接网络进行安装，类似于安装向导，只要安装成功，服务器运行、客户端连接都不会出现问题。

（2）Glib 安装。此种方式通过命令行进行安装，并且需要进行一些配置，如果配置出错可能会出现服务无法启动，或者客户端连接不上等问题。

（3）源码安装。这种安装方式，比较适合 MySQL 的高级使用，用户可以自己选择要安装的组件，配置项比较多，出错的可能性较大。

本书选择 glib 的安装方法进行介绍，yum 等其他安装方式请读者自行查询学习。本书以 Linux CentOS 7 为例，介绍 MySQL 在 Linux 系统下的安装流程。

首先，下载 Linux 下的 MySQL 的 glib 安装包。在安装 MySQL 之前，需要先确认在当前的 Linux 操作系统中是否已经安装了 MySQL 服务。根据个人下载的操作系统的版本不同，可能会出现不同的情况。在 CentOS 7 操作系统中，默认集成了 MySQL 的开源版本 mariadb。mariadb 的安装将会影响 MySQL 5.6 的安装。所以，在进行安装之前，用户要检查自己的系统中是否存在 MySQL 服务或者 mariadb 服务。如果存在，请先完成卸载，再进行安装。

首先使用 yum 命令来检测当前 Linux 系统中是否已经安装了 MySQL 和 mariadb，如图 4-32 所示，输入 yum list installed | grep mysql 和 yum list installed | grep mariadb，查看检测结果，结果显示在本系统中已经包含有 mariadb 服务。

图 4-32　检测 CentOS 系统中的数据库安装

使用当前操作系统的 root 账户权限，将已经存在的 mariadb 删除，如图 4-33 所示，使用命令"sudo yum -y remove 已安装的数据库名称"，删除图 4-32 所示的已存在的数据库。

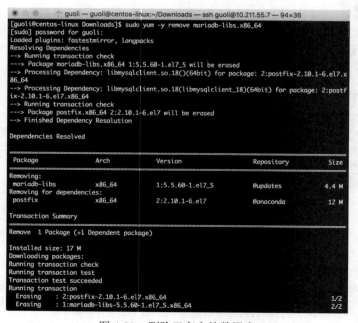

图 4-33　删除已存在的数据库

删除成功后，再使用 yum list installed | grep mysql 和 yum list installed | grep mariadb 确认是否已经删除，如图 4-34 所示，表明已经删除成功。

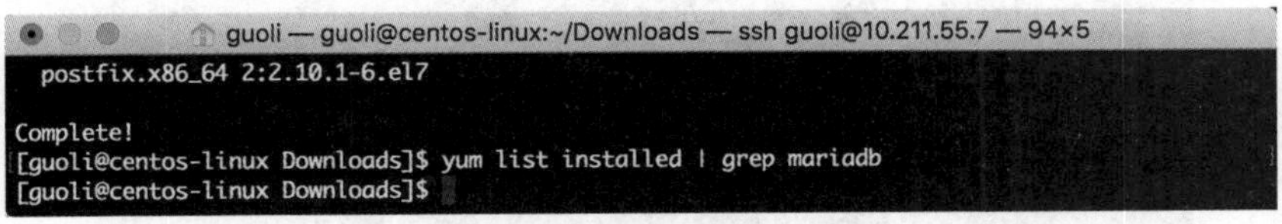

图 4-34　检验数据库是否删除成功

因为 MySQL 服务需要依赖 libaio 包，所以先要安装 libaio 包，使用命令 yum search libaio 检索一下系统是否已经安装了 libaio 包，如图 4-35 所示，本机安装的 CentOS 7 系统已经带有 libaio 包，所以不需要安装。如果检测到没有该包，则执行命令 sudo yum -y install libaio 进行安装即可。

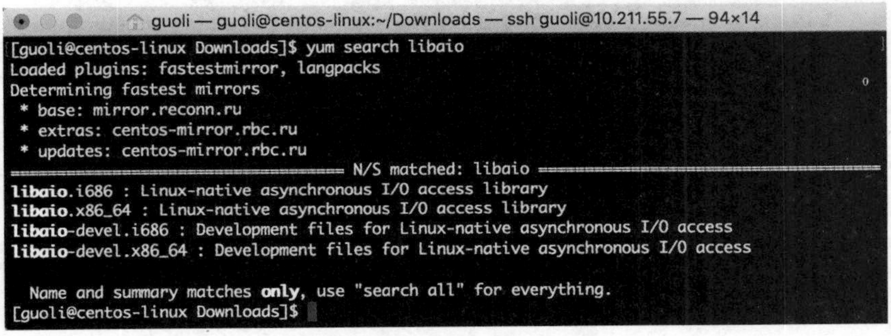

图 4-35　检索 libaio 包是否安装

使用命令 tar -zvxf mysql-5.6.41-linux-glibc2.12-x86_64.tar.gz，将已经下载的 MySQL 安装包，解压缩到当前文件夹中，如图 4-36 所示。

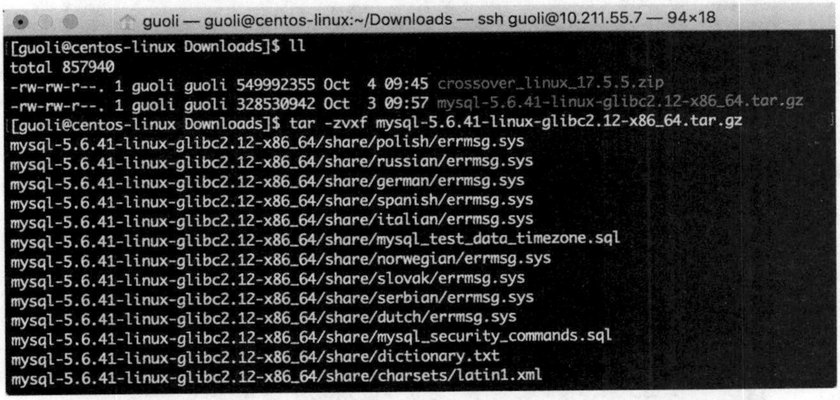

图 4-36　MySQL 的 glibc 安装包解压

解压完成的文件夹，可以拷贝到自己想要安装的路径下。这里将 MySQL 服务安装到 /usr/local/mysql 路径下，因为在当前系统中并不存在该路径。所以，首先使用 root 权限创建该路径 sudo mkdir /usr/local/mysql，然后将解压后的文件夹拷贝到该路径下，命令为 sudo mv mysql-5.6.41-linux-glibc2.12-x86_64 /usr/local/mysql，如图 4-37 所示。

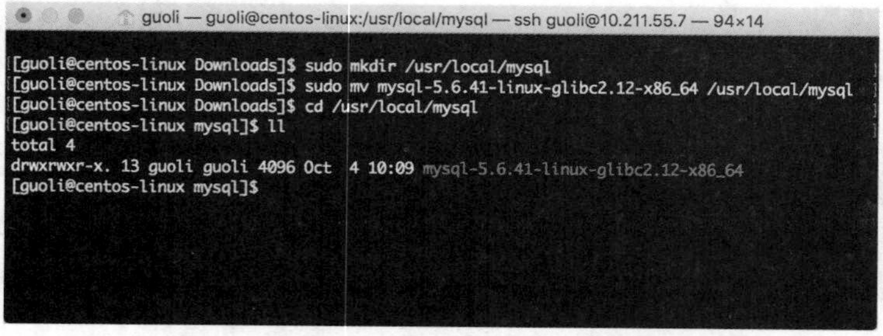

图 4-37 将安装包拷贝到安装目录

当前 MySQL 安装文件夹名字过长,对配置不便,将文件夹的名字更名为 mysql56,如图 4-38 所示。

图 4-38 重命名安装路径为 mysql56

MySQL 服务器安装成功后,其所有相关操作,包括启动、关闭、数据库操作、日志操作等,都会使用 Linux 下的 mysql 账户,所以,需要在正式安装配置 MySQL 之前,先创建 mysql 用户以及用户组,具体操作如图 4-39 所示,命令如下:

groupadd mysql
useradd -r -g mysql mysql

图 4-39 添加 mysql 用户与用户组

创建好用户和用户组,还需要通过 chown -R mysql:mysql /usr/local/mysql/mysql56 命令,将/usr/local.mysql/mysql56 的操作权限授权给 mysql 用户,如图 4-40 所示。

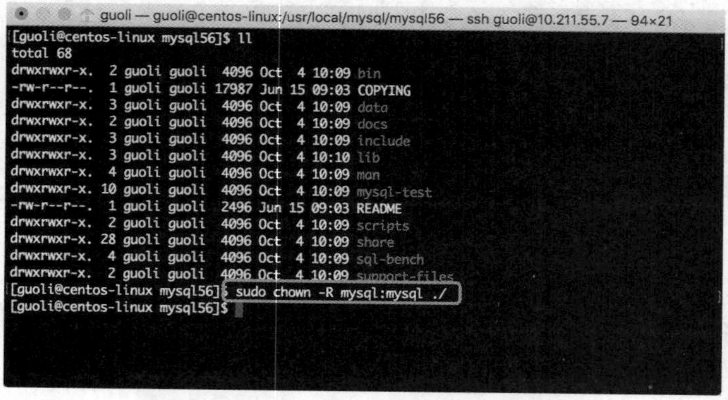

图 4-40 修改 MySQL 安装路径权限

接下来进入 MySQL 的安装目录/usr/local/mysql/mysql56/support-files/，将其中的文件 my-default.cnf 拷贝至/etc 文件夹下，命令如下：

  sudo cp /usr/local/mysql/mysql56/support-files/my-default.cnf /etc/my.cnf

然后，执行 vi /etc/my.cnf 命令，打开/etc/my.cnf 文件，在其中修改配置文件如图 4-41 所示内容，修改后保存文件。

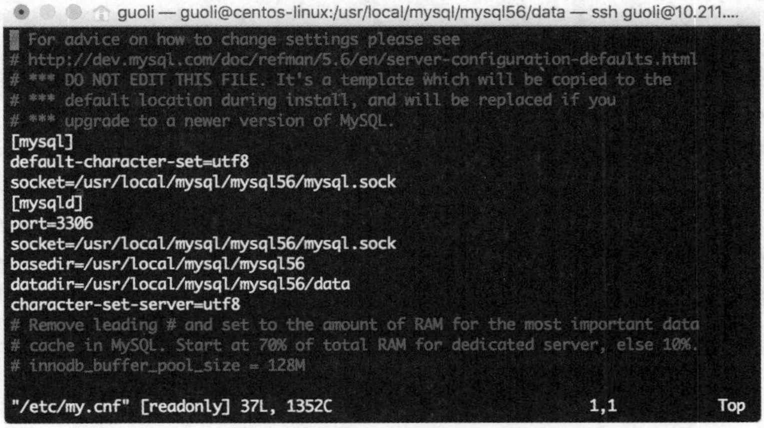

图 4-41 修改 MySQL 配置文件信息

MySQL 的相关文件已经配置完毕，接下来开始初始化 MySQL 服务，在 MySQL 的安装包里的 scripts 文件夹中，有 MySQL 提供的初始化脚本 mysql_install_db，执行该脚本，并设置执行参数如下：

  --user=mysql

  --basedir=/usr/local/mysql/mysql56

  --datadir=/usr/local/mysql/mysql56/data

执行结果如图 4-42 所示。

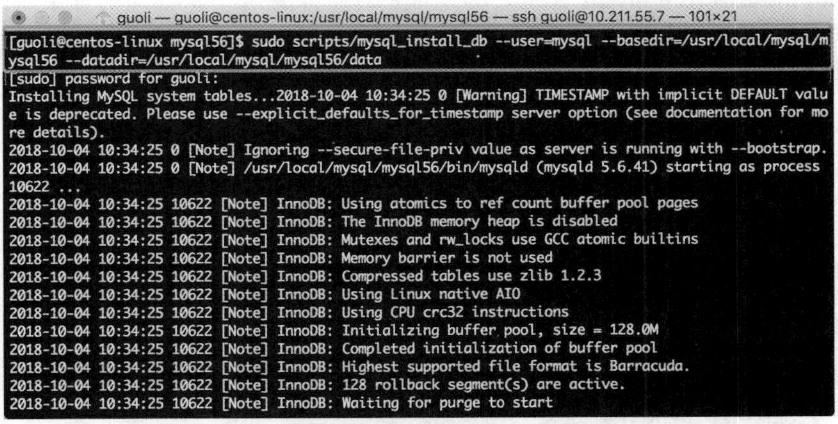

图 4-42 初始化 MySQL 5.6

至此，CentOS 7 操作系统下的 MySQL 已经安装、初始化完毕。接下来进行系统设置，方便启动、管理 MySQL 服务。

首先将 MySQL 的服务脚本 /usr/local/mysql/mysql56/support-files/mysql.server 复制到 /etc/rc.d/init.d 文件夹中,并更名为 mysqld,然后给该文件设置为可执行权限。并使用 chkconfig -- add mysqld 命令,将 mysqld 设置为开启启动项,并使用命令 chkcinfig -- list mysqld 检查设置结果。具体操作命令执行结果如图 4-43 所示。

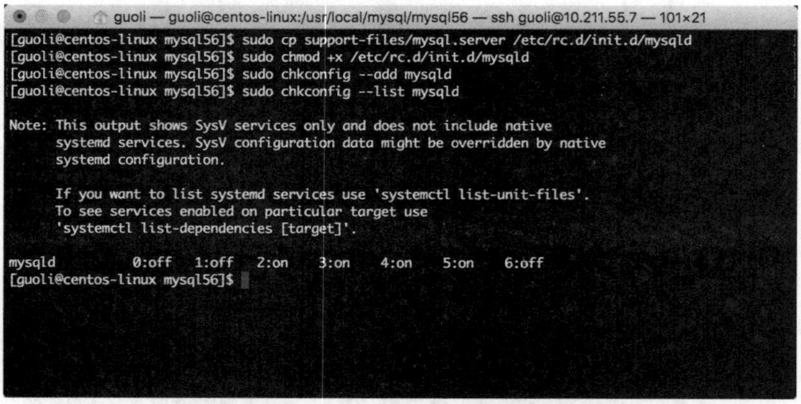

图 4-43　设置 MySQL 的操作系统服务

系统配置成功后,使用命令 sudo service mysqld start,启动 MySQL 服务,启动成功后,将会显示 Starting MySQL.SUCCESS!提示,如图 4-44 所示。

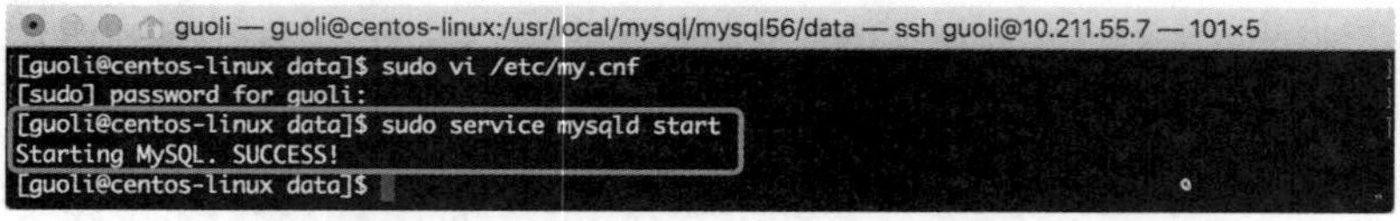

图 4-44　启动 MySQL 服务器

MySQL 服务已经成功启动,可以对 MySQL 进行访问。访问 MySQL 服务器,需要使用 /usr/local/mysql/mysql56/bin/mysql 命令,为了能够在任意路径下,都能够登录 MySQL,使用 MySQL 命令,将 /usr/local/mysql/mysql56/bin/ 配置到环境变量中。在 /etc/profile 文件尾部中增加如下内容,如图 4-45 所示,然后保存文件。

　　PATH=$PATH:/usr/local/mysql/mysql56/bin
　　export PATH

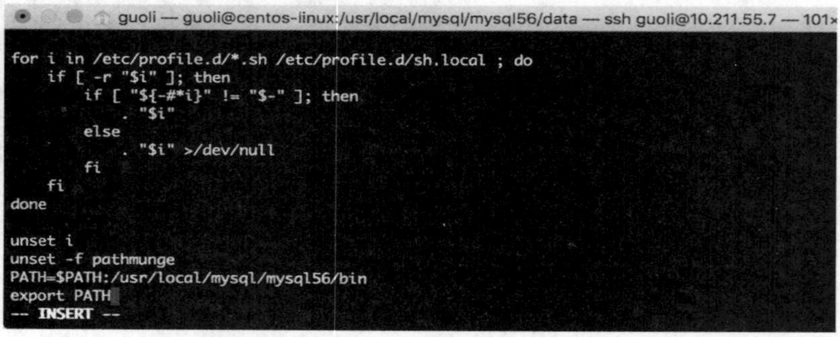

图 4-45　修改系统环境变量

执行命令 source /etc/profile，重新加载资源文件，令配置文件生效。执行 echo $PATH，输出环境变量，查看是否设置成功，如图 4-46 所示。

图 4-46　重新加载环境变量

环境变量配置成功，在任意路径下，执行 mysql –uroot，使用 root 账户登录 MySQL。初次登录不需要使用密码，登录后请进行密码修改，如图 4-47 所示。

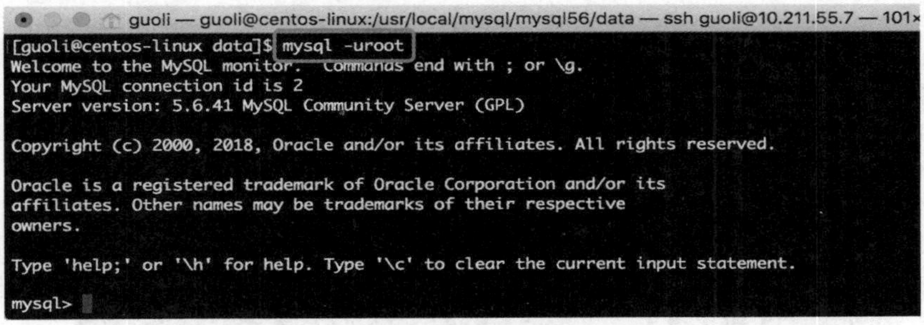

图 4-47　登录 MySQL

4.3　MySQL 启动与关闭

MySQL 服务器安装成功后，Windows 下默认直接启动。而在 Linux 系统下，MySQL 的服务需要手动启动，过程参考 4.2.3 节所述。MySQL 服务在运行过程中经常需要进行关闭、重启等维护工作。本节介绍在不同平台下，如何启动和关闭 MySQL 服务。

4.3.1　Windows 平台下 MySQL 的启动与关闭

在 Windows 平台下，安装好 MySQL 后，打开控制面板中的"服务"，就可以看到在 4.2.1 节中安装好的 MySQL5.6 服务的运行状态，如图 4-48 所示。

图 4-48　查看 MySQL 服务状态

右击 MySQL5.6 服务，弹出如图 4-49 所示的服务管理菜单，其中包括启动、停止、暂停、重新启动等操作。

当 MySQL 成功启动后，打开"程序"→MySQL 则显示如图 4-50 所示的 MySQL 客户端菜单。

图 4-49　MySQL 服务管理　　　　　图 4-50　系统开始菜单中的 MySQL 客户端程序菜单

选择 MySQL 5.6 Command Line Client，则进入 MySQL 5.6 命令行登录窗口，如图 4-51 所示，这里使用 root 账户登录，输入 root 账户密码后，即可登录到 MySQL 服务器。

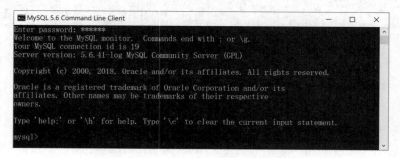

图 4-51　命令行客户端登录 MySQL

如果需要通过其他账户登录 MySQL 服务器，可以打开 Windows 操作系统的控制台，利用 MySQL 安装包中的 mysql.exe 来登录，该文件在 MySQL 安装根目录的"\bin"文件夹下。控制台下进入该目录后，输入命令"mysql -u 用户名 –p"，即可进行登录，如图 4-52 所示。

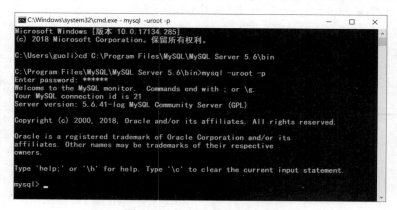

图 4-52　控制台登录 MySQL

4.3.2　Linux 平台下 MySQL 的启动与关闭

本章 4.2.3 节已经介绍了 Linux 平台下 MySQL 的安装过程，并已经将 MySQL 注册为系统服务，此时可以使用 Linux 的 service 命令来控制 MySQL 服务的启动与关闭。

MySQL 启动命令如下：

  service mysqld start;

MySQL 关闭命令如下：

  service mysqld stop;

因为已经将 MySQL 安装包下的 bin 目录配置到环境变量 path 中（如果 Windows 操作系统也希望在任意路径下，通过控制台登录 MySQL，也可将 bin 目录配置到环境变量 path 中），所以，在任意路径下，可输入"mysql -u 用户名 –p"进行登录，如图 4-52 所示。

4.4　MySQL 图形化客户端

对数据库管理系统的访问和操作，可以通过命令行的形式进行。但复杂的命令行操作增大了数据库维护和使用的成本，所以开发者设计并发布了很多数据库管理系统的图形化访问客户端。例如，MySQL-Front、Navicat，以及 Oracle 的 MySQL Workbench。本书主要使用 MySQL Workbench 作为 MySQL 的图形化客户端访问工具。

4.4.1　MySQL Workbench 简介

MySQL Workbench 是图形化的数据库操作工具，它集成了数据库的开发、管理、设计、创建以及维护，还专为 MySQL 提供了 ER/数据库建模工具。MySQL Workbench 有开源和商业化的两个版本，支持 Windows、Linux、Mac 操作系统。

如图 4-53 所示为 MySQL Workbench 启动时的主界面。界面显示了欢迎消息，并给出了 Browse Documentation、Read the Blog 和 Discuss on the Forums 的链接。此外，主界面还提供了对 MySQL 连接、模型和 MySQL Workbench 迁移向导的快速访问。

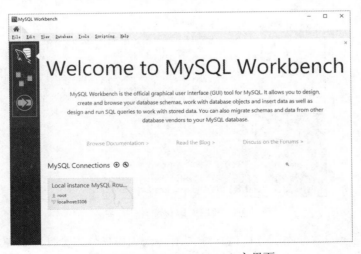

图 4-53　MySQL Workbench 主界面

如图 4-53 所示，在 MySQL workbench 的首页左侧导航栏中，共有三个图标。其中 显示的是，通过 MySQL Workbench 建立的所有 MySQL 实例连接集合的视图。初次安装后，在该视图中存在一个默认的数据库服务连接 Local instance MySQL Router。将鼠标指针移动至该标签上，并单击右上角的"翻页"标记，即可查看该数据库连接实例的详细信息，如图 4-54 所示。

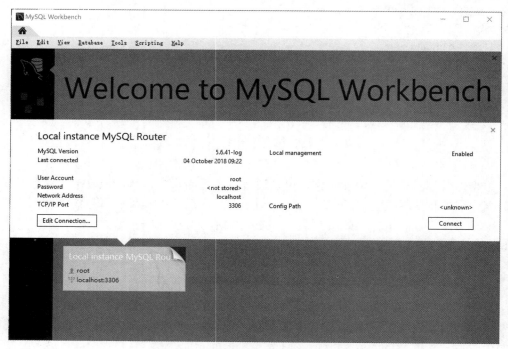

图 4-54　查看数据库连接配置信息

图中连接的是本机的 MySQL Server，右击该连接，可以查看配置信息，也可以对配置信息进行更改，例如用户名、密码以及连接的名称，如图 4-55 所示。

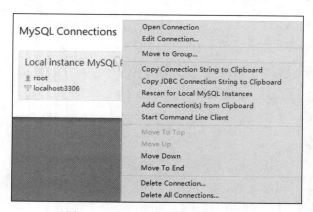

图 4-55　数据库连接配置信息操作

如果需要创建新的数据库服务连接，选择图 4-56 中的+号，会打开如图 4-57 所示的新建数据库服务连接的向导，该对话框和数据库服务连接编辑页面相似，填写完所有配置信息后，单击 OK 按钮，即可创建一个新的数据库服务连接。

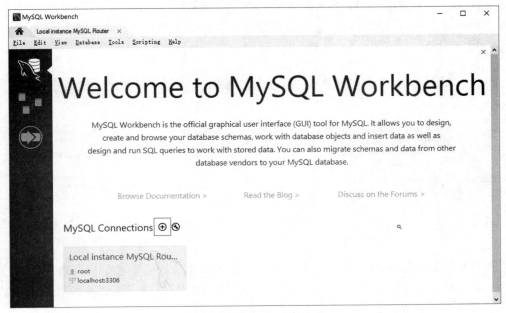

图 4-56　新建数据库连接

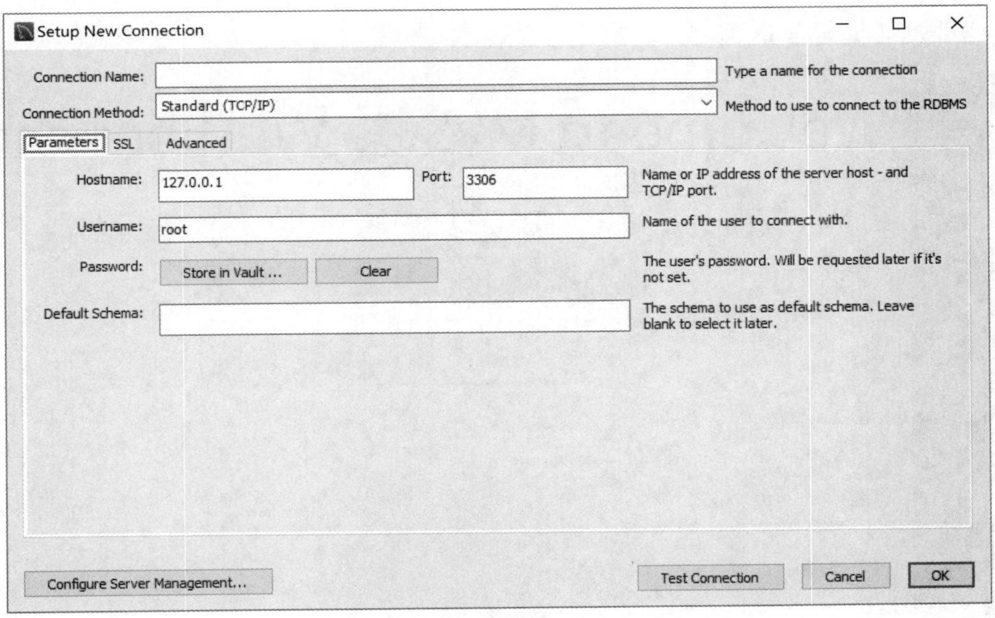

图 4-57　配置数据库连接

图 4-57 所示对话框中显示了当前连接的配置信息。其中，Connection Name 代表当前实例连接的名称，该名称为用户自行设置。Hostname 以及 Port 为当前实例的 IP 地址或者域名，以及当前连接的实例服务所占用的端口号。Username 以及 Password 则是连接实例登录所使用的用户名和密码，密码处有两个按钮，单击 Store in Vault...后会显示相应的密码填写的对话框，

可以设置并存储用户密码。Default Schema 是用来设置当前连接实例的默认数据库。Test Connection 测试当前数据库服务基本配置的正确性，单击该按钮，将会打开如图 4-58 所示的密码输入框，输入当前连接用户对应的密码后，就可以获得测试结果，如图 4-59 所示。

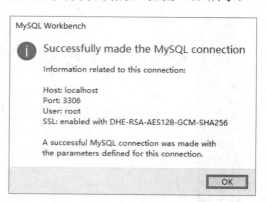

图 4-58　密码信息配置　　　　　　　　　图 4-59　连接测试结果

需要连接数据库服务时，请按照上述步骤，增加数据库服务连接信息。然后单击这个连接实例标签，就可以看到如图 4-60 所示的登录对话框。如果在配置连接实例时，没有保存登录密码，那么就需要填写密码，单击 OK 按钮登录。

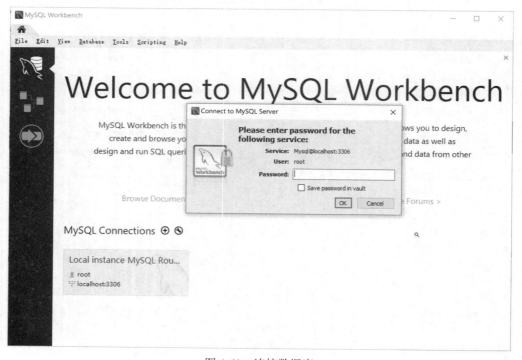

图 4-60　连接数据库

登录成功后，显示如图 4-61 所示的数据库服务管理界面。此时登录的是前面已安装在本机上的 MySQL Server 服务器。在该界面左侧导航栏中列出了两部分内容。分别是 Navigator 管理和 Schema 管理。

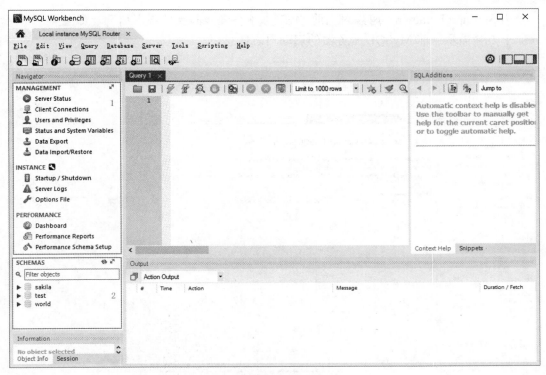

图 4-61　MySQL Workbench 导航栏

单击 Server Status，可以看到如图 4-62 所示的 MySQL 服务器连接状态，以及 MySQL 服务器的运行状态。

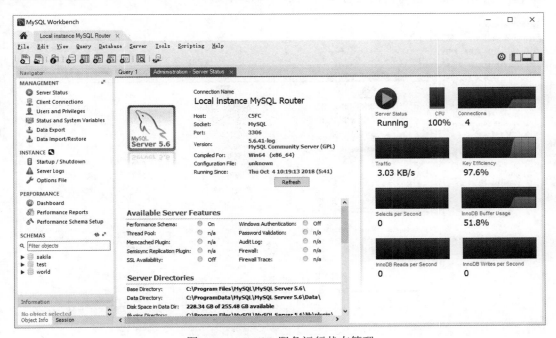

图 4-62　MySQL 服务运行状态管理

单击 Startup/Shutdown，可以对当前 MySQL 服务器进行关闭或者启动，如图 4-63 所示。在界面下方会显示当前 MySQL 服务器的启动日志信息。

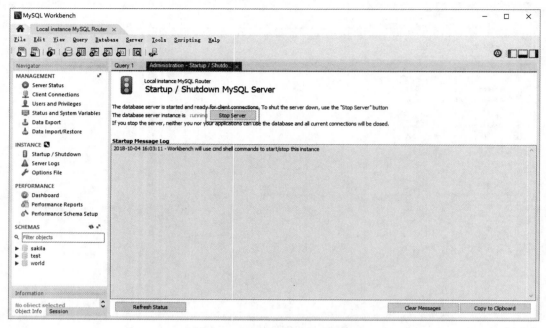

图 4-63　MySQL 服务器运行管理

单击 Dashboard，打开数据库运行状态的仪表盘，类似于 MySQL 服务器的简单监控器，可以看到 MySQL 服务器目前的运行状态，如图 4-64 所示。

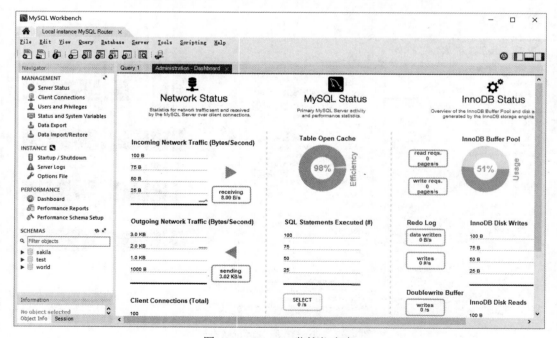

图 4-64　MySQL 监控仪表盘

如果需要在当前数据库服务器上创建数据库服务，可以在图 4-61 界面中的 SCHEMAS 处单击鼠标右键，选择 create Schema。也可以在图 4-61 中的工具栏中单击 图标。如果需要直接编写 SQL 语句，则在图 4-61 中的 Query1 标签页中直接编写即可。

MySQL Workbench 中具体如何创建和管理数据库对象，将在本书的后续章节中与 SQL 知识一起进行介绍。

4.4.2 MySQL-Front 简介

MySQL-Front 是一款非常强大的 MySQL 图形化管理工具，拥有多文档界面、语法突出和拖拽方式的数据库及表格等，可进行编辑、增加、删除域，还可以编辑、插入、删除记录，亦可显示成员、执行 SQL 脚本，提供与外程序接口，保存数据到 CSV 文件（逗号分隔值文件格式）等。

MySQL-Front 的下载与安装不再详述。安装 MySQL-Front 后，界面如图 4-65 所示。要求配置连接 MySQL 服务器的信息。在 Server 文本框中输入要连接的 MySQL 服务器的 IP 或者域名即可，如图 4-66 所示。

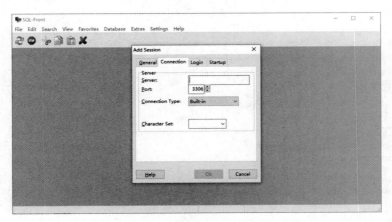

图 4-65　MySQL-Front 主界面

单击 Login 标签，在该标签中输入要连接的服务器用户名和密码，如图 4-67 所示，输入成功后，单击 OK 按钮。

图 4-66　配置数据库服务器信息　　　　图 4-67　配置登录账户信息

此时显示如图 4-68 所示的 Open Session 对话框，选择要连接的 MySQL 服务器 127.0.0.1，单击 Open 按钮，就可以登录到 MySQL 服务器，以图形化界面方式操作 MySQL 服务器，如图 4-69 所示。

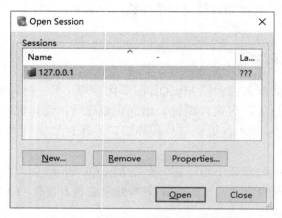

图 4-68　打开服务器连接会话对话框

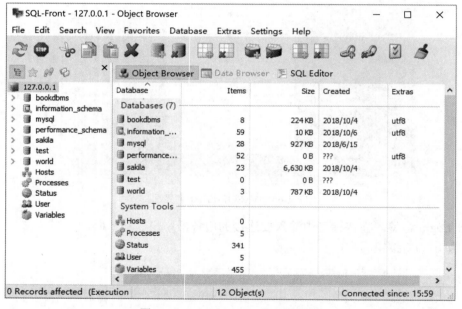

图 4-69　MySQL-Front 访问数据库

4.4.3　Navicat for MySQL 简介

Navicat for MySQL 是一款专业版的功能强大的图形化的 MySQL 数据库管理和开发工具，对于新用户易于学习。Navicat for MySQL 提供类似于 MySQL Workbench 的管理界面，有效解放 PHP、J2EE 等程序员以及数据库设计者、管理者的大脑，降低了开发成本，为用户带来更高的开发效率。

Navicat for MySQL 的下载与安装不再详述，安装成功后，运行主界面如图 4-70 所示。

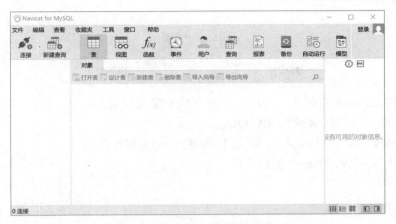

图 4-70　Navicat for MySQL 主界面

如图 4-71 所示，选择"文件"→"新建连接"→MySQL，打开图 4-72 所示 MySQL 服务器连接配置页面。

图 4-71　创建数据库连接　　　　图 4-72　配置服务器连接

配置成功后，单击"确定"按钮，就可以通过 Navicat for MySQL 登录到 MySQL 服务器并进行相应操作，如图 4-73 所示。

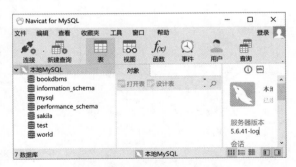

图 4-73　访问 MySQL 服务器

习 题

1. 简述 MySQL 数据库管理系统的不同版本。
2. 下载 Windows 版本的 MySQL 5.6，并完成安装与配置。
3. 通过命令行客户端登录到 MySQL。
4. 完成 Windows 下 MySQL 服务的启动、停止与重启操作。
5. 熟悉 MySQL Workbench 操作界面。

第 5 章　数据库创建与管理

数据库操作主要包括查看数据库、创建数据库、修改数据库、删除数据库以及数据库的备份和还原操作。

在 MySQL 中，无论在 Windows 操作系统还是在 Linux 操作系统下，都有两种方式来创建和管理数据库：可视化方式和命令行方式。可视化方式需借助 Workbench 等客户端工具；命令行方式即在操作系统命令行下，以输入各种 SQL 语句的形式要求 MySQL 执行相应的操作。

5.1　创建数据库

5.1.1　可视化创建数据库

打开 Workbench 并登录 MySQL 服务，进入图 5-1 所示的数据库管理界面。

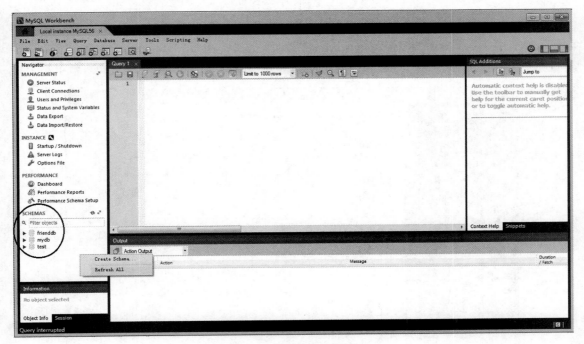

图 5-1　数据库管理界面

在图 5-1 左下角，椭圆形所圈区域为 SCHEMAS 区域，列出了当前数据库服务中已存在的所有用户数据库：frienddb、mydb、test。frienddb 和 mydb 为此前用户手动创建的数据库，test 为 MySQL 自带的测试数据库。在 SCHEMAS 下方的空白处单击鼠标右键弹出图 5-1 所示的上下文菜单，选择 Create Schema，进入图 5-2 所示界面开始创建数据库。

图 5-2　数据库创建界面

在图 5-2 的 Name 中输入数据库的名字（库名随意，这里输入 bookmanage），Collation 中选择该库所用字符集及其排序规则（根据需要选择，这里选择 utf8-default collation）后，单击 Apply 按钮，弹出图 5-3 所示的 Apply SQL Script to Database（将 SQL 脚本应用到数据库）界面。

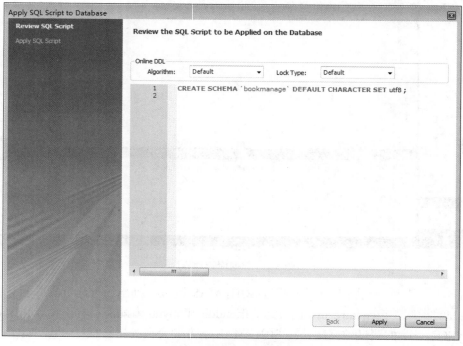

图 5-3　数据库脚本确认界面

在图 5-3 中单击 Apply 按钮，会看到图 5-4 所示的应用成功提示信息。

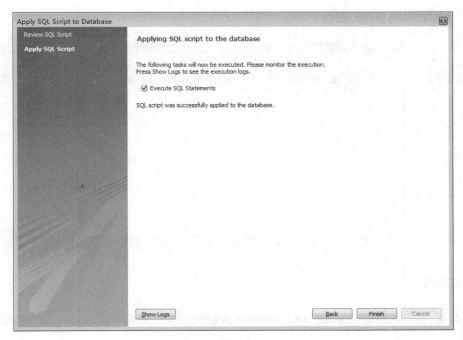

图 5-4 应用成功提示

在图 5-4 中单击 Finish 按钮，返回图 5-5 所示的数据库管理界面，在 Output 区提示 Apply changes to bookmanage，bookmanage 应用了改变，并且 SCHEMAS 区多了一个名为 bookmanage 的数据库，完成数据库创建。

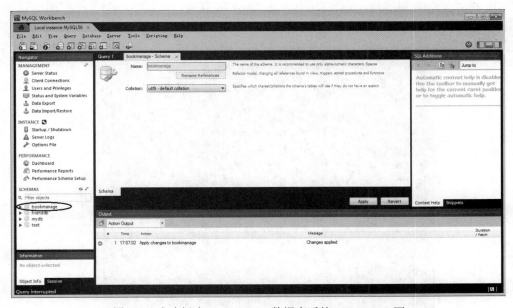

图 5-5 成功创建 bookmanage 数据库后的 SCHEMAS 区

右击 SCHEMAS 区中的 bookmanage 数据库，选择 Schema Inspector 菜单项可查阅数据库详情，如图 5-6 所示。

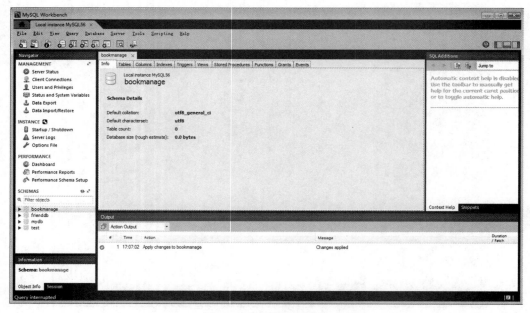

图 5-6　查阅数据库详情

5.1.2　命令行创建数据库

按 4.3 节所述步骤，在命令行下登录 MySQL，如图 4-47 和图 4-51 所示。在命令行中输入 show schemas;或 show databases;命令（注意分号），可查阅当前数据库服务器中都有哪些数据库，如图 5-7 所示。

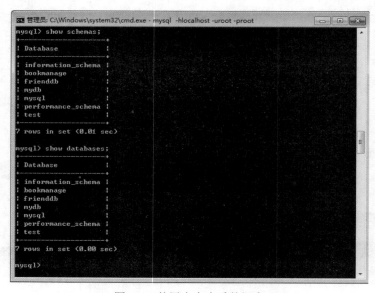

图 5-7　使用命令查看数据库

虽然在 SQL Server、Oracle 等数据库管理系统中 Schema 与 Database 是完全不同的两种事物，但在 MySQL 中 Schema 等同于 DataBase，因此 SQL 语句中能用 Schema 的都可以用 Database 替换。

对比图 5-7 和图 5-5，发现图 5-7 比图 5-5 多了三个数据库：information_schema、mysql 以及 performance_schema。这三个库均是 MySQL 安装时自带的、具有特殊用途的数据库，用于支撑 MySQL 服务的正常运行。尤其是 mysql 库，它是核心数据库，主要负责存储数据库的用户、权限设置、关键字等，以及 mysql 自己需要使用的控制和管理信息，不可以删除，也不要轻易修改数据库里面的表信息；information_schema 是信息数据库，其中保存着关于 MySQL 服务器所维护的所有其他数据库的信息；performance_schema 是 MySQL 5.5 开始新增的一个数据库，主要用于收集数据库服务器性能参数。鉴于这三个库的特殊性，Workbench 默认是不显示它们的。

在命令行下创建数据库需使用 SQL 语句 create，具体语法如下：

  create schema 数据库名;

或

  create schema 数据库名 character set 字符集名称;

或

  create database 数据库名;

或

  create database 数据库名 character set 字符集名称;

上述第一条语句和第三条语句没有使用 character set 指明字符集，而是采用默认字符集创建数据库。而第二、四条语句是采用了指定字符集创建数据库，如图 5-8 所示。

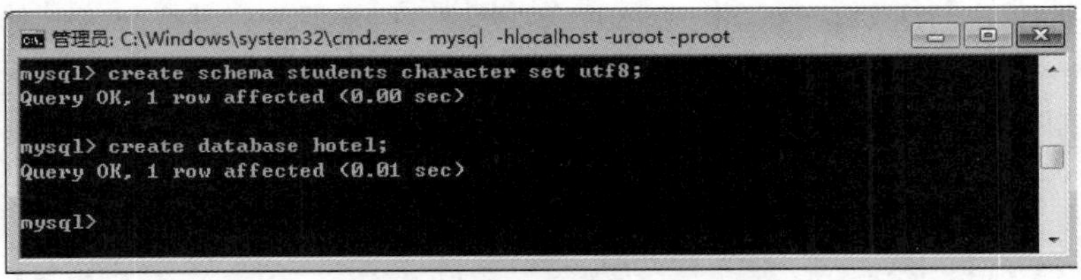

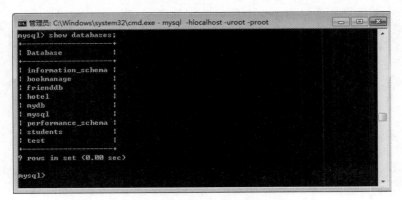

图 5-8 使用 create 语句创建数据库

图 5-8 使用了两条 create 语句创建了两个数据库 students 和 hotel，students 数据库采用 utf8 字符集，hotel 数据库采用默认字符集。使用 show databases;查看结果如图 5-9 所示。

图 5-9 查看使用 create 语句后的数据库列表

还可以使用以下语句在命令行下查看数据库的详情：
　　show create schema 数据库名称;
或
　　show create database 数据库名称;
应用效果如图 5-10 所示。

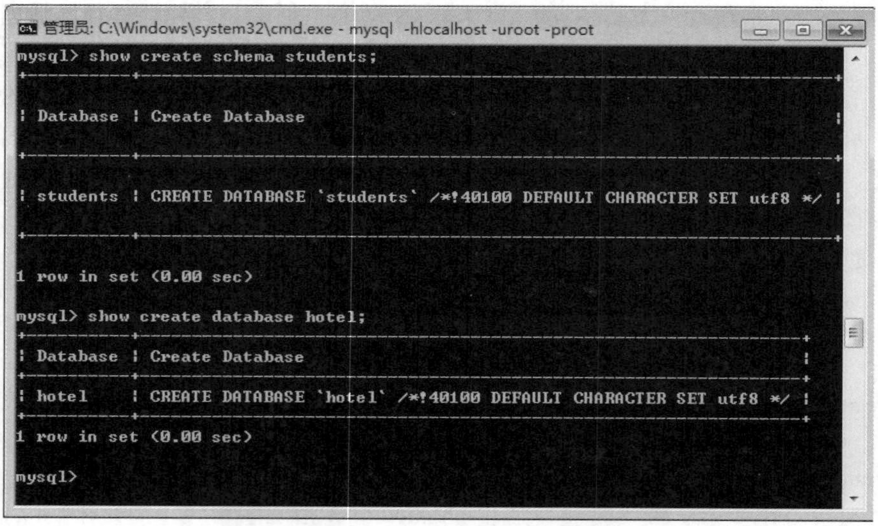

图 5-10　查看数据库详情

图 5-10 中使用了两次 show create 语句，分别查看了 students 和 hotel 数据库的创建详情，观察 hotel 数据库的详情可以发现本数据库服务器安装时所选用的默认字符集其实就是 utf8。

如果本数据库服务器中已存在同名数据库，那么在使用 create 语句创建数据库时会报错，如图 5-11 所示。

图 5-11　创建同名数据库时报错

现在再看图 5-3，其实图 5-3 中显示的就是 create schema 语句，也就是说，事实上可视化创建数据库的操作步骤最终还是会转换成 create schema 语句才可以实现数据库创建。

5.2　修改数据库

5.2.1　可视化修改数据库

在图 5-12 中选择要修改的数据库，单击鼠标右键，在弹出的菜单中选择 Alter Schema 选项，进入数据库修改界面，如图 5-13 所示。

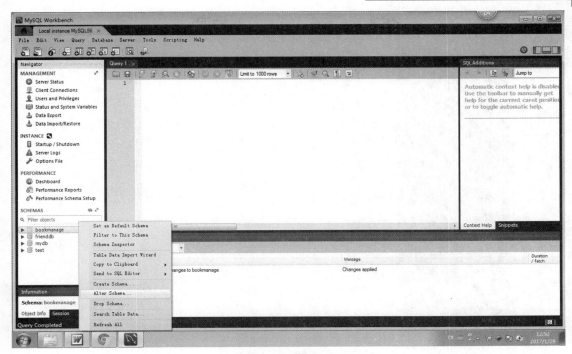

图 5-12　数据库管理界面

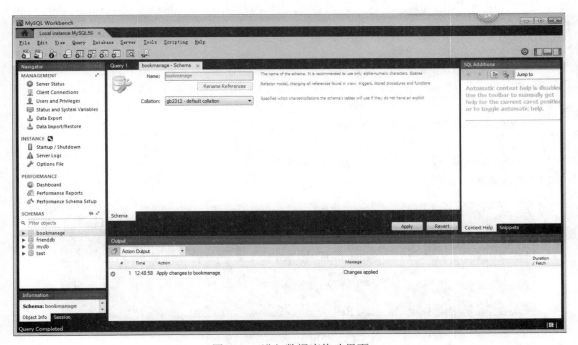

图 5-13　进入数据库修改界面

在图 5-13 中可重新修改该数据库的字符集，修改后单击 Apply 按钮，进入图 5-14 所示的数据库脚本确认界面。

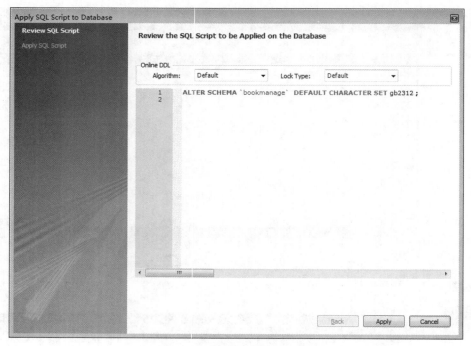

图 5-14　数据库脚本确认界面

在图 5-14 中单击 Apply 按钮，会再次看到图 5-4 所示的应用成功提示信息。单击 Finish 按钮，完成数据库修改。

5.2.2　命令行修改数据库

在命令行下成功连接数据库服务器后，使用 alter 语句完成数据库的修改，具体语法结构如下：

　　alter schema　数据库名称　character set　新字符集名称;

或

　　alter database　数据库名称　character set　新字符集名称;

应用效果如图 5-15 所示。

图 5-15　使用 alter 语句修改数据库

图 5-15 中分别采用 alter schema 和 alter database 将 students 和 hotel 数据库的字符集改成了 gb2312。图 5-16 显示了修改后的两个数据库的详细信息。

第 5 章　数据库创建与管理　81

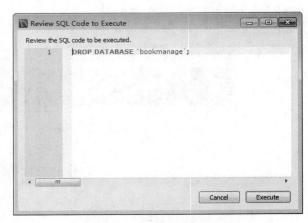

图 5-16　修改后的两个数据库详情

5.3　删除数据库

5.3.1　可视化删除数据库

在图 5-12 中选择要删除的数据库，单击鼠标右键，在弹出的菜单中选择 Drop Schema 选项，会弹出图 5-17 所示界面。

单击 Drop Now 选项，可直接删除数据库。单击 Review SQL，弹出图 5-18 所示界面，在该界面中可复查删除所对应的 SQL 语句。

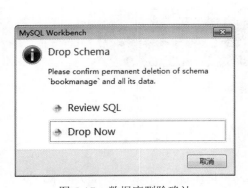

图 5-17　数据库删除确认　　　　　　图 5-18　复查数据库删除脚本

在图 5-18 中单击 Execute 按钮，完成删除。

5.3.2　命令行删除数据库

从图 5-18 中可看出删除数据库的 SQL 语句为 drop，语法结构为：

drop schema 数据库名;

或

drop database 数据库名;

应用效果如图 5-19 所示：

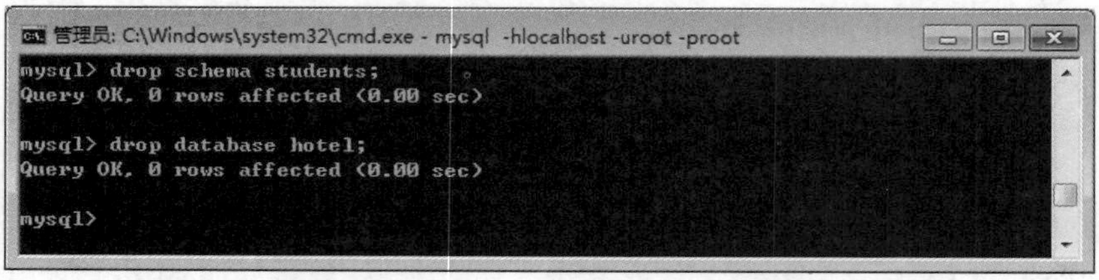

图 5-19 使用 drop 语句删除数据库

图 5-19 分别用 drop schema 和 drop database 语句删除了 students 和 hotel 数据库。图 5-20 显示使用 show databases;语句看到的数据库列表，其中 students 和 hotel 已经不见了。

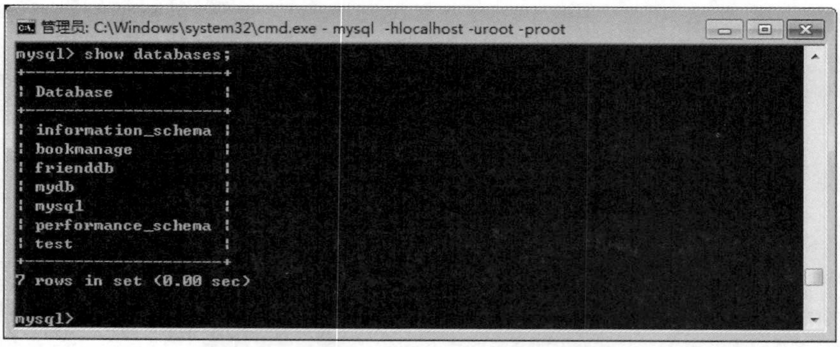

图 5-20 删除两库后的数据库列表

如果使用 drop 语句删除已经不存在的数据库，将会报错，如图 5-21 所示。

图 5-21 删除不存在的数据库报错

5.4 备份数据库

出于数据安全、数据迁移等需求，经常需要将数据库的结构和其中的数据备份出来，以便在面临灾难时将数据及时恢复，或者在面临数据迁移需求时快速将数据迁移到其他服务器上。

5.4.1 可视化备份数据库

在图 5-12 所示数据库管理界面的左上方 MANAGEMENT 区域中有一个 Data Export（数据导出）选项，单击它可看到图 5-22 所示界面。

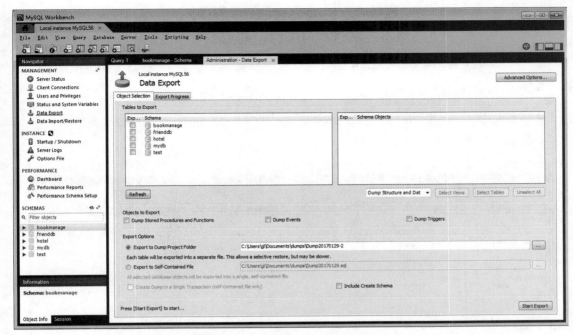

图 5-22　选择 Data Export 后的数据库管理界面

在图 5-22 中 Tables to Export（导出列表）中列出了当前所有的数据库，勾选要备份的数据库，在 Export to Dump Project Folder 中选择导出文件的存放目录（如有必要可选择导出对象 Objects to Export，以及单击 Advanced Options 按钮进行高级选项的设置），单击 Start Export（开始导出）按钮完成导出。导出后的文件是以 sql 为后缀名的 SQL 脚本文件，内含创建该数据库中所有数据表，及数据的 SQL 语句。需要提醒读者的是，数据库内必须至少包含一个数据表，才会导出脚本文件，否则因为数据库自身为空，则不会导出任何实质文件，建议读者在阅读完第 6 章并学会创建数据表后，再尝试本小节内容。

5.4.2　命令行备份数据库

如果目前命令行窗口已连入 MySQL 服务，需首先输入 exit 退出连接，然后输入以下格式的命令：

　　mysqldump –h 主机名 –u 用户名 –p 密码 数据库名称 > 脚本文件路径

【例 5-1】将 bookmanage 数据库导出到 C 盘下的 bookmange20170129.sql 文件的完整操作如图 5-23 所示。

图 5-23　命令行备份数据库

5.5 还原数据库

5.5.1 可视化还原数据库

在数据库管理界面的 MANAGEMENT 区域中有一个 Data Import/Restore（数据导入/还原）选项，单击它可看到图 5-24 所示界面。

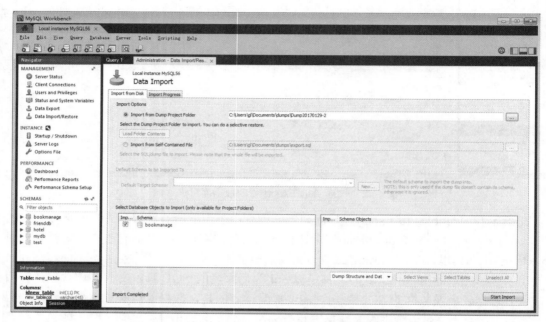

图 5-24　选择 Data Import/Restore 后的数据库管理界面

在图 5-24 的 Import from Dump Project Folder 项右侧选择要恢复的备份脚本文件后，单击 Start Import 按钮，执行数据恢复。执行后，可看到 bookmanage 数据库中的表结构及数据恢复到了备份时的状态。需注意，在进行数据恢复时必须保证 MySQL 服务器中已存在 bookmanage 数据库（空库也可），否则无法恢复。

5.5.2 命令行还原数据库

在命令行下，使用以下格式的命令还原数据库：

　　mysql –h 主机名　–u 用户名　–p 密码　数据库名称 < 备份脚本文件

【例 5-2】将备份 bookmange20170129.sql 文件的内容还原到 bookmanage 数据库中，如图 5-25 所示。

图 5-25　命令行还原数据库

习 题

1．以可视化方式创建一个考试系统数据库 testDB，字符集及其排序规则为 utf8-default collation。

2．以可视化方式修改 testDB 数据库的字符集为 gb2312。

3．以可视化方式删除 testDB 数据库。

4．以命令行方式创建一个考试系统数据库 testDB，字符集及其排序规则为 utf8-default collation。

5．以命令行方式修改 testDB 数据库的字符集及其排序规则为 gb2312。

6．以命令行方式删除 testDB 数据库。

第 6 章 数据表创建与管理

在数据库中，数据表是最基本、最常用的操作对象，也是数据存储和访问数据的基本单位。本章将详细介绍数据表的基本操作，主要内容包括 MySQL 中的数据基本类型介绍、创建数据表、查看数据表、修改数据表、删除数据表及约束设置。通过本章的学习，读者能够熟练掌握在图形界面模式和命令行模式下完成有关数据表的常用操作。

6.1 数据表基本概念

使用数据库的过程中，数据库中的表是最核心的内容之一。表是包含数据库中所有数据的数据库对象，用来存储各种各样的信息。一个 MySQL 数据库中会包含多张数据表，单个数据库中的最大允许建立的数据表的个数没有限制。

数据库中的表由行和列组成，如图 6-1 所示。列由同类的信息组成，每列又称为一个字段，每列的标题称为字段名；行包括了若干列信息项，一行数据称为一条记录，它表达有一定意义的信息组合。一个数据库表由一条或多条记录组成，没有记录的表称为空表。每个表通常都有一个主关键字（又称为主键），用于唯一地确定一条记录。

ISBN	pressName	typeName	bookName	bookAuthor	bookPrice	bookIntroduce	bookCount
9787508329579	NULL	数据库技术	MySQL数据库	中原	80	清华大学出版社	80
9787302468349	NULL	编程技术	JAVA语言程序设计	千峰	60	机械工业出版社	100
9787508329574	NULL	编程技术	JAVA程序设计	房晓溪	55	南京邮电出版社	50

图 6-1 图书基本信息表

6.2 MySQL 中的基本数据类型

数据库中的表，在存储数据之前，需要先指定该表的数据结构，包括数据类型、数据约束、编码方式、主键等内容。其中，数据的存储类型需要数据库开发人员指定。

MySQL 支持多种类型，大致可以分为三类：数值数据、日期和时间、字符串（字符）类型。

6.2.1 数值数据类型

MySQL 支持所有标准 SQL 数值数据类型。例如，数值数据类型 INTEGER、SMALLINT、DECIMAL 和 NUMERIC，其中关键字 INT 是 INTEGER 的同义词，关键字 DEC 是 DECIMAL 的同义词；近似数值数据类型 FLOAT、REAL 和 DOUBLE PRECISION；保存位字段值的 BIT 数据类型。

通过对 SQL 标准的扩展，MySQL 又支持了一些整数类型，例如 TINYINT、MEDIUMINT 和 BIGINT。在表 6-1 中，列举了 MySQL 中常见的数值数据类型及其存储范围。

表 6-1 数值数据类型的存储空间及范围

类型	大小	范围（有符号）	范围（无符号）	用途
TINYINT	1 字节	(-128,127)	(0,255)	小整数值
SMALLINT	2 字节	(-32768,32767)	(0,65535)	大整数值
MEDIUMINT	3 字节	(-8388608,8388607)	(0,16777215)	大整数值
INT 或 INTEGER	4 字节	(-2147483648,2147483647)	(0,4294967295)	大整数值
BIGINT	8 字节	(-9233372036854775808, 9223372036854775807)	(0,18446744073709551615)	极大整数值
FLOAT	4 字节	(-3.402823466 E+38,-1.175494351 E-38),0,(1.175494351 E-38, 3.402823466351 E+38)	0,(1.175494351 E-38,3.402823466 E+38)	单精度浮点数值
DOUBLE	8 字节	(-1.7976931348623157 E+308, -2.225 0738585072014 E-308), 0,(2.225073858507201 4 E-308, 1.7976931348623157 E+308)	0,(2.2250738585072014 E-308, 1.7976931348623157 E+308)	双精度浮点数值
DECIMAL	对 DECIMAL (M,D)，如果 M>D，为 M+2，否则为 D+2	依赖于 M 和 D 的值	依赖于 M 和 D 的值	小数值

6.2.2 日期和时间类型

MySQL 中有五种表示日期和时间的类型，分别为 DATETIME、DATE、TIMESTAMP、TIME 和 YEAR。其中每个时间类型都有一个有效值范围和一个"零"值，当指定不合法的 MySQL 不能表示的值时使用"零"值。有效范围是 MySQL 可以支持的时间范围，例如，DATE 类型的时间范围是从 1000-01-01 到 9999-12-31，如果输入的日期不在此范围内，则认为这个日期超出范围，再如，输入时间 2018-13-01，因为不存在 13 月，所以会认为这是一个不合法的日期，此时就会使用"零"值，不同类型的零值见表 6-2。

表 6-2 时间类型的零值表

类型	"零"值
DATETIME	'0000-00-00 00:00:00'
DATE	'0000-00-00'
TIMESTAMP	00000000000000
TIME	'00:00:00'
YEAR	0000

日期时间类型存储空间及格式见表 6-3。

表 6-3 日期和时间类型存储空间及范围

类型	大小	范围	格式	用途
DATE	3 字节	1000-01-01/9999-12-31	YYYY-MM-DD	日期值
TIME	3 字节	'-838:59:59'/'838:59:59'	HH:MM:SS	时间值或持续时间
YEAR	1 字节	1901/2155	YYYY	年份值
DATETIME	8 字节	1000-01-01 00:00:00/9999-12-31 23:59:59	YYYY-MM-DD HH:MM:SS	混合日期和时间值
TIMESTAMP	4 字节	1970-01-01 00:00:00/2038 结束时间是第 2147483647 秒，北京时间 2038-1-19 11:14:07，格林尼治时间 2038-1-19 03:14:07	YYYYMMDD HHMMSS	混合日期和时间值，时间戳

6.2.3 字符串类型

字符串类型是在数据库中存储字符串的数据类型。MySQL 中的字符串类型包括 CHAR、VARCHAR、BINARY、VARBINARY、BLOB、TEXT、ENUM 和 SET。

CHAR 和 VARCHAR 类型类似，但保存和检索的方式不同。它们的最大长度和尾部空格是否被保留等方面也不同，并且在存储或检索过程中不进行大小写转换。

BINARY 和 VARBINARY 类似于 CHAR 和 VARCHAR，不同的是它们包含二进制字符串。也就是说，包含字节字符串而不是字符字符串，这说明它们没有字符集，并且排序和比较基于列值字节的数值。

BLOB 是一个二进制大对象，可以容纳可变数量的数据。BLOB 类型有 4 种：TINYBLOB、BLOB、MEDIUMBLOB 和 LONGBLOB，区别在于可容纳存储范围不同。

此外，MySQL 还包含 4 种 TEXT 类型：TINYTEXT、TEXT、MEDIUMTEXT 和 LONGTEXT。由于可存储的最大长度不同，可根据实际情况选择。各类型存储空间及用途见表 6-4。

表 6-4 字符串类型存储空间及用途

类型	大小	用途
CHAR	0-255 字节	定长字符串
VARCHAR	0-65535 字节	变长字符串
TINYBLOB	0-255 字节	不超过 255 个字符的二进制字符串
TINYTEXT	0-255 字节	短文本字符串
BINARY	可以指定长度	固定长度二进制字符串
VARBINARY	可以指定长度	可变长度二进制字符串
BLOB	0-65 535 字节	二进制形式的长文本数据
TEXT	0-65 535 字节	长文本数据
MEDIUMBLOB	0-16 777 215 字节	二进制形式的中等长度文本数据
MEDIUMTEXT	0-16 777 215 字节	中等长度文本数据

续表

类型	大小	用途
LONGBLOB	0-4 294 967 295 字节	二进制形式的极大文本数据
LONGTEXT	0-4 294 967 295 字节	极大文本数据

6.3 创建数据表

6.3.1 用 CREATE TABLE 语句创建表

1. 创建简单数据表

创建 MySQL 数据表需要以下信息：
- 表名
- 表字段名
- 定义每个表字段

要在数据库中创建一个新表，可以使用 CREATE TABLE 语句。CREATE TABLE 语句是 MySQL 中较为复杂的语句之一。

CREATE TABLE 语句的语法：

```
CREATE TABLE [IF NOT EXISTS] table_name(
        column_list
) engine=table_type;
```

关于表创建语句的语法说明如下：

首先，需要在 CREATE TABLE 子句之后指定要创建的表的名称，表名在数据库中必须是唯一的。IF NOT EXISTS 是语句的可选部分，添加 IF NOT EXISTS，在创建表之前，将会检查正在创建的表是否已存在于数据库中。如果该表在数据库中已经存在，MySQL 将忽略整个语句，不会创建任何新的表。建议在每个 CREATE TABLE 语句中使用 IF NOT EXISTS 来防止创建已存在的新表而产生错误。

其次，在 column_list 部分指定表的列，列用逗号","分隔。

第三，需要为 engine 子句中的表指定存储引擎。可以使用任何存储引擎，如 InnoDB、MyISAM、HEAP、EXAMPLE、CSV、ARCHIVE、MERGE、FEDERATED 或 NDBCLUSTER。如果不明确声明存储引擎，MySQL 将默认使用 InnoDB。

要在 CREATE TABLE 语句中为表定义列，请使用以下语法：

```
CREATE TABLE
        column_name data_type[size] [NOT NULL|NULL] [DEFAULT value] [AUTO_INCREMENT]
```

以上语法中最重要的组成部分是：
- column_name 指定列的名称。每列具有特定数据类型和大小，例如 VARCHAR(255)。
- NOT NULL 或 NULL 表示该列是否接受空值。
- DEFAULT 值用于指定列的默认值。
- AUTO_INCREMENT 指示每当将新行插入到表中时，列的值会自动增加。每个表有且只有一个 AUTO_INCREMENT 列。

2. 为数据表设置主键

如果要将表的特定列设置为主键，则使用以下语法：

　　PRIMARY KEY (col1,col2,...)

假如在示例数据库（testdb）中创建一个名为 tasks 的新表。首先通过 Workbench 连接数据库，在查询窗口 Query1 中编写 SQL 语句。如果未找到该窗口，可单击工具栏上的新建查询窗口按钮 ，也可以单击 按钮打开已编辑好的 SQL 脚本文件。运行 SQL 语句需单击 按钮， 按钮表示只运行当前光标所在行的 SQL 语句。

使用 CREATE TABLE 语句创建 tasks 表，代码如下：

```
CREATE TABLE IF NOT EXISTS tasks (
    task_id INT(11) NOT NULL AUTO_INCREMENT,
    subject VARCHAR(45) DEFAULT NULL,
    start_date DATE DEFAULT NULL,
    end_date DATE DEFAULT NULL,
    description VARCHAR(200) DEFAULT NULL,
    PRIMARY KEY (task_id)
) ENGINE=InnoDB;
```

以下给出几个创建数据库表的例子。

【例 6-1】创建一个数据库表 t1，包含一个整型字段 id 和字符串字段 name。SQL 语句如下：

```
CREATE TABLE t1(
    id int not null,
    name char(20)
);
```

【例 6-2】创建一个数据库表 t2，包含一个整型字段 id 和字符串字段 name，其中 id 字段为主键。SQL 语句如下：

```
CREATE TABLE t2(
    id int not null primary key,
    name char(20)
);
```

【例 6-3】创建一个数据库表 t3，包含一个整型字段 id 和字符串字段 name，其中 id 和 name 做联合主键。SQL 语句如下：

```
CREATE TABLE t3(
    id int not null,
    name char(20),
    primary key (id,name)
);
```

【例 6-4】创建一个数据库表 t4，包含一个整型字段 id 和字符串字段 name，其中 id 字段为主键，默认值为 0，name 字段默认值为 1。SQL 语句如下：

```
CREATE TABLE t1(
    id int not null default 0 primary key,
    name char(20) default '1'
);
```

3. 为数据表设置外键

外键关系的两个表的列必须是数据类型相似，即可以相互转换类型的列，比如 int 和 tinyint

可以，而 int 和 char 则不可以。

创建外键的语法如下：

[CONSTRAINT [symbol]] FOREIGN KEY
[index_name] (index_col_name, ...)
REFERENCES tbl_name (index_col_name,...)
[ON DELETE reference_option]
[ON UPDATE reference_option]

reference_option:
RESTRICT | CASCADE | SET NULL | NO ACTION

【例 6-5】下面给出创建及使用外键的实例。

首先创建两张表——班级表（class）和学生表（students），并在创建 students 表的同时创建外键，SQL 语句如下：

```
CREATE TABLE class(
    cla_id INT(6) AUTO_INCREMENT PRIMARY KEY,
    cla_name VARCHAR(30) NOT NULL UNIQUE
);
CREATE TABLE students(
    stu_id INT(10) AUTO_INCREMENT PRIMARY KEY,
    stu_name VARCHAR(30) NOT NULL,
    stu_score FLOAT(5,2) DEFAULT 0.0,
    cla_id INT(10),
    CONSTRAINT FK_CLA_ID FOREIGN KEY(cla_id) REFERENCES class(cla_id)#添加外键约束
);
```

被引用的数据表为主键表，引用其他表的数据表为外键表。本例中 class 表是主键表，students 表为外键表。

如果外键表试图创建一个在主键表中不存在的外键值，MySQL 会拒绝任何 INSERT 或 UPDATE 操作。如果主键表试图 UPDATE 或者 DELETE 任何外键表中存在或匹配的外键值，则最终动作取决于外键约束定义中的 ON UPDATE 和 ON DELETE 选项。MySQL 支持 4 种不同的动作，如果没有指定 ON DELETE 或者 ON UPDATE，默认的动作为 RESTRICT。

（1）CASCADE：从主键表中删除或更新对应的行，同时自动的删除或更新自表中匹配的行。

（2）SET NULL：从主键表中删除或更新对应的行，同时将外键表中的外键列设为空。注意，这些在外键列没有被设为 NOT NULL 时才有效。

（3）NO ACTION：拒绝删除或者更新主键表。

（4）RESTRICT：拒绝删除或者更新主键表。指定 RESTRICT（或者 NO ACTION）和忽略 ON DELETE 或者 ON UPDATE 选项的效果是一样的。

外键约束使用最多的两种情况：

（1）主键表更新时外键表也更新，主键表删除时如果外键表有匹配的项，删除失败。

（2）主键表更新时外键表也更新，主键表删除时外键表匹配的项也删除。

前一种情况，在外键定义中，使用 ON UPDATE CASCADE ON DELETE RESTRICT；后一种情况，可以使用 ON UPDATE CASCADE ON DELETE CASCADE。

本例中外键的两个选项均采用默认的 RESTRICT 选项。

6.3.2 在 Workbench 客户端创建表

启动 Workbench 客户端，选择一个数据库连接，如图 6-2 所示。

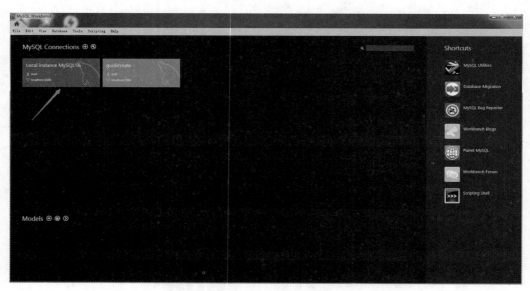

图 6-2 连接现有数据库

进入主界面后单击工具栏上的 schema，在已连接服务器上创建一个 schema，按钮。设置 schema 名称为 bookmanage，然后单击界面下方的 Apply 按钮，如图 6-3 所示。

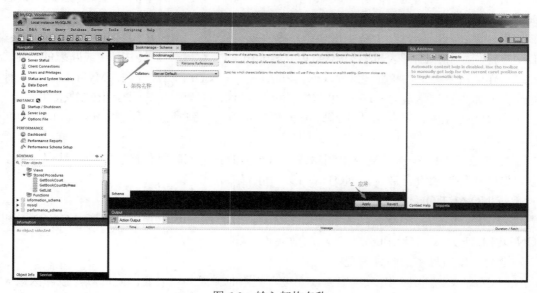

图 6-3 输入架构名称

在随后弹出的操作确认对话框中显示出创建架构的 SQL 语句，连续单击 Apply 按钮及 Finish 按钮，即创建了一个新的架构，如图 6-4 所示。

第 6 章　数据表创建与管理

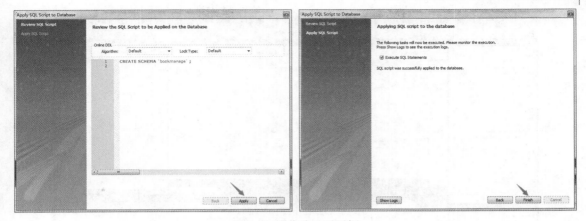

图 6-4　操作确认对话框

创建好的架构可在 Navigator 窗口中查看，如图 6-5 所示。

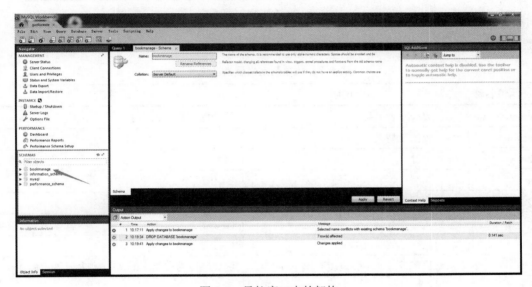

图 6-5　导航窗口中的架构

【例 6-6】创建用户表 Users。展开 bookmanage 节点，在第一个子节点 Tables 上单击右键，在弹出的菜单中选择 Create Table，如图 6-6 所示。

图 6-6　创建用户表

在 Workbench 主显示区域出现标题为 new_table-Table 的数据表设计窗口，并默认打开 Column 选项卡，可逐个添加表的字段，如图 6-7 所示。

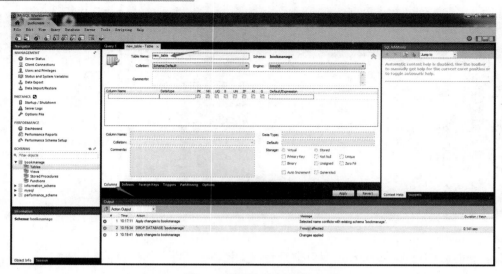

图 6-7 数据表编辑列窗口

对于每一个数据列,可以设置的属性及说明见表 6-5。

表 6-5 数据列定义属性及说明

属性名称	说明	属性值
Column Name	数据库表名称	符合标识符规则的字符串,并且在表内唯一
Datatype	数据类型	
PK	主键	
NN	非空	
UQ	唯一索引	
B	二进制数据	比 text 更大
UN	无符号数据类型	
ZF	数字类型,不够宽度时填充零	例如字段内容是 1 int(4),则内容显示为 0001
AI	自增	
G	数据库中这一列由其他列计算而得	MySQL5.7 以上版本支持
Default/Expression	默认值或表达式	

下面以创建 users 表为例,介绍在 Workbench 环境下创建数据表的过程。
(1)修改 Table Name 为 users。
(2)依次添加数据列见表 6-6。

表 6-6 users 表数据列属性说明

列名	数据类型	长度	允许空	主/外键	说明
userName	varchar	15	否	主键	用户名
userPwd	varchar	15	是		密码
userRole	varchar	6	是		用户角色

设置好列的表视图如图 6-8 所示。

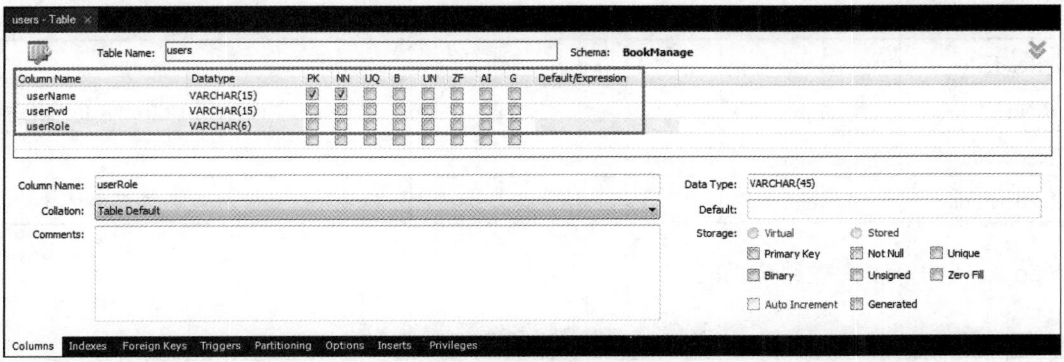

图 6-8 users 表设计视图

单击工具栏上的 Save Model to Current File 按钮，保存 users 表。

注意：

（1）在主键 userName 列后面勾选 PK 复选框，设置主键，由于关系数据库中主键不能为空，在勾选主键时会默认同时勾选 UN 复选框，不需要另外勾选。

（2）单击列表区域的任一列，窗口下方区域将显示该列所有属性，方便编辑。

重复以上步骤，依次创建其他数据库表。Press（出版社表）表结构见表 6-7。

表 6-7 Press 表数据列属性说明

列名	数据类型	长度	允许空	主/外键	说明
pressName	varchar	30	否	主键	出版社名称

bookType（图书类别表）表结构见表 6-8。

表 6-8 bookType 表数据列属性说明

列名	数据类型	长度	允许空	主/外键	说明
typeName	varchar	20	否	主键	图书类别名

BorrowRules（借阅规则表）表结构见表 6-9。

表 6-9 BorrowRules 表数据列属性说明

列名	数据类型	长度	允许空	主/外键	说明
ReaderRole	varchar	8	否	主键	读者角色
AllowBorrowNumber	int		是		允许借书本数
AllowBorrowDays	int		是		允许借书天数
ForfeitStandard	float		是		罚金标准

Readers（读者）表结构见表 6-10。

表 6-10 Readers 表数据列属性说明

列名	数据类型	长度	允许空	主/外键	说明
ReaderId	varchar	10	否	主键	用户名
ReaderRole	varchar	8	否	外键	引用 BorrowRules 表主键
ReaderName	varchar	10	否		读者姓名
ReaderPhone	varchar	15			读者电话

books（图书表）表结构见表 6-11。

表 6-11 books 表数据列属性说明

列名	数据类型	长度	允许空	主/外键	说明
ISBN	varchar	30	否	主键	ISBN 号
pressName	varchar	30	否	外键	引用 Press 表主键
typeName	varchar	20	否	外键	引用 bookType 表主键
bookName	varchar	30	否		图书名称
bookAuthor	varchar	20	否		作者
bookPrice	float		否		单价
bookIntroduce	varchar	500	是		简介
bookCount	int		否		库存数量
bookPubTime	date		是		出版时间

BorrowRecord（借还记录表）表结构见表 6-12。

表 6-12 BorrowRecord 表数据列属性说明

列名	数据类型	长度	允许空	主/外键	说明
ID	varchar	15	否	主键	借还记录编号
ReaderId	varchar	10	否	外键	引用 Readers 表主键
ISBN	varchar	30	否	外键	引用 books 表主键
ReturnOperator	varchar	15	否	外键	引用 users 表主键
BorrowTime	datetime				借书时间
ReturnTime	datetime				还书时间
forfeit	float				罚金

【例 6-7】在 6.3 节给出的表创建基础上，以 Reader（读者）表为例，给出设置外键的方法。

编辑好 Readers 表的列（Columns 选项卡）之后，切换到 Foreign Keys 选项卡。在窗口左侧输入 Foreign Key Name（外键名称）为 FKReaderRole，然后在 Referenced Table 下拉框中选择 BorrowRules 表，如图 6-9 所示。

图 6-9　选择参考表

窗口右侧是列选择区域，首先勾选当前表 Readers 中的外键列 ReaderRole，然后在右侧显示出被引用表 BorrowRules 中的所有列（Referenced Column），选择 ReaderRole 列，即指定了两张表的引用关系，如图 6-10 所示。

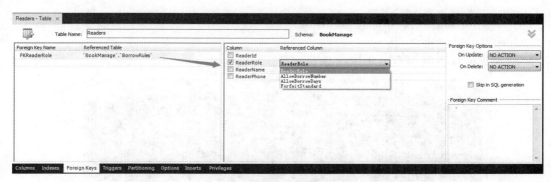

图 6-10　选择参考列

最后设置 Foreign Key Options。在表设计器最右侧有两个下拉框，分别是 On Update 和 On Delete，下拉框中有四个选项，如图 6-11 所示。

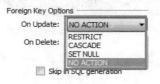

图 6-11　更新选项

设置完毕后即完成数据表的创建。

6.4　查看数据表

数据库表创建完成后，在使用过程中，经常需要查看表的结构。例如，查看表中包含字段，确认表中的字段类型等。下面介绍如何查看已经存在的表的结构。

1. 查看某数据库中所有的表

使用 show tables 命令，例如要查看 bookmanage 数据库中的所有表，语句如下：

```
use bookmanage;
show tables;
```
在命令行运行上述语句，结果如图 6-12 所示。

图 6-12　查看 bookmanage 数据库中的所有表

查看某数据表的结构要使用 show create table 命令，例如查看 books 表的结构的语句如下：
```
show create table books;
```
在命令行运行后结果如图 6-13 所示。

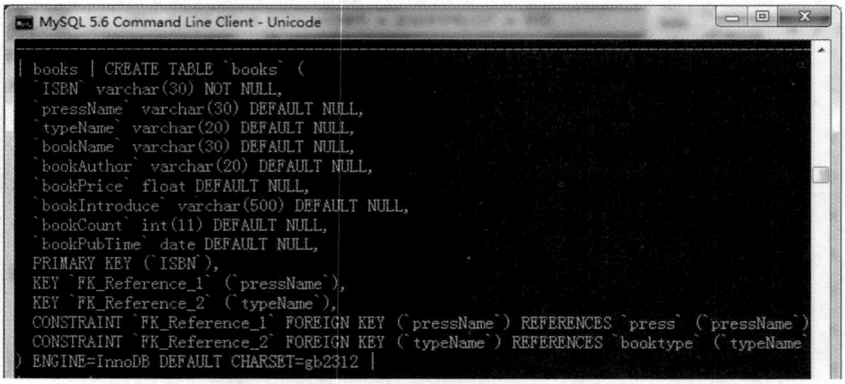

图 6-13　查看 books 表结构

information_schema.TABLES 表提供了关于数据库中的表的信息（包括视图），详细表述了某个表属于哪个 schema、表类型、表引擎、创建时间等信息。字段说明见表 6-13。

表 6-13　TABLES 表字段说明

序号	字段名	含义
1	Table_catalog	数据表登记目录
2	Table_schema	数据表所属的数据库名
3	Table_name	表名称
4	Table_type	表类型[system view|base table]
5	Engine	使用的数据库引擎[MyISAM|CSV|InnoDB]
6	Version	版本，默认值 10

续表

序号	字段名	含义
7	Row_format	行格式[Compact|Dynamic|Fixed]
8	Table_rows	表里所存多少行数据
9	Avg_row_length	平均行长度
10	Data_length	数据长度
11	Max_data_length	最大数据长度
12	Index_length	索引长度
13	Data_free	空间碎片
14	Auto_increment	做自增主键的自动增量当前值
15	Create_time	表的创建时间
16	Update_time	表的更新时间
17	Check_time	表的检查时间
18	Table_collation	表的字符校验编码集
19	Checksum	校验和
20	Create_options	创建选项
21	Table_comment	表的注释、备注

【例 6-8】在 Workbench 客户端查询本节已创建的数据库 bookmanage 中所有表的信息，可使用如下 SQL 语句。

/*查询表名称、创建时间和修改时间*/
SELECT TABLE_NAME,CREATE_TIME,UPDATE_TIME
FROM INFORMATION_SCHEMA.tables
WHERE TABLE_SCHEMA = 'bookmanage'

查询结果如图 6-14 所示。

图 6-14　查看 bookmanage 数据库中的所有表

2. 查看表中的详细信息

DESC 命令可返回表中所有字段信息，包括每一个字段的字段名、数据类型、是否允许 NULL、键信息、默认值以及其他信息。

【例 6-9】在查询窗口输入如下 SQL 语句来查看 books 表的信息。

```
DESC books;
```

在命令行窗口执行上述语句，运行结果如图 6-15 所示。

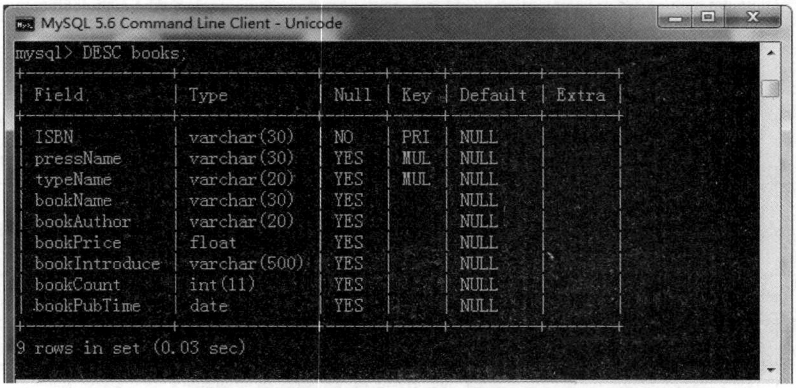

Field	Type	Null	Key	Default	Extra
ISBN	varchar(30)	NO	PRI	NULL	
pressName	varchar(30)	YES	MUL	NULL	
typeName	varchar(20)	YES	MUL	NULL	
bookName	varchar(30)	YES		NULL	
bookAuthor	varchar(20)	YES		NULL	
bookPrice	float	YES		NULL	
bookIntroduce	varchar(500)	YES		NULL	
bookCount	int(11)	YES		NULL	
bookPubTime	date	YES		NULL	

图 6-15　books 表各数据列

在 Workbench 客户端执行该语句，查询到的表结构如图 6-16 所示。

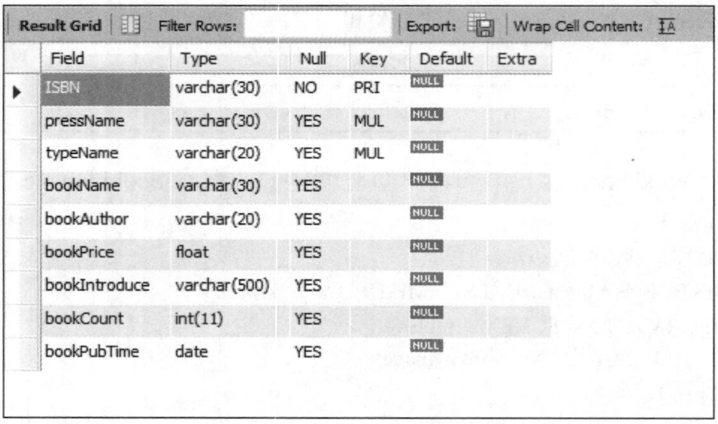

Field	Type	Null	Key	Default	Extra
ISBN	varchar(30)	NO	PRI	NULL	
pressName	varchar(30)	YES	MUL	NULL	
typeName	varchar(20)	YES	MUL	NULL	
bookName	varchar(30)	YES		NULL	
bookAuthor	varchar(20)	YES		NULL	
bookPrice	float	YES		NULL	
bookIntroduce	varchar(500)	YES		NULL	
bookCount	int(11)	YES		NULL	
bookPubTime	date	YES		NULL	

图 6-16　books 表各数据列

6.5　修改数据表

数据表创建好后，可能需要修改表结构，包括对列、主键、外键及默认值的修改。使用 SQL 语句修改数据表结构。

1. 列操作

（1）添加列的 SQL 语法如下：

```
alter table 表名 add 列名 类型
```

例如，修改 books 表，增加一列总字数 words，语句如下：

```
alter table books add words int;
```

在命令行执行该语句后再次使用 DESC books 查看表结构，运行结果如图 6-17 所示。

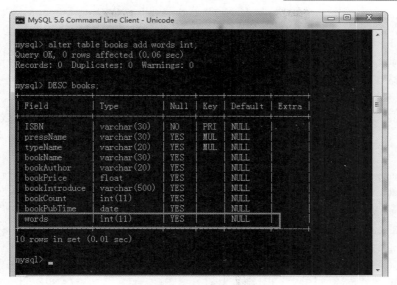

图 6-17　为 books 表添加一列

（2）删除列的 SQL 语法如下。
　　　alter table　表名　drop column　列名
例如，修改 books 表，删除刚增加的 words 字段，语句如下：
　　　alter table books drop column words;
在命令行执行该语句后再次使用 DESC books 查看表结构，运行结果如图 6-18 所示。

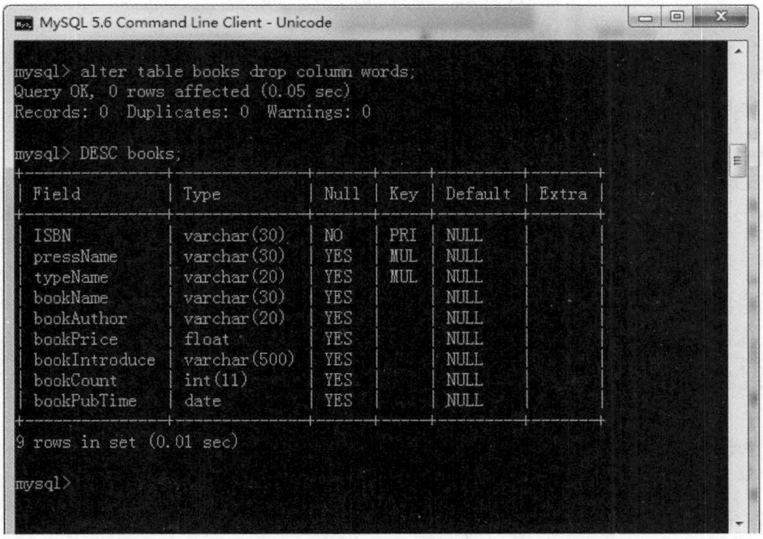

图 6-18　为 books 表删除一列

（3）修改列的 SQL 语法如下：
　　　alter table　表名　modify column　列名　类型;
例如，修改 books 表中 bookName 字段的长度为 varchar(50)，语句如下：
　　　alter table books modify column bookName varchar(50);

2. 主键操作

（1）添加主键的 SQL 语法如下：

  alter table 表名 add primary key(列名);

例如，为表 t1 添加主键 tid，语句如下：

  alter table t1 add primary key(tid);

需要注意的是，在给表增加主键前，必须先把表中要被设置为主键的字段上重复的数据清理掉。

（2）删除主键的 SQL 语法如下：

  alter table 表名 drop primary key;
  alter table 表名 modify 列名 类型, drop primary key;

例如，删除表 t1 的主键，语句如下：

  alter table t1 drop primary key;

删除表 t1 的主键 tid 列，语句如下：

  alter table t1 modify tid int,drop primary key;

需要注意的是，如果要删除的主键被其他表引用作外键，是不能删除的，否则报错。

3. 外键操作

（1）添加外键的 SQL 语法如下：

  alter table 从表 add constraint 外键名称（形如：FK_从表_主表） foreign key 外键表(外键字段) references 主键表(主键字段);

例如，本小节的 Readers 表和 BorrowRules 表之间的外键约束创建语句如下：

  alter table Readers add constraint FKReaderRole foreigh key(ReaderRole) refenrence BorrowRules (ReaderRole) on delete restrict on update restrict;

（2）删除外键的 SQL 语法如下：

  alter table 表名 drop foreign key 外键名称

例如，删除刚创建的外键 FKReaderRole，语句如下：

  alter table students drop foreign key FKReaderRole;

注：插入数据时，先插入主表中的数据，再插入从表中的数据；删除数据时，先删除从表中的数据，再删除主表中的数据。

4. 默认值操作

（1）修改默认值的 SQL 语法如下：

  alter table 表名 alter 字段名 set default 默认值;

例如，修改借阅规则表中的 AllowBorrowDays 字段默认值为 30，语句如下：

  alter table BorrowRules alter AllowBorrowDays set default 30;

（2）删除默认值的 SQL 语法如下：

  ALTER TABLE 表名 ALTER 字段名 DROP DEFAULT;

例如，删除刚创建的字段默认值，语句如下：

  alter table BorrowRules alter AllowBorrowDays drop default;

6.6 删除数据表

MySQL 中删除数据表是非常容易操作的，在进行删除表操作时要非常小心，因为执行删除命令后所有数据都会消失。

以下为删除 MySQL 数据表的通用语法：
    drop table table_name ;
以下代码删除了数据表 runoob_tbl
    drop table runoob_tbl;
MySQL 删除表的几种情况：
（1）drop table table_name：删除表全部数据和表结构，立刻释放磁盘空间，不管是 Innodb 还是 MyISAM。

【例 6-10】删除学生表全部数据和表结构，SQL 语句如下：
    drop table student;
（2）trancate table table_name：删除表全部数据，保留表结构，立刻释放磁盘空间，不管是 Innodb 还是 MyISAM。

【例 6-11】删除学生表全部数据，保留表结构，SQL 语句如下：
    trancate table student;
（3）delete from table_name：删除表全部数据，表结构不变，对于 MyISAM 会立刻释放磁盘空间，InnoDB 不会释放磁盘空间。

【例 6-12】删除学生表数据，表结构不变，SQL 语句如下：
    delete from student;
（4）delete from table_name where xxx：带条件的删除，表结构不变，不管是 Innodb 还是 MyISAM 都不会释放磁盘空间。

6.7　约束设置

数据库表的约束一般有如下几类。
- 非空约束（NOT NULL）
- 唯一性约束（UNIQUE）
- 主键约束（PRIMARY KEY）
- 外键约束（FOREIGN KEY）
- 检查约束（目前 MySQL 不支持、Oracle 支持）

其中主键约束和外键约束前面已经讨论过，本节进一步讨论 MySQL 中如何设置非空约束和唯一性约束。

6.7.1　非空约束

用 NOT NULL 约束的字段不能为 NULL 值，必须给定具体的数据。
1. 添加非空约束
如果是在建表时直接添加，可使用下面的 SQL 语句。
    CREATE TABLE t_user(user_id INT(10) NOT NULL);
也可以在建表之后通过 ALTER 语句创建。
    ALTER TABLE t_user MODIFY user_id INT(10) NOT NULL;
    ALTER TABLE t_user CHANGE user_id user_id INT(10) NOT NULL;

注意：如果表中已有数据，且被设置非空的字段有空值，则修改不能完成，会提示错误。需要在修改之前将所有空值字段添加内容。

2. 删除非空约束

删除已有非空约束，使用以下 SQL 语句。

```
ALTER TABLE t_user MODIFY user_id INT(10);
```

或

```
ALTER TABLE t_user CHANGE user_id user_id INT(10);
```

6.7.2 唯一性约束

UNIQUE 约束的字段，具有唯一性，不可重复，但可以为 NULL。

1. 添加唯一性约束

唯一性约束可在建表时直接添加，SQL 语句如下：

```
create table t_user(user_id INT(10) UNIQUE);
```

或

```
create table t_user(
    user_id INT(10),
    user_name VARCHAR(30),
    CONSTRAINT UN_PHONE_EMAIL UNIQUE(user_id,user_name)#复合约束
);
```

或

```
create table t_user(
    user_id INT(10),
    UNIQUE KEY(user_id)
);
```

也可以通过 alter table 语句添加，SQL 语句如下：

```
alter table t_user MODIFY user_id INT(10) UNIQUE;
alter table t_user CHANGE user_id user_id INT(10) UNIQUE;
alter table t_user ADD UNIQUE(user_id);
alter table t_user ADD UNIQUE KEY(user_id);
alter table t_user ADD CONSTRAINT UN_ID UNIQUE(user_id);
alter table t_user ADD CONSTRAINT UN_ID UNIQUE KEY(user_id);
```

2. 删除唯一性约束

删除唯一性约束的 SQL 语句如下：

```
ALTER TABLE t_user DROP INDEX user_id;
```

6.8 示例——图书管理系统的数据表建立

图书管理系统数据库有 7 张数据库表，各建表 SQL 语句如下所示。

1. 借阅记录表（BorrowRecord）

    ```sql
    create table BorrowRecord
    (
        ID                  varchar(15) not null,
        ReaderId            varchar(10),
        ISBN                varchar(30),
        ReturnOperater      varchar(15),
        BorrowTime          datetime,
        ReturnTime          datetime,
        forfeit             float,
        primary key (ID)
    );
    ```

2. 借阅规则（BorrowRules）

    ```sql
    create table BorrowRules
    (
        ReaderRole          varchar(8) not null,
        AllowBorrowNum      int,
        AllowBorrowDays     int,
        ForfeitStandard     float,
        primary key (ReaderRole)
    );
    ```

3. 读者表（Readers）

    ```sql
    create table Readers
    (
        ReaderId            varchar(10) not null,
        ReaderRole          varchar(8),
        ReaderName          varchar(10),
        ReaderPhone         varchar(15),
        primary key (ReaderId)
    );
    ```

4. 图书类型表（bookType）

    ```sql
    create table bookType
    (
        typeName            varchar(20) not null,
        primary key (typeName)
    );
    ```

5. 图书表（books）

    ```sql
    create table books
    (
        ISBN                varchar(30) not null,
        pressName           varchar(30),
        typeName            varchar(20),
        bookName            varchar(30),
        bookAuthor          varchar(20),
    ```

```
        bookPrice              float,
        bookIntroduce          varchar(500),
        bookCount              int,
        bookPubTime            date,
        primary key (ISBN)
    );
```
6. 出版社表（press）
```
    create table press
    (
        pressName              varchar(30) not null,
        primary key (pressName)
    );
```
7. 用户表（users）
```
    create table users
    (
        userName               varchar(15) not null,
        userPwd                varchar(15),
        userRole               varchar(6),
        primary key (userName)
    );
```
8. 创建所有外键约束
```
    alter table BorrowRecord add constraint FK_Reference_4 foreign key (ReaderId)
        references Readers (ReaderId) on delete restrict on update restrict;

    alter table BorrowRecord add constraint FK_Reference_5 foreign key (ISBN)
        references books (ISBN) on delete restrict on update restrict;

    alter table BorrowRecord add constraint FK_Reference_6 foreign key (ReturnOperater)
        references users (userName) on delete restrict on update restrict;

    alter table Readers add constraint FK_Reference_3 foreign key (ReaderRole)
        references BorrowRules (ReaderRole) on delete restrict on update restrict;

    alter table books add constraint FK_Reference_1 foreign key (pressName)
        references press (pressName) on delete restrict on update restrict;

    alter table books add constraint FK_Reference_2 foreign key (typeName)
        references bookType (typeName) on delete restrict on update restrict;
```

习　　题

1. 在数据库 STUDENT 中创建一个学生基本信息表（名为 t_student），表中各列的要求见表 6-14。

表 6-14 学生基本信息表（名为 t_student）组成

字段名称	字段类型	大小	默认值
s_number	char	10	
s_name	char	8	
sex	char	2	男
birthday	datetime		
polity	char	4	

2．为 t_student 表中的 s_number 字段创建非空约束。

3．创建 t_score 表，并为 t_score 创建外键约束，该约束把表 t_score 中的学生学号（s_number）字段和表 t_student 中的学生学号（s_number）字段关联起来，实现 t_score 中的学生学号（s_number）字段的取值要参照表 t_student 中的学生学号（s_number）字段的数据值。

第 7 章 数据更新

数据存储在数据库中后,如果不对其进行分析和处理,数据的价值就无法体现,就好比图书馆里存放上万册书,如果没人借阅,那么图书馆的存在价值就无法体现。图书不断在读者中流通,图书馆才能更好地经营,数据库也是一样,只有用户不断对数据进行操作,数据库才有意义。用户对数据库可以进行数据查询、插入、修改及删除等操作。本章主要介绍对数据库的数据更新操作。

7.1 插入记录

数据表建立好后,表内没有数据,用户可以向数据表中添加数据。

1. 插入单条记录

通常情况下,添加数据是建立数据表后的第一个操作,添加数据用 INSERT 语句,其语法格式为:

  INSERT [INTO] <表名>[(<字段 1>[,……<字段 n>])]
  VALUES (值 1[,(值 n)]);

<字段 1>中的名字必须是表中定义的列名,值 1 可以是常量也可以是 NULL 值,各个字段、各个值之间用逗号分隔,其中逗号是英文状态下的逗号。

【例 7-1】将杨冬青主编的《数据库系统概论》(假设 ISBN 为 27958)增加到 book 表中。添加记录语句如下:

  INSERT INTO book VALUES('ISBN27958','数据库系统概论','杨冬青')

记不清 book 表的结构顺序时,则需要写明字段名称,而且跟所需要的数据对应。

  INSERT INTO book(bid,bname,bauthor) VALUES('ISBN27958','数据库系统概论','杨冬青')

注意:

1)不指定字段名的意思就是包含所有字段,所添加的数据必须与表中列定义的顺序一样。
2)如果指定字段名,则所添加的数据内容也要与指定的字段名顺序一致。
3)某些字段可以有数据值也可以是 NULL。

2. 插入多条记录到新表

如果希望把查询出来的多条记录插入表中,可以通过子查询实现数据批量输入的功能,需要注意的是查询结果应该和基本表的列对应,尤其查询结果是一些聚合函数的时候,需要命名列名。

子查询插入多条记录的语句格式为:

  INSERT [INTO] <表名 1>[(<字段 1>[,……<字段 n>])]
  SELECT [<字段 1>[,……<字段 n>]]
  FROM <表名 2>
  [WHERE 字句]

[GROUP BY 子句]

[ORDER BY 字句];

【例 7-2】将每个系的人数统计后存入数据表 depart 中。

```
create table depart(sdid char(10),sdsum int);
insert into depart(sdid,sdsum)
select sdept,sum()
from student
group by sdept;
```

7.2 修改记录

操作人员在输入数据的时候，难免输入错误，应该给予改正的机会。有时候还会因为其他原因修改数据，比如数据本身就会不断变化，也需要修改数据表中的某个字段值，修改记录的语法格式如下：

UPDATE <表名>
　　SET <字段 1>=<表达式 1>[,<字段 2>=<表达式 2>]……
　　[WHERE <条件>];

1. 无条件修改

无条件修改就是对需要修改的表中所有记录修改，通常情况下针对数值类型的字段执行修改有一定意义。

【例 7-3】职工基本工资表包括基本工资编号、工龄、基本工资数额三个字段，即 salary（said char(2),sayear int, sanum int）。现在需要把职工的基本工资全部上调 20%，分析如下：

如果原来的工资是 100，上调 20%后的工资为(100+100*20%)，代表基本工资的字段是 sanum，所以原来的基本工资是 sanum，上调 20%后的工资为 sanum*(1+0.2)，因此修改基本工资的语句为：

```
update salary set sanum=sanum*1.2;
```

2. 有条件修改

有条件修改就是针对某些符合条件的记录进行修改，可能是部分也可能是全部。

【例 7-4】仍使用上述工资表，现在根据需要把工作 10 年及以上的职工基本工资上调 20%。分析如下：

原来的基本工资是 sanum，上调 20%后的工资为 sanum*(1+0.2)，工龄是 sayear，要求工龄大于等于 10，也就是 sayear>=10，因此工龄大于 10 年的职工的基本工资上调 20%的语句为：

```
update salary set sanum=sanum*1.2 where sayear>=10;
```

7.3 删除记录

如果数据表中出现了多余的记录或者不再需要的记录，可以手工删除，也可以用 SQL 语句删除，删除记录的语法如下：

DELETE
FROM <表名>
[WHERE <条件>]

1. 无条件删除

无条件删除是指删除表中所有记录，删除的结果是该表为空表，因此删除操作的执行要慎重。

【例 7-5】职工基本工资表包括基本工资编号、工龄、基本工资数额三个字段，即 salary（sarid char(2), saryear int, sarnum int）。现在需要把职工的基本工资表清空，该删除语句如下：

DELETE FROM salary;

2. 有条件删除

仅仅需要删除某些记录，而不是全部，需要为删除语句增加删除条件以删除符合条件的记录。

【例 7-6】职工基本工资表，现在需要仅仅保留工作 10 年及以上的记录，也就是说要删除工龄在 10 年以下的记录，sayear 代表工龄，sayear<10 的记录删除，该删除语句如下：

DELETE FROM salary where sayear<10;

7.4 示例——图书管理系统的数据更新

图书管理系统的出版社相关信息：publishment(id char(2), publisher char(20), person char(8),phone char(12))。

图书管理系统的图书信息：book(id char(5),title char(20),author char(8), pyear char(8))。

【例 7-7】图书馆由于业务需要，最近新增了科学出版社的业务联系，联系人是王威，联系方式为 13907864355。

INSERT INTO publishment values（'20', '科学出版社', '王威', '13907864355'）;

【例 7-8】科学出版社的联系人王威因为个人原因辞职，与科学出版社的联系人变更为刘珍，联系方式变更为 13623335643。

UPDATE publishment set person='刘珍' and phone='13623335643' where publisher='科学出版社';

【例 7-9】1980 年之前出版的图书都需要删除。

DELETE book where pyear<'19800101';

习　　题

1. 现有学生表 student，其结构如下：

student（id char(12), name char(10), sex char(2), birthday char(8)），字段分别为学号、姓名、性别、出生日期。

写出实现下列 student 表操作的 SQL 语句：

（1）增加一名学生信息，其中学号：201807081010；姓名：张胜；性别：男；出生日期：20000402。

（2）删除所有学号前 4 位是 2015 的学生信息。

（3）学生张胜的出生日期修改为 20001002。

2. 现有图书表 book，其结构如下：

book (id char(5), title char(8), author char(8), publisher char(20))，字段分别为书号、书名、作者、出版社。

写出实现下列 book 表操作的 SQL 语句：

（1）增加一本图书信息，其中书号：50001；书名：软件工程；作者：梅红；出版社：清华大学出版社。

（2）修改书号为 50001 的图书作者为梅宏。

3．借阅规则管理。灵活定制系统中的读者身份及其可借阅的最大书数、最长借阅时间，以及超期罚款单价。规则表 ruler 结构如下：

ruler(rtype char(2), rnum int, rtime int)，其中的字段分别为借阅者类型、借阅数量、借阅周期。

写出 SQL 语句，修改借阅规则中借阅类型为 01 的读者，其最大借阅图书数量为 4，借阅周期为 6 个月。

第 8 章　数据查询

数据查询即数据库当中数据查询操作，是最重要的数据操作，绝大部分数据操作就是就是数据查询。数据查询的本质是通过一种约定的程序语言来操作数据，该语言即 SQL 语言，通过它可以很方便地完成数据的操作。数据查询的数学基础是关系代数，本章首先介绍关系代数基础，然后介绍各类数据查询。

8.1　关系代数理论

MySQL 数据库是一种关系型数据库，所谓关系型数据库，即满足 1970 年 E.F.Codd 所提出关系数据库理论，利用数学的方法来处理数据库当中的数据，SQL 语言正是依照这种数学理论来完成数据的操作。在讲 SQL 语言之前首先认识一下它所依赖的数学理论。

1. 什么是关系

关系是动态的，其实就是指关系数据库中一张二维表的具体内容，就是除了标题行以外的数据行，因为表数据经常被修改、插入、删除，所以不同时刻关系可能不一样。其实，关系就是数学中的集合，每一行就是集合中的一个元素。

2. 关系操作

关系操作其实是集合操作，即操作的对象和结果都是集合。这种操作方式也称为一次一集合的方式。关系模型中常用的关系操作包括查询操作和更新操作（插入、删除、修改操作）两部分。关系的查询表达能力很强，是关系操作中最主要的部分。查询操作可以分为：选择、投影、连接、除、并、差、交、笛卡尔积等。关系数据库中的二维表操作主要包括按照某些条件获取相应行、列的内容，或者通过表之间的联系获取两张表或多张表相应的行、列内容，概括起来关系操作包括选择、投影、连接操作。关系操作对象是关系，操作结果也是关系。例如下面两个关系，其关系操作如图 8-1 所示。

关系 R		
A	B	C
1	2	3
4	5	6
7	8	9

关系 S		
A	B	C
2	4	6
4	5	6

图 8-1　两个关系图

（1）集合运算：并。其结果为 n 目关系，由属于 R 或属于 S 的元组组成（没有重复的元组）。并操作结果如图 8-2 所示。

R∪S

关系 R		
A	B	C
1	2	3
4	5	6
7	8	9
2	4	6

图 8-2 R 与 S 并操作结果

（2）集合运算：交。结果关系由既属于 R 又属于 S 的元组组成，关系的交可以用差来表示，R∩S=R-(R-S)，如图 8-3 所示。

R∩S

关系 R		
A	B	C
4	5	6

图 8-3 R 与 S 交运算结果

（3）集合运算：差。其结果仍为 n 目关系，R-S 由属于 R 而不属于 S 的所有元组组成，如图 8-4 所示。

R-S

关系 R		
A	B	C
1	2	3
7	8	9

图 8-4 R 与 S 差运算结果

（4）选择运算。选择又称限制，是在关系 R 中选择满足给定条件的各个元组，如图 8-5 所示，在关系 R 上选择 B 列值大于'4'的元组。

$\sigma_{B>'4'}$

关系 R		
A	B	C
4	5	6
7	8	9

图 8-5 在 R 上做选择运算

（5）投影运算。关系 R 上的投影是从 R 中选择出若干属性列组成新的关系，是从列的角度进行的运算。投影之后不仅取消了元组关系中的某些列，还可能取消某些元组如图 8-6 所示。

$$\Pi_A(R)$$

A
1
4
7

图 8-6 投影

（6）笛卡儿积。两个分别为 n 目和 m 目的关系 R 和 S 的笛卡儿积是一个（n+m）列的元组集合。元组的前 n 列是关系 R 的一个元组，后 m 列是关系 S 的一个元组，如图 8-7 所示。

R×S

R.A	R.B	R.C	S.A	S.B	S.C
1	2	3	2	4	6
1	2	3	4	5	6
4	5	6	2	4	6
4	5	6	4	5	6
7	8	9	2	4	6
7	8	9	4	5	6

图 8-7 笛卡尔积

（7）连接。连接是从关系 R 和 S 的笛卡尔积中选取属性值满足某一个操作的元组。下面的例子为 $\dfrac{R \bowtie S}{i\theta j} = \sigma_{i\theta j}(R \times S)$，如图 8-8 所示。

$$\dfrac{R \bowtie S}{R.B = S.A}$$

R.A	R.B	R.C	S.A	S.B	S.C
1	2	3	2	4	6

图 8-8 连接

8.2 单表查询

依据关系理论创造的 SQL 是用于访问和处理数据库的标准语言，其语法格式如下：
SELECT [ALL | DISTINCT]<目标列表达式>[,<目标列表达式>]…
FROM<表名或视图名>[,<表名或视图名>…] | (SELECT 语句)[AS]<别名>
[WHERE<条件表达式>]
[GROUP BY<列名 1>[HAVING<条件表达式>]]
[ORDER BY<列名 2>[ASC | DESC]];

整个 SELECT 语句的含义是根据 WHERE 子句的条件表达式，从 FROM 子句指定的基本表、视图或派生表中找出满足条件的元组，再按 SELECT 子句中的目标列表达式选出元组中的属性值形成结果表。

如果有 GROUP BY 子句，则将结果按<列名 1>的值进行分组，该属性列值相等的元组为一个组，通常会在每组中使用聚集函数。如果 GROUP BY 子句带 HAVING 短语，则只有满足指定条件的组才予以输出。如果有 ORDER BY 子句，则结果还要按<列名 2>的值的升序或降序排序。SELECT 语句既可以完成简单的单表查询，也可以完成复杂的连接查询和嵌套查询。

1. 选择表中的若干列

选择表中的若干列，是指从列的角度来选择并完成数据的筛选。

（1）查询指定列。查询全部书当中的书名和作者，代码如下：

　　select bookName,bookAuthor
　　from books;

查询结果如图 8-9 所示。

图 8-9　查询若干列

（2）查询全部列。查询全部图书的详细记录，代码如下：

　　SELECT * FROM books;

或者

　　SELECT ISBN,pressName,typeName,bookName,bookAuthor,bookPrice,bookIntroduce,bookCount,
　　bookPubTime FROM books;

查询结果如图 8-10 所示。

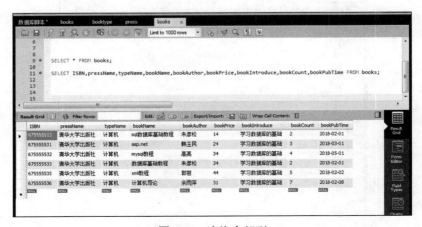

图 8-10　查询全部列

（3）查询经过计算的值。查询全部图书的书名和库存少于 10 本的预警数量，代码如下：

```
//查询结果的第 2 列是一个算术表达式，而且可以使用 as 取别名。
SELECT bookName,10-bookCount as '库存预警'
FROM books
```

查询结果如下图 8-11 所示。

图 8-11　查询计算列

2. 选择表中的若干组

选择表中的若干组，是指从行的角度来选择并完成数据的筛选。

（1）消除取值重复的行。查询图书表中所有出版社信息，使用 DISTINCT 关键字，代码如下：

```
SELECT DISTINCT pressName
FROM books;
```

查询结果如图 8-12 所示。

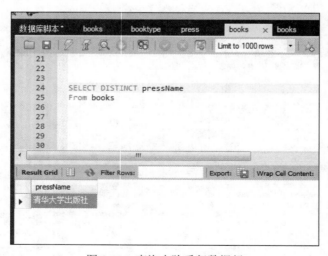

图 8-12　查询去除重复数据行

（2）查询满足条件的元组。查询满足指定条件的元组可以通过 WHERE 子句实现，WHERE 子句常用的查询条件见表 8-1。

表 8-1 查询条件谓词表

查询条件	谓词
比较	=,>,<,>=,<=,!=,<>,!>,!<; NOT+上述比较运算符
确定范围	BETWEEN AND,NOT BETWEEN AND
确定集合	IN,NOT IN
字符匹配	LIKE,NOT LIKE
空值	IS NULL,IS NOT NULL
多重条件（逻辑运算）	AND,OR,NOT

1）比较。查询清华大学出版社出版的全部图书的名称，代码如下：
　　SELECT bookName
　　FROM books
　　WHERE pressName='清华大学出版社'
查询结果如图 8-13 所示。

图 8-13　使用比较运算符查询指定列

2）确定范围。查询价格在 20～30 之间的全部图书，代码如下：
　　SELECT *
　　FROM books
　　WHERE bookprice BETWEEN 20 AND 30
查询结果如图 8-14 所示。

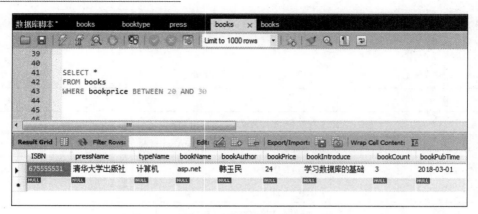

图 8-14　查询指定范围

3）确定集合。查询清华大学出版社和人民邮电出版社的全部图书信息，代码如下：
　　SELECT *
　　FROM books
　　WHERE pressName IN('清华大学出版社','人民邮电出版社');
查询结果如图 8-15 所示。

图 8-15　查询指定集合

4）字符匹配。查询所有姓朱的作者的全部图书，代码如下：
　　SELECT *
　　FROM books
　　WHERE bookAuthor LIKE '朱%';
查询结果如图 8-16 所示。
此处介绍下字符匹配，谓词 LIKE 可以用来进行字符串的匹配。其一般语法格式如下：
　　[NOT] LIKE'<匹配串>' [ESCAPE '<换码字符>']
其含义是查找指定的属性列值与<匹配串>相匹配的元组。<匹配串>可以是一个完整的字符串，也可以含有通配符 % 和 _。
- %（百分号）代表任意长度（长度可以为 0）的字符串。例如：a%b 表示以 a 开头，以 b 结尾的任意长度的字符串，如 acb、addgb、ab 等。

图 8-16 查询匹配数据

- _（下划线）代表任意单个字符。例如：a_b 表示以 a 开头，以 b 结尾的长度为 3 的任意字符串，如 acb、agb 等。

注意：数据库字集为 ASCII 时一个汉字需要两个 _；当字符集为 GBK 时只需要一个 _。如果用户要查询的字符串本身就含有通配符%或_，这时就要使用 ESCAPE '<换码字符>' 短语对通配符进行转义。例如查询 DB_DB 课程的课程号和学分，代码如下：

SELECT *
FROM books
WHERE bookname LIKE 'DB \ _DB' ESCAPE '\';

ESCAPE '\' 表示"\"为换码字符。这样匹配串中紧跟在"\"后面的字符"_"不再具有通配符的含义，转义为普通的"_"字符。

5）空值。假设某些图书信息在录入时，出版日期暂时没有，查询所有的图书信息出版日期没有录入的图书，代码如下：

SELECT *
FROM books
WHERE bookPubTime IS NULL; /*出版日期 bookPubTime 是空值*/

注意：这里的 IS 不能用等号（=）代替，查询结果如图 8-17 所示。

图 8-17 查询空值

6）逻辑运算。查询清华大学出版社价格在 25 元以下的所有图书信息，代码如下：
SELECT *

FROM books
WHERE pressName='清华大学出版社' AND bookPrice<25;

查询结果如图 8-18 所示。

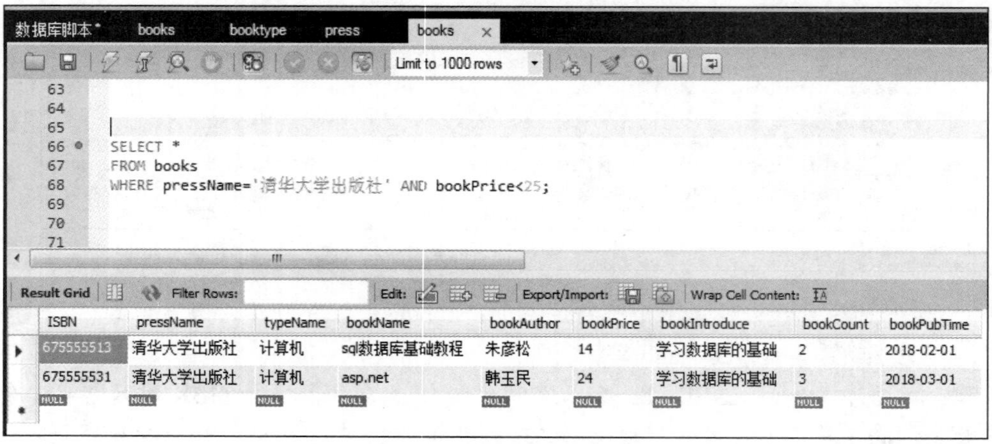

图 8-18 查询结果

3. ORDER BY 子句

用户可以用 ORDER BY 子句对查询结果按照一个或多个属性列（多个属性列用逗号隔开）的升序（ASC）或降序（DESC）排列，默认值为升序。例如，查询所有图书信息，并将查询结果按图书价格降序排列，代码如下：

SELECT *
FROM books
ORDER BY bookPrice DESC;

查询结果如图 8-19 所示。

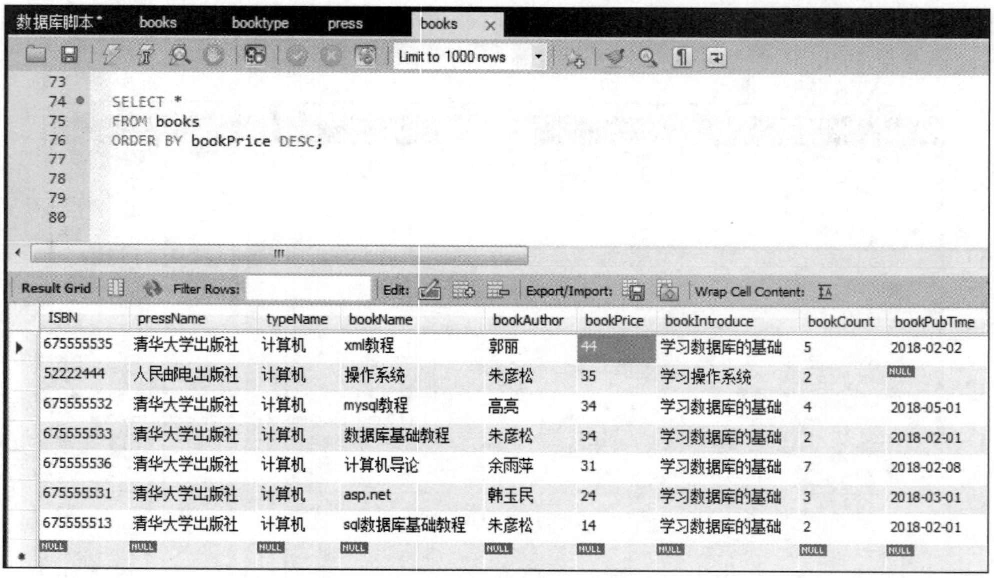

图 8-19 查询排序结果

4. 聚集函数

为了进一步方便用户，增强检索功能，SQL 提供了许多聚集函数，见表 8-2。

表 8-2　SQL 聚集函数

函数名	功能
COUNT(*)	统计元组个数
COUNT([DISTINCT|ALL]<列名>)	统计一列中值的个数
SUM([DISTINCT|ALL]<列名>)	计算一列值的总和（此列必须是数值型）
AVG([DISTINCT|ALL]<列名>)	计算一列值的平均值（此列必须是数值型）
MAX([DISTINCT|ALL]<列名>)	求一列值中的最大值
MIN([DISTINCT|ALL]<列名>)	求一列值中的最小值

如果指定 DISTINCT 短语，则表示在计算时要取消指定列中的重复值。如果不指定 DISTINCT 短语或指定 ALL 短语（ALL 为默认值），则表示不取消重复值。

（1）查询图书出版社总量，不取消重复值情况，代码如下：

```
SELECT COUNT( pressName)
FROM books;
```

查询结果如图 8-20 所示。

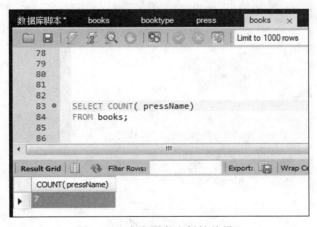

图 8-20　查询图书出版社总量 1

（2）查询图书出版社总量，取消重复值情况，代码如下：

```
SELECT COUNT( distinct pressName)
FROM books;
```

查询结果如图 8-21 所示。

注意：WHERE 子句中是不能用聚集函数作为条件表达式的。聚集函数只能用于 SELECT 子句和 GROUP BY 中的 HAVING 子句。

5. GROUP BY 子句

将查询结果按某一列或多列的值分组，值相等的为一组，例如，按出版社统计图书的数量。代码如下：

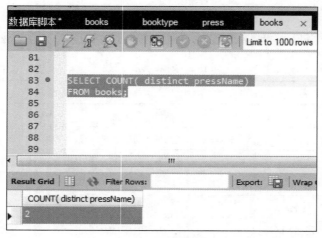

图 8-21　查询图书出版社总量 2

　　select count(*),pressName
　　from books
　　group by pressName
查询结果如图 8-22 所示。

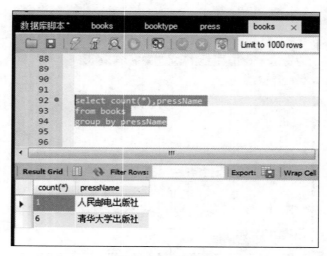

图 8-22　查询分组

8.3　连接查询

　　在 8.2 节中介绍单表查询,但是在实际应用过程当中,往往还需要根据两个表或者多个表的列之间的关系来查询数据,即连接查询。

　　1. 简单连接

　　连接查询实际是通过表与表之间相互关联的列进行数据的查询,对于关系数据库来说,连接是查询最主要的特征。简单连接使用逗号将两个或多个表进行连接,也是最常用的多表查询形式。

（1）基本形式。简单连接仅通过 SELECT 子句和 FROM 子句来连接多个表，其查询的结果是一个通过笛卡尔积所生成的表。所谓笛卡尔积所生成的表，就是由一个基表中的每一行与另一个基表的每一行连接在一起所生成的表，查询结果的行数是两个基表行数的积，如图 8-23 所示。

Select * from A,B

```
表 A           表 B              结果集
记录 1    →    记录 1    →    记录 A1    记录 B1
记录 2    →    记录 2    →    记录 A1    记录 B2

               表 B
          →    记录 1    →    记录 A2    记录 B1
          →    记录 2    →    记录 A2    记录 B2
```

图 8-23　连接查询示意图

（2）条件限定。在实际需求中，由于笛卡尔积中包含了大量的冗余信息，通常在 SELECT 语句中提供连接条件，过滤掉其中无意义的数据，从而使得满足用户的需求。

SELECT 语句的 WHERE 子句提供连接条件，可以有效避免笛卡尔积的出现。使用 WHERE 子句限定时，只有第一个表中的列与第二个表中对应的列相互匹配后，才会在结果集中显示，这是连接查询中最常用的形式。

例如，查询出所有读者曾经借阅的图书的名称，因为图书名称在图书表 books 中，而读者借阅记录在借阅记录表 borrowRecord 中，所以需要使用表连接来进行查询，查询代码如下：

　　　　SELECT readerId,bookname FROM books,borrowRecord WHERE books.ISBN =borrowRecord.ISBN;

查询结果如图 8-24 所示。

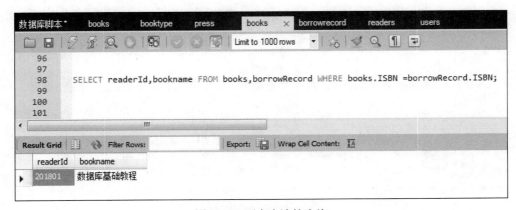

图 8-24　两个表连接查询

（3）表别名。在多表查询时，如果多个表之间存在同名的列，则必须使用表名来限定列。但随着查询变得越来越复杂，语句会因为每次限定列时输入表名而变得冗长。因此，SQL 语言提供了另一种机制——表别名。表别名是在 FROM 子句中用于各个表的"简单名称"，它可以唯一地标识数据源。例如上面的查询可以修改为：

SELECT readerId,bookname FROM books B,borrowRecord BR WHERE B.ISBN =BR.ISBN;
但是如果此时的 SQL 语句为：
SELECT B.readerId,BR.bookname FROM books B,borrowRecord BR WHERE books.ISBN =borrowRecord.ISBN;

执行结果会报错，出现错误的原因是 MySQL 编译 SQL 语句的问题。这里需要介绍一下 SELECT 语句中各子句执行的顺序，在 SELECT 语句的执行顺序中，FROM 子句最先被执行，然后就是 WHERE 子句，最后才是 SELECT 子句。当在 FROM 子句中指定表别名后，表的真实名称将被替换。同时，其他的子句只能使用表别名来限定列。在上面的示例中，由于 FROM 子句已经用表别名覆盖了表的真实名称，当执行 SELECT 子句选择显示的列时，将无法找到真实表名称 books 所限定的列。

2. JOIN 连接

除了使用逗号连接外，MySQL 还支持使用关键字 JOIN 连接。使用 JOIN 连接的语法格式如下：

FROM join_table1 join_type join_table2 [ON(join_condition)]

其中，join_table1 指出参与表连接操作的表名；join_type 指出连接类型，常用的连接包括内连接、外连接。连接查询中的 ON(join_condition)指出连接条件，它由被连接表中的列和比较运算符、逻辑运算符等构成。

（1）内连接（INNER JOIN）。使用比较运算符（包括=、>、<、<>、>=、<=、!=和!<）进行表间的比较操作，查询与连接条件相匹配的数据。根据比较运算符不同，内连接分为等值连接和不等连接两种。

1）等值连接。等值连接是在连接条件中使用等号（=）运算符，其查询结果中列出被连接表中的所有列，包括其中的重复列，代码如下：

SELECT * FROM books B inner join borrowRecord BR WHERE B.ISBN =BR.ISBN;

查询结果如图 8-25 所示。

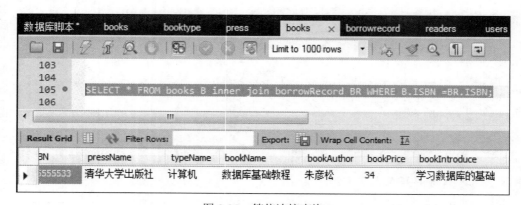

图 8-25 等值连接查询

2）不等连接。不等连接是在连接条件中使用除等号之外运算符（>、<、<>、>=、<=、!>和!<），代码如下：

SELECT * FROM books B inner join borrowRecord BR WHERE B.ISBN <>BR.ISBN;

查询结果如图 8-26 所示。

图 8-26　不等值连接查询

（2）外连接。外连接分为左连接（LEFT JOIN）或左外连接（LEFT OUTER JOIN）、右连接（RIGHT JOIN）或右外连接（RIGHT OUTER JOIN），简称左连接和右连接。

1）左连接：左连接返回左表中的所有行，如果左表中行在右表中没有匹配行，则结果右表中的列返回空值，代码如下：

　　　　SELECT * FROM books B left join borrowRecord BR on B.ISBN=BR.ISBN;

查询结果如图 8-27 所示。

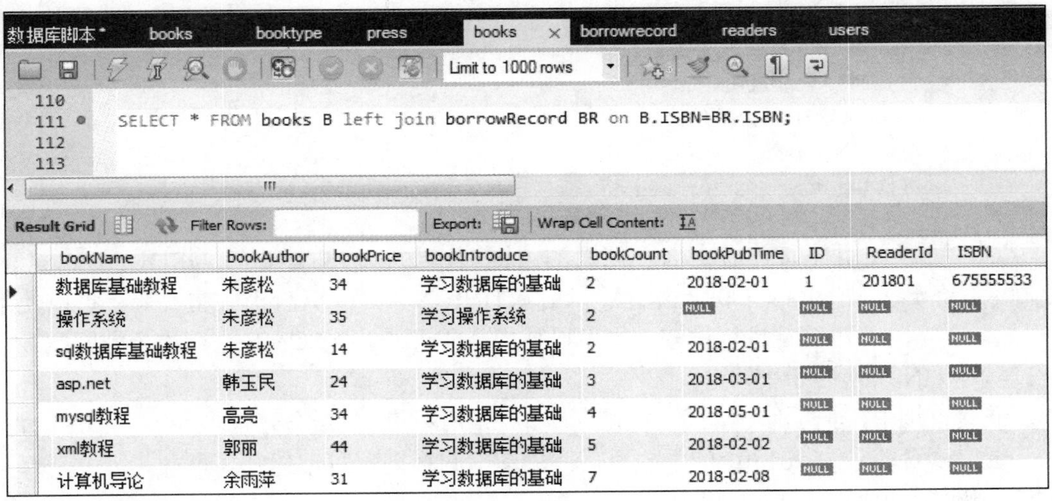

图 8-27　左连接查询

2）右连接：右连接与左连接恰恰相反，返回右表中的所有行，如果右表中行在左表中没有匹配行，则结果左表中的列返回空值，代码如下：

　　　　SELECT * FROM books B right join borrowrecord BR on B.ISBN=BR.ISBN;

查询结果如图 8-28 所示。

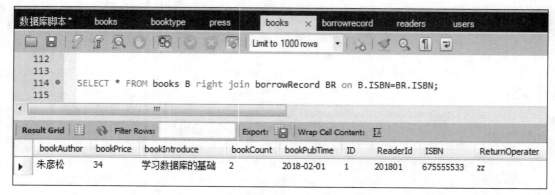

图 8-28 右连接查询

8.4 嵌套查询

在 SQL 语言中,一个 SELECT-FROM-WHERE 语句称为一个查询块。将一个查询块嵌套在另一个查询块的 WHERE 子句或 HAVING 短语的条件中的查询称为嵌套查询。SQL 语言允许多层嵌套查询,即一个子查询中还可以嵌套其他子查询。但是子查询的 SELECT 语句中不能使用 ORDER BY 子句,因为 ORDER BY 子句只能对最终查询结果排序,嵌套查询语法格式如下:

  SELECT <目标表达式 1>[,...]
  FROM <表或视图名 1>
  WHERE [表达式]
    (SELECT <目标表达式 2>[,...]
    FROM <表或视图名 2>)
  [GROUP BY <分组条件>
  HAVING [<表达式>比较运算符]
    (SELECT <目标表达式 2>[,...]
      FROM <表或视图名 2>)]

子查询可以使用任何普通查询中使用的关键词,如 DINSTINCT、GROUP BY、LIMIT(限制记录条数)、UNION(联合去重)、ALL、UNION ALL(联合不去重)等。可以使用<、>、<=、>=、=、<>运算符进行比较,也可以使用 ANY、IN 和 SOME 进行集合的匹配。

1. 带有 IN 谓词的子查询

在嵌套查询中,子查询的结果往往是一个集合,所以 IN 是嵌套查询中最经常使用的谓词。例如,查询读者编号为 201801 的学生所借阅的图书的详细信息,代码如下:

  select * from books where isbn in
       (select isbn from borrowrecord where ReaderId='201801')

查询结果如图 8-29 所示。

将上述代码拆解,只看 in 语句当中的子语句代码。

  select isbn from borrowrecord where ReaderId='201801'

查询结果如图 8-30 所示。

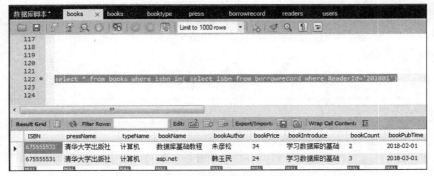

图 8-29 嵌套查询

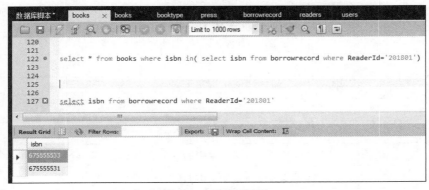

图 8-30 嵌套子查询

由此可以看出子查询实际上得到的是一个集合。

2. 带有比较运算符的子查询

带有比较运算符的子查询是指父查询与子查询之间用比较运算符进行连接。当用户能确切知道内层查询返回的是单个值时，可以用 >、<、=、>=、<=、!=、或<>等比较运算符。例如，找出所有借阅了图书名称等于"数据库基础教程"这本书的读者数量，代码如下：

  select count(distinct readerid) from borrowrecord where isbn=
    (select isbn from books where bookname='数据库基础教程')

查询结果如图 8-31 所示。

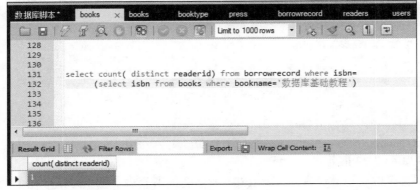

图 8-31 嵌套等值查询

3. 带有 ANY（SOME）或 ALL 谓词的子查询

子查询返回单值时可以用比较运算符，但返回多值时要用 ANY（有的系统用 SOME）或 ALL 谓词，而使用 ANY 或 ALL 谓词时则必须同时使用比较运算符。其语义见表 8-3。

表 8-3 谓词释义

谓词	解释
>ANY	大于子查询结果中的某个值
>ALL	大于子查询结果中的所有值
<ANY	小于子查询结果中的某个值
<ALL	小于子查询结果中的所有值
>=ANY	大于等于子查询结果中的某个值
>=ALL	大于等于子查询结果中的所有值
<=ALL	小于等于子查询结果中的所有值
<=ANY	大于等于子查询结果中的某个值
=ANY	等于子查询结果中的某个值
=ALL	等于子查询结果中的所有值（通常没有实际意义）
!=（或<>）ANY	不等于子查询结果中的某个值
!=（或<>）ALL	不等于子查询结果中的任何一个值

例如，查询读者编号为 201801 的学生未借阅的所有图书的详细信息，代码如下：

```
select * from books where isbn <> all
    ( select isbn from borrowrecord where ReaderId='201801')
```

查询结果如图 8-32 所示。

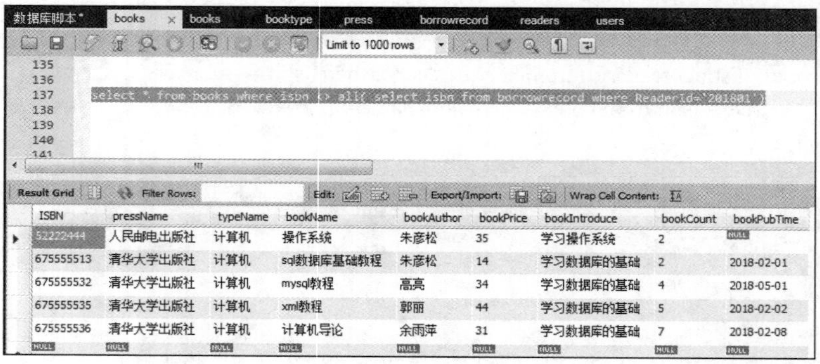

图 8-32 嵌套不等值查询

将如上代码拆开，只看子查询代码。

```
select isbn from borrowrecord where ReaderId='201801'
```

查询结果如图 8-33 所示。

从查询结果可以看出，读者编号 201801 所借阅的所有图书的 ISBN 号在上面的查询结果中都没有出现，说明这些是该读者未借阅过的图书信息。

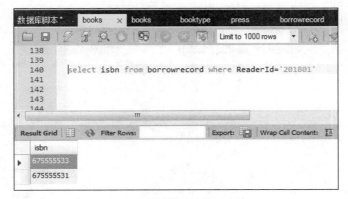

图 8-33　嵌套不等值子查询

4. 带有 EXISTS 谓词的子查询

带有 EXISTS 谓词的子查询不返回任何数据，只产生逻辑真值 True 或逻辑假值 False。使用存在量词 EXISTS 后，若内层查询结果为空，则外层的 WHERE 子句返回真值，否则返回假值。例如，查询读者编号为 201801 的读者没有借阅过的图书信息，代码如下：

　　select * from books where not exists
　　　　　　(select * from borrowrecord where isbn=books.isbn and ReaderId='201801')

查询结果如图 8-34 所示。

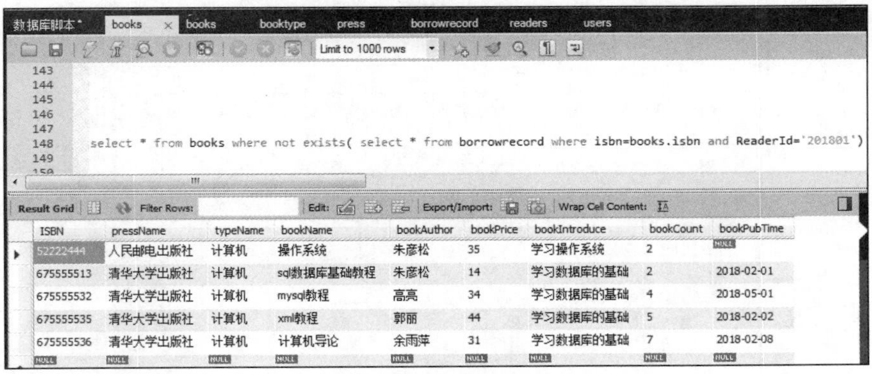

图 8-34　嵌套 Exists 谓词查询

8.5　示例——图书管理系统的数据输入与维护

按照本书第 2 章提出的有关图书管理系统的问题描述进行基本的有关图书管理系统的 SQL 语言的简单介绍。

1. 借阅者

按照前面图书管理系统的基本需求，系统应该具备查询图书的参数情况，查询借阅历史记录，修改借阅者个人信息（比如联系方式、登录密码）等功能，同时还应该具有预定图书以及读者留言的功能。下面以查询读者借阅历史为需求编写 SQL 语句，代码如下：

　　select borrowrecord.ReaderId,readers.ReaderName,borrowrecord.BorrowTime,borrowrecord.ReturnTime, borrowrecord.ISBN from borrowrecord,readers where borrowrecord.readerid=readers.readerid

执行结果如图 8-35 所示。

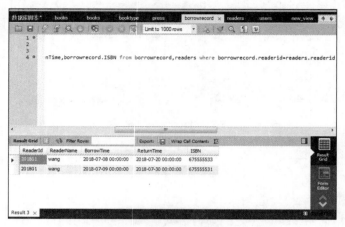

图 8-35　查询读者借阅历史

2．图书管理者

图书管理人员具备的功能需求为录入、查询、编辑读者的基本信息，主要包含读者的姓名、编号、性别以及单位；还有输入、查询、编辑书籍的信息，其中包含了名称、编号、类别，以及借书和还书的信息输入。例如查询某个图书的借阅次数的 SQL 代码如下：

Select count(*) from BorrowRecord where ISBN='987653421'

执行结果如图 8-36 所示。

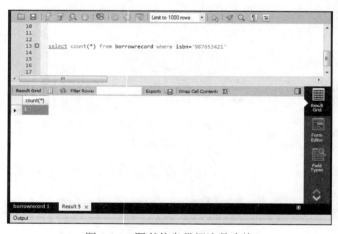

图 8-36　图书信息借阅次数查询

习　题

1．查询每本书的信息并按照价格降序排列。
2．查询出版社为清华大学出版社的图书的详细信息。
3．以出版社为分组查询每个出版社的图书数量。
4．查询出版日期没有录入的图书的详细信息。

第 9 章 SQL 编程基础

与一般的程序设计语言一样，SQL 语言也提供了变量、流程控制语句等程序设计功能。通过这些程序设计功能，可以将 SQL 语句和可选控制流语句组成预编译集合，以一个名称存储，并作为一个可重复调用的单元处理，从而让数据库具有更强大的编程功能，解决更复杂的问题。

本章主要介绍 SQL 的编程基础，包括变量的定义与使用，流程控制结构语法，以及 MySQL 中的函数定义与调用方式。通过 SQL 的程序设计功能，可以让数据库拥有更快捷、更强大的数据处理能力。

9.1 SQL 编程基础语法

SQL 本质是一种编程语言，需要变量来保存数据。MySQL 中许多属性控制都是通过 MySQL 中的变量来实现的，变量分为两类：系统变量和用户变量。

系统变量针对所有用户，即任意 MySQL 客户端有效。而用户变量是使用者根据实际业务需要，在编写 SQL 程序时，为了控制流程而定义的。用户变量根据定义方式、定义位置不同，有对应的变量作用域，在下面的小节中将进行分类介绍。

9.1.1 系统变量

MySQL 的系统变量（system variables）实际上是用来存储系统参数的，用于初始化或设定数据库对系统资源的占用，配置文件存放位置等。MySQL 系统变量分全局（global）和会话（session）两种。全局变量主要影响整个 MySQL 实例的整体操作。会话变量主要影响当前到 MySQL 实例的连接。本节主要介绍系统变量的相关概念以及如何设置查看这些系统变量。

大部分变量都是作为 MySQL 的服务器调节参数存在。修改这类变量会影响 MySQL 的运行方式。例如全局系统变量 auto_increment，其代表一张表中的某个字段序列的自增值，默认值为 1，每增加一条记录，则该字段自动增加 1，对该值的修改，会直接影响该 MySQL 服务器下，所有数据库实例表中，记录增加时的自增字段值。

1. 查看系统变量

在 MySQL 中，如果需要查看已经存在的系统变量的值，可以通过如下语法结构实现。

  show variables 条件语句

其中，"条件语句"代表要查询的系统变量的筛选条件，该部分是可选的，如图 9-1 所示，执行 show variables;查询语句，该语句不带有任何查询条件，请求 MySQL 服务器上的所有全局变量，即当前 MySQL 服务器上系统参数列表。数据包含 Variable_name（变量名）和 Value（变量值）两部分。

show variables 优先显示会话级变量的值，如果这个值不存在，则显示全局级变量的值。通常可以加上 global 或 session，来限制查询的系统变量的作用域，语句如下：

  show global variables;
  show session variables;

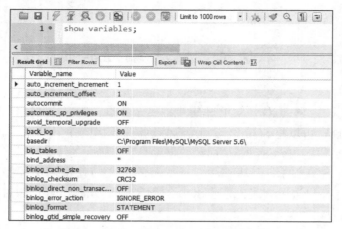

图 9-1　查询 MySQL 服务器所有系统变量

如果要查看的是某些具体的系统变量，而不是全部，可以在查询系统变量的语句中增加 like 或者 where 语句，进行条件限制。例如，当需要查看和日志相关的系统变量，但不清楚变量的全称时，可以借助于 like 查询该系统变量，如图 9-2 所示。

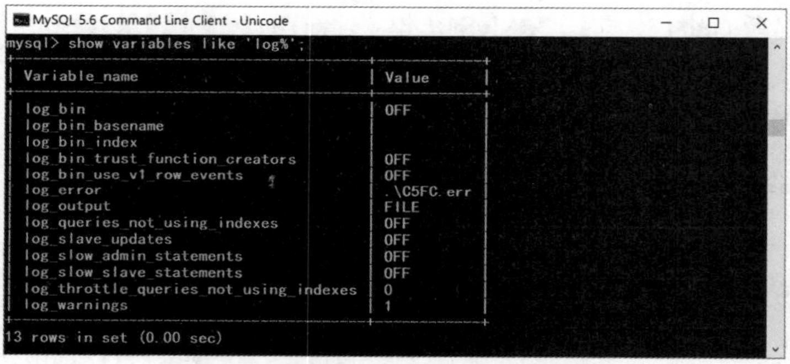

图 9-2　使用 like 条件过滤系统变量

show variables like 'log%' 语句将会查询所有变量名以 log 为开头的系统变量。如果在查询时，条件中除了要以变量名为条件，还想以值为条件，可以使用 where 语句，并在 where 条件中，指定条件是变量名，还是变量值。例如，需要查询变量名以 log 开头，并且值为 OFF 的系统变量的语句，如图 9-3 所示。

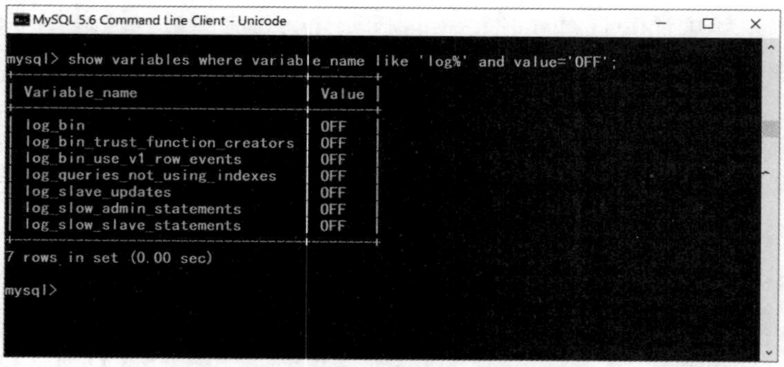

图 9-3　where 语句过滤系统变量

MySQL 系统变量分为配置变量和监控变量两类，上面所描述的变量即为配置变量，使用 show variables 语句进行查看。还有一类代表 MySQL 系统状态的变量，监控 MySQL 服务器的运行状态，可以用 show status 语句查看，如图 9-4 所示。

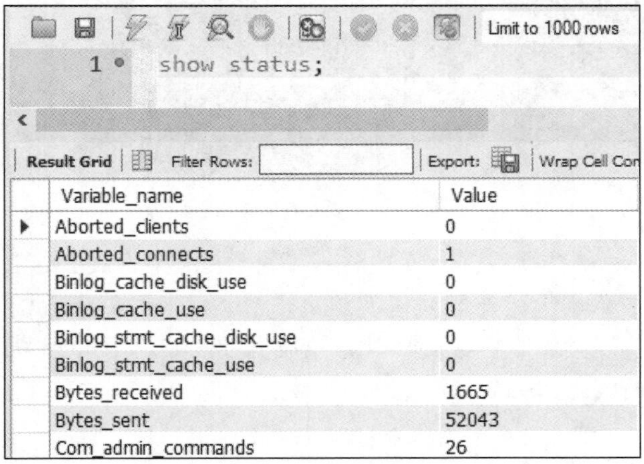

图 9-4　MySQL 系统状态变量

同理，若想要在查询系统状态变量时，增加条件语句，方式与配置变量的查询方式相同，即在 show status 语句后面，增加 like 或者 where 条件即可。例如，希望知道 MySQL 查询排序状态，则可使用 show status like 'sort%'语句，查询以关键字 sort 为开始的系统变量，如图 9-5 所示。

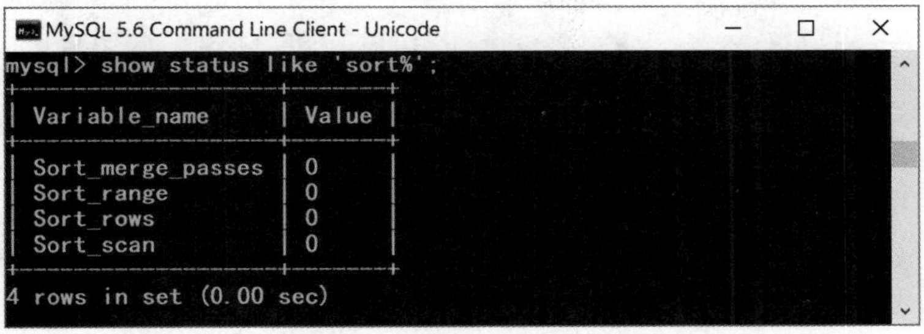

图 9-5　MySQL 状态变量条件过滤

2. 常见的系统变量

通过上述内容可知，在 MySQL 系统中存在很多的系统变量，可以通过改变系统变量的值，来优化或者调整 MySQL 的服务方式、服务性能。下面介绍一些常见的 MySQL 系统变量，本节中仅仅挑选五个最基本的常见系统变量进行介绍。而在实际的 MySQL 维护过程中，若需要优化 MySQL 则需要了解更多的系统变量，读者可以自行通过网络查询，或者查阅 MySQL 官方文档进行学习。

（1）MySQL 版本。在工作中，数据库服务器一般会分成"开发库""测试库""线上库"等多种环境。查询当前所连接的 MySQL 服务器的版本信息，命令如下：

　　show variables like 'version%';

执行该命令，可以看到当前 MySQL 服务器的相关版本信息，如图 9-6 所示。

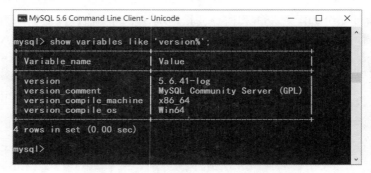

图 9-6 MySQL 版本信息

（2）最大连接数。在进行数据库连接时，经常会遇见 MySQL: ERROR 1040: Too many connections 的情况。一种是因为访问量确实很高，MySQL 服务器压力过大，无法处理，这个时候就要考虑增加"从"服务器的数量，以分散数据库的"读"压力来解决。另外一种情况是 MySQL 配置文件中 max_connections 值过小导致，此时可以通过如下命令查看该值，执行结果如图 9-7 所示。

show variables like 'max_connections';

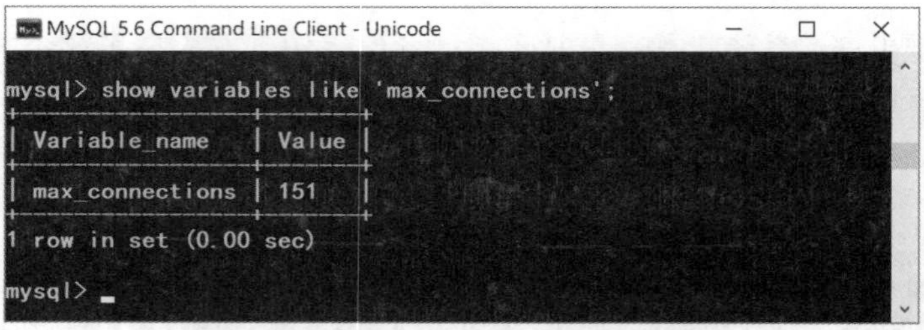

图 9-7 MySQL 的最大连接数

（3）当前连接数。threads_connected 是当前客户端已连接的数量。这个值会少于预设的值，但可以修改此值，以保证客户端处在活跃状态。如果 threads_connected = max_connections 时，数据库系统就不能提供更多的连接数。如果程序还想新建连接线程，数据库系统就会拒绝，如果程序没做过多的错误处理，就会出现错误信息。可以通过如下命令查看该值，执行结果如图 9-8 所示。

show status like 'Threads_connected';

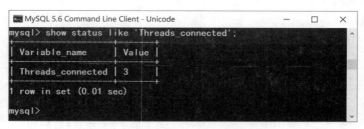

图 9-8 MySQL 当前连接数

（4）MySQL 编码配置信息。在开发过程中，有时会出现中文存储乱码的情况。一般而言，都是 MySQL 服务编码设置不一致导致的。查询和 MySQL 编码相关的配置信息值，可以使用如下语句。

　　show variables like '%set%';

执行该命令后的结果如图 9-9 所示。如果想要避免出现中文乱码情况，用户最好将图 9-9 所示的编码配置值，都设置为统一的编码类型。

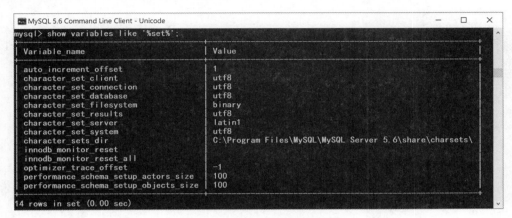

图 9-9　MySQL 编码配置信息

3．设置和修改系统变量

对于系统变量，在 MySQL 服务器启动前，可以通过修改配置文件 my.cnf，或者在启动 MySQL 服务的时候，指定启动参数的方式进行修改。在 MySQL 服务启动以后，可以通过 set 语句修改变量值。语法格式如下：

　　set global var_name = value;
　　set @@global.var_name = value;
　　set session var_name = value;
　　set @@session.var_name = value;

其中，var_name 为需要修改的系统变量名称，value 是要设置的系统变量的值，而 global、session 分别用来指定修改后的影响范围是全局的还是会话的。如上述代码所示，MySQL 在进行变量检索时提供了两种方式：在 set [global/session] var_name = value 格式下，通过指定变量作用域为 global 或 session，明确变量的检索范围；也可以通过 set @@[global/session.]var_name = value 的格式指定变量作用域为 global 或 session。

9.1.2　用户变量

用户变量即用户自己定义的变量，可以给用户变量分配值。变量使用前，可以使用 set 语句或 select 语句来定义并赋值。在无赋值情况下，该变量为空值。本节定义的变量，其作用域为当前连接的范围，即如果重新打开一个数据库连接，将无法访问上一个连接中定义的变量。

在 MySQL 中定义用户变量，需要以"@"开始，形式为"@var_name"，从而区分用户变量和列名。一个变量名可以由当前字符集的数字、字母字符以及"_""$"和"."组成。用户变量名不区分大小写。变量的定义和赋值，可以通过 set 或者 select 语句向系统变量或用户变量赋值。

使用 set 定义用户变量的格式如下：

　　set @var_name = expr [, @var_name = expr] ...

在使用 set 设置变量时，可以使用"="或者":="操作符进行赋值。为了与 SQL 语法中的等值判断条件做区分，建议使用":="符号为变量赋值。例如，当需要定义三个用户变量 @var1、@var2、@var3，并且三个变量的值分别是 1、2、3 时，可以编写代码如下：

　　set @var1=1;
　　set @var2=2;
　　set @var3=3;

执行上述 SQL 语句时，可以逐个进行定义。例如 set @var1=1;，定义一个变量@var1，并且赋值为 1。执行成功后，使用"select 变量名;"语句查验结果，如图 9-10 所示。

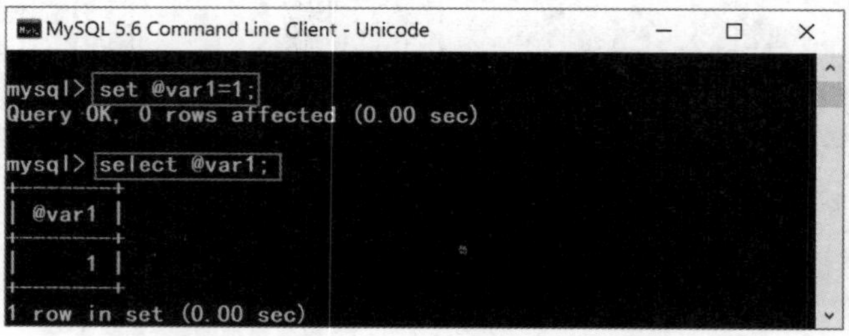

图 9-10　SET 语句定义变量

也可以如图 9-11 所示，在一条定义语句中，同时定义多个变量。并使用 select 语句，同时获取多个变量的值。

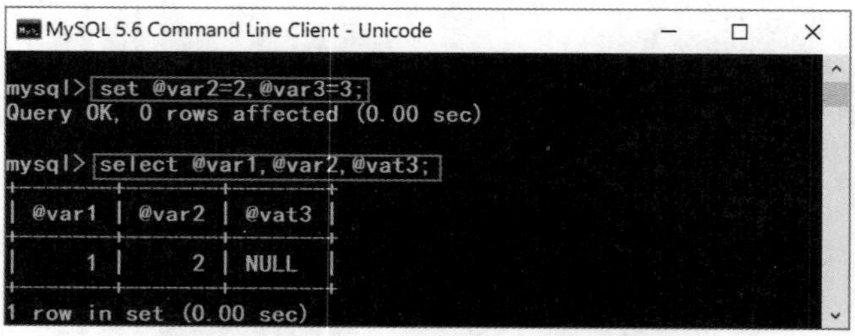

图 9-11　SET 语句定义多个变量

在使用 set 语句进行变量赋值时，还可以使用"变量名:=变量值"的格式，给变量赋值，其效果与上述赋值方式一致，如图 9-12 所示。

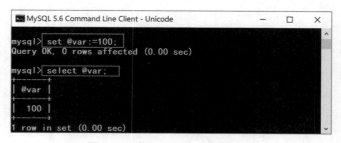

图 9-12　使用":="给变量赋值

使用 select 语句定义用户变量格式如下：

　　select @var_name := expr [, @var_name:= expr] ...

请注意，使用 select 定义用户变量并赋值，必须使用":="赋值符号。

用户变量用在任何可以正常使用表达式的地方。

　　set @one := 1;
　　set @min_price := (select min(bookprice) from books);
　　set @last_week := current_date - interval 1 week;
　　select...where col <= @last_week;

9.1.3　运算符

数据库中的表结构确立后，表中的数据代表的意义就已经确定，而通过 MySQL 运算符进行运算，可以获取到表结构以外的另一种数据。例如，学生表中存在一个 birth 字段，这个字段表示学生的出生年份，而运用 MySQL 的算术运算符用当前的年份减去学生出生的年份，得到的就是学生的实际年龄。因此，熟悉并掌握运算符的应用，对于操作 MySQL 数据库中的数据是非常有用的。下面就来熟悉一下 MySQL 支持的 4 种运算符。

1. 算术运算符

算术运算符是 MySQL 中最常用的一类运算符。MySQL 支持的算术运算符包括加、减、乘、除、求余，见表 9-1。

表 9-1　算数运算符

符号	作用	符号	作用
+	加法运算	%	求余运算
-	减法运算	DIV	除法运算，返回商，同"/"
*	乘法运算	MOD	求余运算，返回余数，同"%"
/	除法运算		

加（+）、减（-）和乘（*）可以同时计算多个操作数，除号（/）和求余运算符（%）也可以同时计算多个操作数，但是一般不建议用来计算多个操作数,因为影响性能。DIV 和 MOD 只有两个参数。进行除法和求余的运算时，如果第二个参数是 0 或者 NULL，计算结果将是空值（NULL）。

例如，在图书管理系统的 books 表中，得到每本书的数量增加 20 本后的数据表，就可以使用"+"运算符获取对应的结果表，如图 9-13 所示，表 books 中的图书数量的数值。图 9-14 为每一本书的数量"+20"后的查询结果。

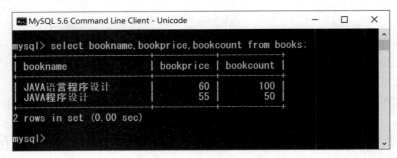

图 9-13　books 原始数量值

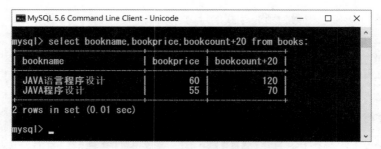

图 9-14 books 增加书本数量结果值

2. 比较运算符

比较运算符是查询数据时最常用的一类运算符。select 语句中的条件语句经常要使用比较运算符。通过比较运算符，可以判断表中的哪些记录符合条件，见表 9-2。

表 9-2 比较运算符

符号	作用	符号	作用
=	等于	LEAST	在有两个或多个参数时，返回最小值
<=>	安全等于（可以比较 NULL）	CREATEST	当有两个或多个参数时，返回最大值
<>(!=)	不等于	BETWEEN AND	判断一个值是否落在两个值之间
<=	小于等于	ISNULL	与 IS NULL 相同
=>	大于等于	IN	判断一个值是 IN 列表中的任意一值
<	小于	NOT IN	判断一个值不是 IN 列表中的任意一值
>	大于	LIKE	通配符匹配
IS NULL	判断一个值是否为 NULL	REGEXP	正则表达式匹配
IS NOT NULL	判断一个值是否不为 NULL		

下面对其中几种较常用的比较运算符进行解析。

（1）运算符"="。"="用来判断数字、字符串和表达式等是否相等。如果相等，返回 1，否则返回 0。在运用"="运算符判断两个字符是否相同时，数据库系统根据字符的 ASCII 码进行判断。如果 ASCII 码相等，则表示字符相同，如果 ASCII 码不相等，则表示字符不相同。另外，空值（NULL）不能使用"="来判断。

（2）运算符"<>"和"!="。"<>"和"!="用来判断数字、字符串、表达式等是否不相等。如果不相等则返回 1，否则返回 0。这两个符号也不能用来判断空值（NULL）。

（3）运算符">"。">"用来判断左边的操作数是否大于右边的操作数。如果大于返回 1，否则返回 0。同样，空值（NULL）不能使用">"来判断。

（4）运算符 IS NULL。IS NULL 用来判断操作数是否为空值（NULL）。操作数为 NULL 时，结果返回 1，否则返回 0。IS NOT NULL 刚好与 IS NULL 相反。

NULL 和'NULL'是不同的，前者表示为空值，后者表示一个由 4 个字母组成的字符串。

（5）运算符 between and。between and 用于判断数据是否在某个取值范围内。其表达式如下：

x between m and n

如果 x 大于等于 m，且小于等于 n，结果将返回 1，否则将返回 0。

（6）运算符 in。in 用于判断数据是否存在于某个集合中。其表达式如下：

x in(值 1,值 2,……,值 n)

如果 x 等于值 1 到值 n 中的任何一个值，结果将返回 1，否则返回 0。

（7）运算符 like。like 用来匹配字符串。其表达式如下：

x like s

如果 x 与字符串 s 匹配，结果将返回 1，否则返回 0。

（8）运算符 regexp。regexp 同样用于匹配字符串，但其使用的是正则表达式进行匹配。其表达式格式如下：

str regexp'匹配方式'

如果 str 满足匹配方式，结果将返回 1，否则返回 0。

regexp 运算符经常与 "^"、"$" 和 "." 一起使用。"^" 用来匹配字符串的开始部分；"$" 用来匹配字符串的结尾部分；"." 用来代表字符串中的一个字符。

3．逻辑运算符

逻辑运算符用来判断表达式的真假。如果表达式是真，结果返回 1；如果表达式是假，结果返回 0。逻辑运算符又称为布尔运算符。MySQL 中支持 4 种逻辑运算符，分别是与、或、非和异或，见表 9-3。

表 9-3　逻辑运算符

符号	作用	符号	作用
not 或者!	逻辑非	or 或者||	逻辑或
and 或者&&	逻辑与	xor	逻辑异或

（1）"与"运算。"&&"和 and 是"与"运算的两种表达方式。如果所有数据不为 0，且不为空值（NULL），则结果返回 1；如果存在任何一个数据为 0，则结果返回 0；如果存在数据为 NULL 且没有数据为 0，则结果返回 NULL。"与"运算符支持多个数据同时进行运算。

（2）"或"运算。"||"或者 or 表示"或"运算。所有数据中存在任何一个数据为非 0 的数字时，结果返回 1；如果数据中不包含非 0 的数字，但包含 NULL 时，结果返回 NULL；如果操作数中只有 0 时，结果返回 0。"或"运算符"||"可以同时操作多个数据。

（3）"非"运算。"!"或者 not 表示"非"运算。通过"非"运算，将返回与操作数据相反的结果。如果操作数据是非 0 的数字，结果返回 0；如果操作数据是 0，结果返回 1；如果操作数据是 NULL，结果返回 NULL。

（4）"异或"运算。xor 表示"异或"运算。当其中一个表达式是真而另外一个表达式是假时，该表达式返回的结果才是真；当两个表达式的计算结果都是真或者都是假时，则返回的结果为假。

4．位运算符

位运算符是在二进制数上进行计算的运算符。位运算会先将操作数变成二进制数，进行位运算，然后再将计算结果从二进制数变回十进制数。MySQL 中支持 6 种位运算符，分别是按位与、按位或、按位取反、按位异或、按位左移和按位右移，见表 9-4。

表 9-4 位运算符

符号	作用	符号	作用
|	位或	<<	位左移
&	位与	>>	位右移
^	位异或	~	位取反，反转所有位

9.2 MySQL 系统函数

函数作为数据库的一个对象，是独立的程序单元，每个数据库都会在 SQL 标准上扩展一些函数。MySQL 提供了丰富的函数，在进行数据库管理以及数据的查询和操作时经常用到函数，函数可以帮助用户更加方便的处理表中的数据。

本节将介绍 MySQL 中包含哪几类函数，以及这几类函数的使用范围和作用。MySQL 函数包括条件判断函数、数学函数、字符串函数、日期和时间函数、系统信息函数、聚合函数等，用户还可以根据实际需要自定义函数。MySQL 函数可以对表中数据进行相应的处理，使 MySQL 数据库的功能更加强大。

select 语句及其条件表达式都可以使用函数。同时，insert、update、delete 语句及其条件表达式也可以使用函数。MySQL 函数的调用语法如下：

  select 函数名(参数 1,参数 2,...)

下面根据 MySQL 系统函数的分类，介绍不同函数的用法。

https://dev.mysql.com/doc/refman/5.6/en/control-flow-functions.html 为 MySQL 5.6在线文档，其中包含每一个函数的使用方式，可供参考。

9.2.1 条件判断函数

在 MySQL 中条件判断的函数，其结果返回 0 或者 1 代表当前判断条件是真或者假，见表 9-5。

表 9-5 条件判断函数

分支结构名称		用法描述

case 结构		case
		  when 条件判断 then 执行语句
		  when 条件判断 then 执行语句
		   [when......]
		end

if结构	if...else 结构	if 条件判断 then
		  执行语句
		else if 条件判断 then
		  执行语句
		[else if ......else ......]
		end if

	if(expr1,expr2,expr3)	if 函数，类似于三元表达式

1. if 函数

if 语句是指如果满足某种条件，根据判断的结果为 True，或者 False，执行相应的语句。其语法结构如下：

  if(expr1,expr2,expr3)

上述表达式的执行方式为：如果表达式 expr1 的结果是 True，即 expr1 <> 0 和 expr1 <> NULL 两种条件下，则该 if 表达式将返回表达式 expr2 的值。否则，它将返回表达式 expr3 的值。

例如，对 books 表中，书本数量为 0 的，显示状态为"不可借阅"，而书本数量不为 0 的，显示状态为"可借阅"，SQL 如下，执行结果如图 9-15 所示。

  select *,if(bookcount=0,"不可借阅","可借阅") as 借阅状态 from books

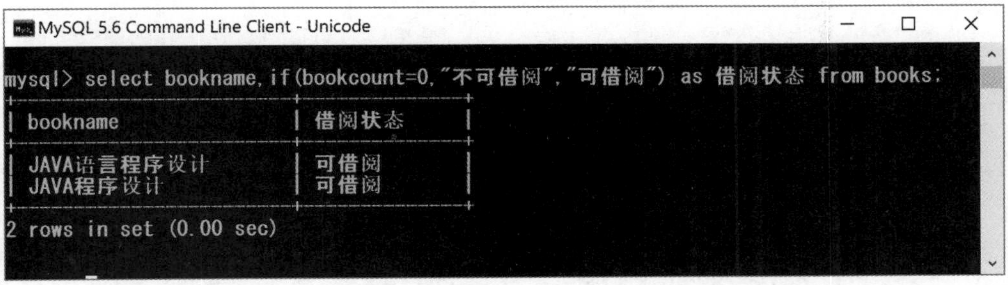

图 9-15 if 函数的使用

2. case 结构

case 结构是另一个进行条件判断的语句，语法格式如下：

  case case_expr
  when when_value then statement_list
  [when when_value then statement_list]……
  [else statement_list]
  end case

其中 case_expr 表示条件判断的表达式，决定哪一个 when 被执行。when_value 表示表达式可能的值。如果某个 when_value 表达式与 case_expr 表达式结果相同，则执行对应 then 关键字后的 statement 语句。statement_list 表示不同 when_value 值的执行语句。

例如，在图书管理系统的 users 表中，如果存在一个代表用户性别的字段 gender，使用 int 类型存储。当 gender=0 时，代表当前用户的性别是"男"，而如果 gender=1 时，代表当前用户的性别是"女"。那么查询时，如果将 gender 按汉字"男""女"输出，可以使用 case 函数，代码如下：

  select username ,case
  when gender=0 then '男'
  when gender=1 then '女'
  else '性别未知'
  end
  from users;

执行上述代码，运行结果如图 9-16 所示。

```
mysql> select username,case when gender = 0 then '男' when gender = 1 then '女' else '性别未知' end from users;
| username | case when gender = 0 then '男' when gender = 1 then '女' else '性别未知' end |
| user1    | 男 |
| user2    | 女 |
```

图 9-16 case 结构用法

9.2.2 数学函数

数学函数是 MySQL 中常用的一类函数,主要用于处理数字,包括整型、浮点数等。数学函数包括绝对值函数、正弦函数、余弦函数、获取随机数的函数等,见表 9-6。如果在计算过程中出现错误,表 9-6 中的所有函数都将返回 NULL。

表 9-6 数学函数

名称	描述
ABS(X)	返回 X 的绝对值
PI()	返回圆周率,默认显示小数点后 6 位
SQRT(X)	返回 X 的平方根
MOD(X, Y)	返回 X 被 Y 除后的余数
CEIL(X)	返回不小于 X 的最小整数值
CEILING(X)	返回不小于 X 的最小整数值
FLOOR(X)	返回不大于 X 的最大整数值
RAND()	产生随机数
RAND(X)	产生随机数,若 X 参数相同,多次执行,产生的随机数相同
ROUND(X)	返回对 X 进行四舍五入操作后的整数值
ROUND(X, Y)	对 X 进行四舍五入操作,其值保留到小数点后 Y 位,若 Y 为负,则保留到小数点左边 Y 位
SIGN(X)	返回 X 的符号,负则返回-1,零则返回 0,正则返回 1
POW(X, Y)	返回 X 的 Y 次幂
POWER(X, Y)	返回 X 的 Y 次幂
EXP(X)	返回 e 的 X 次幂
LOG(X)	返回 X 的自然对数
LOG10(X)	返回 X 的基数为 10 的对数
RADIANS(X)	角度转化为弧度
DEGREES(X)	弧度转化为角度
SIN(X)	正弦函数

续表

名称	描述
ASIN(X)	正弦函数的反函数
COS(X)	余弦函数
ACOS(X)	余弦函数的反函数
TAN(X)	正切函数
ATAN(X)	正切函数的反函数
COT(X)	余切函数

1. PI()

该函数返回圆周率 π（pi）的值。显示的默认位数为 7，但 MySQL 在内部使用完整的双精度值。如图 9-17 所示，可以使用 SELECT 语句直接打印 PI()函数的返回值，值为 3.141593。同时也可以对函数 PI()进行运算，如图 9-18 所示。

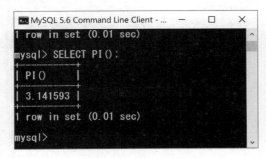

图 9-17　打印 PI 值

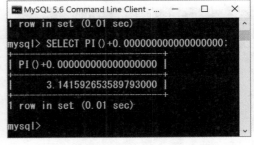

图 9-18　使用 PI 函数进行运算

2. POW(X,Y)，POWER(X,Y)

POW(X,Y)与 POWER(X,Y)意思相同，都是返回 X 的 Y 次幂。在使用过程中，二者运行结果相同，如图 9-19、图 9-20 所示。

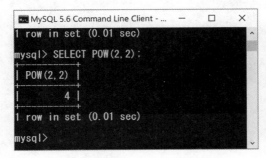

图 9-19　POW(2,2)运算结果

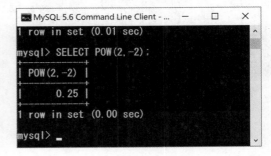

图 9-20　POW(2,-2)运算结果

3. RAND()

RAND()函数用于产生 0 到 1 之间的随机数。如果为 RAND()传入整型参数，则该值将成为随机数发生器的种子值。可以使用 order by RAND()来随机化一组行或值。如图 9-21 所示，

现有数据表 t，表中数据按顺序排序后的结果是 1，2，3。此时可以使用函数 RAND()，对这一组行数据进行随机化排序，结果如图 9-22 所示。

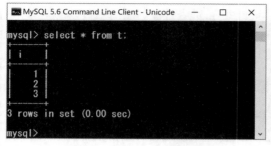

图 9-21　查看 t 表当前数据及排序

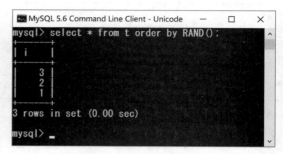

图 9-22　随机化排序记录

RAND()函数在没有使用任何参数的情况下，每次产生的随机数都不同，如图 9-23 和图 9-24 所示。如果使用时添加初始化参数，多次随机产生的随机数将会相同，如图 9-25 和图 9-26 所示。

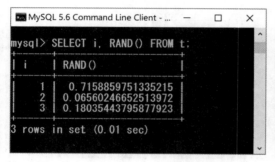

图 9-23　第一次使用 RAND()产生数据

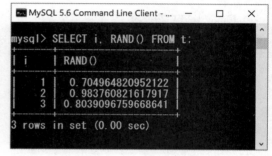

图 9-24　第二次使用 RAND()产生数据

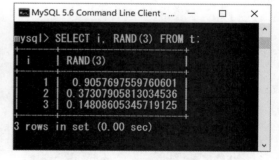

图 9-25　初次使用 RAND(3)函数产生数据　　　　图 9-26　再次使用 RAND(3)函数产生数据

9.2.3　字符串函数

字符串在数据库存储中是非常常见的一种数据类型。针对该数据类型数据的处理，MySQL 提供了很多的函数，包括字符串截取、字符串拼接、大小写转换等。表 9-7 为 MySQL 中提供的部分常用函数列表。

表 9-7 字符串函数

名称	描述
CHAR_LENGTH(str)	计算字符串 str 的字符个数
LENGTH(str)	返回字符串 str 的字节长度
BIT_LENGTH(str)	返回字符串 str 所占的位长度
CONCAT(s1, s2, …)	拼接 s1, s2, …
CONCAT_WS(x, s1, s2, …)	使用分隔符 x 将 s1, s2, …拼接起来
INSERT(s1, x, len, s2)	返回字符串 s1,其子字符串起始于 x 位置和被字符串 s2 取代的 len 字符
LOWER(str)	大写字母转为小写
LCASE(str)	大写字母转为小写
UPPER(str)	小写字母转为大写
UCASE(str)	小写字母转为大写
LEFT(s, n)	返回字符串 s 左边 n 个字符组成的子串
RIGHT(s, n)	返回字符串 s 右边 n 个字符组成的子串
LPAD(s1, len, s2)	返回字符串 s1,其左边被字符串 s2 填补至 len 字符长度
RPAD(s1, len, s2)	返回字符串 s1,其右边被字符串 s2 填补至 len 字符长度
LTRIM(s)	删除字符串 s 左端的空格
RTRIM(s)	删除字符串 s 右端的空格
TRIM(s)	删除字符串 s 两端的空格
TRIM(s1 FROM s)	删除字符串 s 中两端所有的字串 s1,未指定 s1 时默认为空格
REPEEAT(s, n)	返回 n 个字符串 s 拼接成的字符串
SPACE(n)	返回一个由 n 个空格组成的字符串
REPLACE(s, s1, s2)	使用字符串 s2 替换 s 中所有的 s1
STRCMP(s1, s2)	字符串比较
SUBSTRING(s, n, len)	返回字符串 s 中从 n 开始长度为 len 的子串
MID(s, n, len)	返回字符串 s 中从 n 开始长度为 len 的子串
LOCATE(str1, str)	返回 str1 在字符串 str 中的位置
POSITION(str1 IN str)	返回 str1 在字符串 str 中的位置
INSTR(str, str1)	返回 str1 在字符串 str 中的位置
REVERSE(s)	返回反转后的字符串
ELT(n, s1, s2, …)	返回 s1, s2, …中第 n 个字符串
FIELD(s, s1, s2, …)	返回字符串 s 在 s1, s2, …中所在的位置
FIND_IN_SET(s1, s2)	返回字符串 s1 在字符串列表 s2 中的位置
MAKE_SET(x, s1, s2, …)	返回由 x 的二进制数指定的相应位的字符串组成的字符串

1. CHAR_LENGTH(str)

CHAR_LENGTH(str)函数返回参数 str 的字符串长度,即字符串中到底有几个字符。多字节字符会被当成单字符对待,所以如果一个字符串包含 5 个双字节字符 str,CHAR_LENGTH(str)会返回串的长度为 5。使用 CHAR_LENGTH 函数进行字符串长度计算的结果如图 9-27 所示,user1 的长度值为 5。

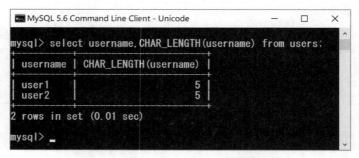

图 9-27　CHAR_LENGTH 函数的使用

在 MySQL 中还存在函数 CHARACTER_LENGTH(str),该函数与函数 CHAR_LENGTH(str)作用相同。

2. BIT_LENGTH(str)

BIT_LENGTH(str)函数会返回参数字符串 str 所占的位长度。如图 9-28 所示,使用函数 BIT_LENGTH(username)求得的 username 的长度是 40。

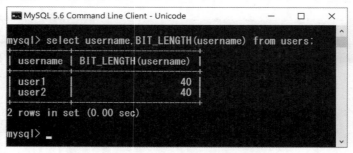

图 9-28　BIT_LENGTH 函数的使用

3. LENGTH(str)

LENGTH(str)函数返回字符串参数 str 的字节长度。多字节字符被如实计算为多字节。所以,对于包含 5 个双字节字符(如中文字符)的字符串,LENGTH 函数返回 10,而 CHAR_LENGTH 函数返回 5。如图 9-29 和图 9-30 所示,字符串 "JAVA 程序设计" 的一个字符按 2 字节计算,LENGTH 该字符串的长度就是 16,而 CHAR_LENGTH 函数返回的字符个数就是 8。

4. LEFT(str,len)

LEFT(str,len)函数将返回字符串参数 str,自左边第一个字符开始,到第 len 个字符结束。如果任一参数为 NULL,则函数 LEFT(str,len)返回 NULL。如图 9-31 所示,返回 users 表中的 username 的前 4 个字符,返回值为 user。

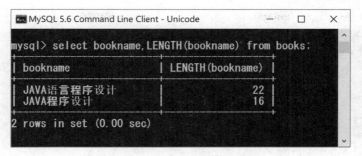

图 9-29　LENGTH 函数的使用

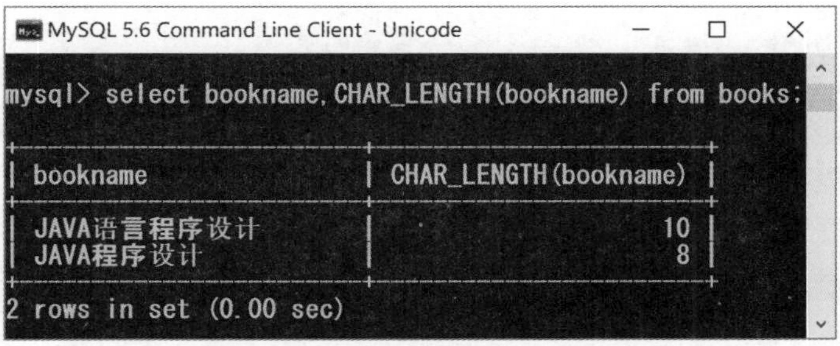

图 9-30　CHAR_LENGTH 函数的使用

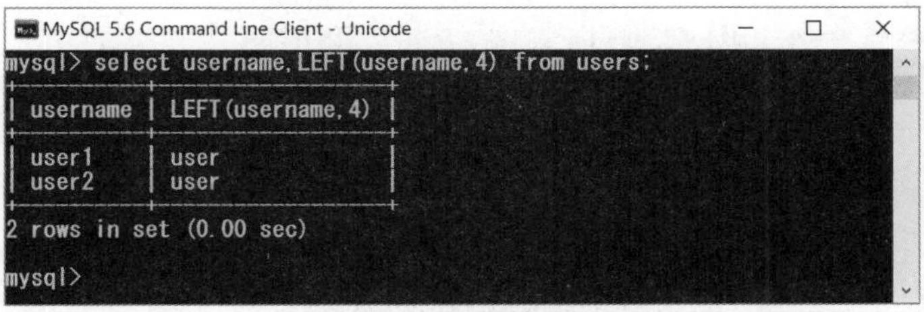

图 9-31　LEFT 函数的使用

5. STRCMP(str1, str2)

STRCMP(str1, str2)函数将会对比两个字符串参数 str1 和 str2，如果两字符串相等，返回 1；如果根据当前数据库对字符串的排序规则，str1 小于 str2，则返回-1，反之则返回 1。如图 9-32 所示，第一行数据中第一个字符串 user1 的第一个字符"u"，按排序规则大于 123456 的第一个字符"1"，所以比较结果如图 9-33 所示，结果为 1。

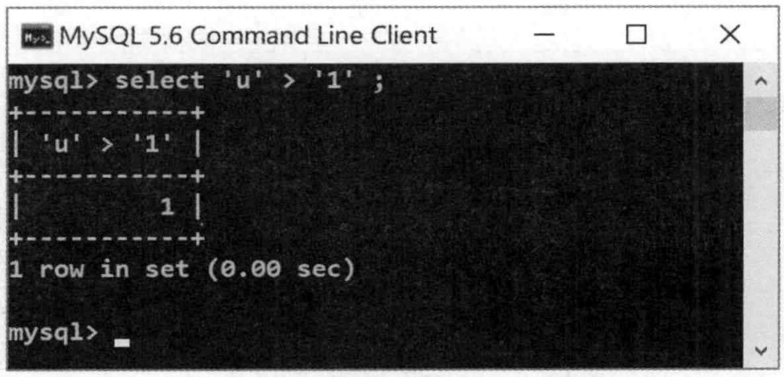

图 9-32　字符比较结果

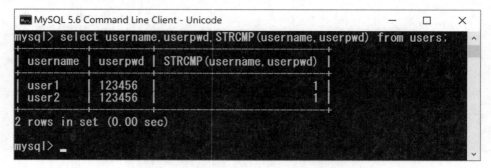

图 9-33　STRCMP(str1, str2)函数比较字符串

9.2.4　日期函数

MySQL 的时间类型是一个具有比较丰富存储结构的类型。例如，MySQL 可以通过 INT 形式存储时间戳，也可以使用字符串存储日期。对于不同的存储结构，只有更好地了解本质，才能更精确的选择存储类型。在 MySQL 中，提供了很多创建、处理时间的函数，见表 9-8。

表 9-8　时间、日期函数

名称	描述
CURDATE()	返回当前日期
CURRENT_DATE()	返回当前日期
CURTIME()	返回当前时间
CURRENT_TIME()	返回当前时间
CURRENT_TIMESTAMP()	返回当前日期和时间组合
LOCALTIME()	返回当前日期和时间组合
NOW()	返回当前日期和时间组合
SYSDATE()	返回当前日期和时间组合
UNIX_TIMESTAMP()	返回 Unix 时间戳，1970 年之后的秒数
UNIX_TIMESTAMP(date)	返回 Unix 时间戳，1970 年之后的秒数
FROM_UNIXTIME(date)	把 Unix 格式时间戳转化为普通格式时间
UTC_DATE()	返回当前 UTC 日期值（世界标准时间）
UTC_TIME()	返回当前 UTC 时间值
MONTH(date)	返回 date 对应的月份，1～12
MONTHNAME(date)	返回日期 date 对应月份的英文名
DAYNAME(d)	返回日期 d 对应的英文名称，例如 Sunday、Monday 等
DAYOFWEEK(d)	返回日期 d 对应一周中的第几天，1 表示周日，2 表示周一，7 表示周六
WEEKDAY(d)	返回日期 d 对应一周中的第几天，0 表示周一，1 表示周二，6 表示周日
WEEK(d)	日期 d 是一年中的第几周

续表

名称	描述
WEEK(d, mod)	返回日期 d 是一年中的第几周，mod 可以决定一周是从周几开始的
WEEKOFYEAR(d)	返回某天位于一年中的第几周
DAYOFYEAR(d)	返回日期 d 是一年中的第几天
DAYOFMONTH(d)	返回日期 d 是当月中的第几天
YEAR(date)	返回 date 对应的年份
QUARTER(date)	返回 date 在一年中的第几季度
MINUTE(time)	返回 time 中的分钟数
SECOND(time)	返回 time 中的秒数
EXTRACT(type FROM date)	提取 date 中的一部分
TIME_TO_SEC(time)	将 time 转化为秒数
SEC_TO_TIME(seconds)	将秒数转为时分秒形式的时间
DATE_FORMAT(date, format)	将日期时间格式化
FROM_DAYS()	将日期号码转换为日期
FROM_UNIXTIME()	将 Unix 时间戳格式化为日期
GET_FORMAT()	返回日期格式字符串
HOUR()	提取小时
LAST_DAY(date)	返回参数的月份的最后一天
MAKEDATE()	创建年份和年中的日期，MAKEDATE(year, day-of-year)
MAKETIME()	从小时，分钟，秒创建时间
PERIOD_ADD()	添加一个月到一个月
PERIOD_DIFF()	返回句点之间的月数
QUARTER()	从日期参数返回季度
SEC_TO_TIME()	将秒转换为'HH：MM：SS'格式
SECOND()	返回第二个（0~59）
STR_TO_DATE()	将字符串转换为日期
SUBDATE()	使用三个参数调用时 DATE_SUB()的同义词
SUBTIME()	减去时间
SYSDATE()	返回函数执行的时间
TIME()	提取传递的表达式的时间部分
TIME_FORMAT()	格式化为时间
TIME_TO_SEC()	返回转换为秒的参数
TIMEDIFF()	减去时间

续表

名称	描述
TIMESTAMP()	单个参数，函数返回日期或日期时间表达式；两个参数，参数的总和
TIMESTAMPADD()	在 datetime 表达式中添加间隔
TIMESTAMPDIFF()	从日期时间表达式中减去间隔
TO_DAYS()	返回转换为 days 的日期参数
TO_SECONDS()	返回自 0 年以来转换为秒的日期或日期时间参数
UTC_TIMESTAMP()	返回当前的 UTC 日期和时间
YEARWEEK()	返回年份和星期

在上述的日期函数中，可以将函数分为获取系统日期和时间的函数、截取日期和时间的函数，以及日期和时间计算函数三类，下面针对这三类函数，分别举例介绍。

1. 获得当前日期时间的函数

在开发过程中，对于记录的插入、修改时间需要进行存储，需要直接获取当前的系统时间。此时，可以使用 NOW() 等函数来获取当前服务器上的系统时间。

（1）NOW()。NOW() 函数用来获取当前系统时间，如图 9-34 所示，输出 NOW() 函数的运行结果，为当前的系统时间，包括年、月、日、小时、分钟、秒。

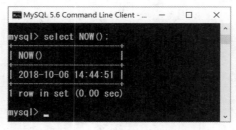

图 9-34　NOW 函数使用示例

例如，在 books 表中，增加一个 DATETIME 类型的 createtime 字段，用来代表当前记录的插入时间。代码如下所示，在数据表 books 中插入一条记录，ISBN 为 9787508329579。

```
insert into books (ISBN,bookname,createtime)
    values('9787508329579','MySQL 数据库',NOW());
```

数据插入完毕后，来查询插入的记录，如图 9-35 所示，在 createtime 字段中的数值就是插入时的时间。

图 9-35　查询数据插入时间

在 MySQL 中，除了 NOW()函数能获得当前的日期时间外，CURRENT_TIMESTAMP()、LOCALTIME()等函数都能获得与 NOW()相同的时间值，如图 9-36 所示。

图 9-36　MySQL 中获取系统时间函数示例

（2）SYSDATE()。SYSDATE()用来获得当前日期+时间（date + time），SYSDATE()日期时间函数跟 NOW()类似，不同之处在于，NOW()在执行开始时值就得到了，SYSDATE()在函数执行时动态得到值。

如图 9-37 所示，当通过 NOW()函数获取当前时间后，等待 3 秒，再获取当前时间，两次获得的时间是相同的。而如图 9-38 所示，使用 sysdate()函数获取当前时间，再等待 3 秒后，可以看到两次获得的时间相差 3 秒。

图 9-37　NOW 函数三秒内获取两次系统时间

图 9-38　SYSDATE 函数三秒内获取两次系统时间

（3）CURDATE()函数与 CURTIME()函数。CURDATE()与 CURTIME()分别是用来获取当前系统的日期和时间的函数。其中日期表示"年、月、日"，时间是指"小时、分钟、秒"，结果如图 9-39 所示。

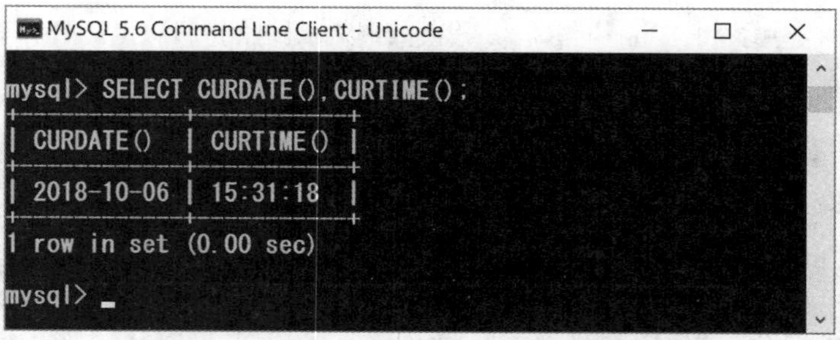

```
        MySQL 5.6 Command Line Client - Unicode
mysql> SELECT CURDATE(),CURTIME();
+------------+-----------+
| CURDATE()  | CURTIME() |
+------------+-----------+
| 2018-10-06 | 15:31:18  |
+------------+-----------+
1 row in set (0.00 sec)

mysql>
```

图 9-39 CURDATE()函数与 CURTIME()函数

在 MySQL 中的 CURDATE()、CURRENT_DATE()函数，同样具有获得日期的功能。而 CURRENT_TIME()、CURTIME()函数，同样具有获得时间的功能。

2. 日期时间截取函数

日期截取是为了选取日期时间的各个部分。例如日期、时间、年、季度、月、日、小时、分钟、秒、微秒。对于时间不同部分的截取，MySQL 提供了如 DATE()、TIME()、YEAR()等专属函数。还提供了一个 EXTRACT()函数来实现截取操作。

例如，在系统中定义一个时间变量@date，代码如下：

    set @date = '2018-10-06 07:15:30.123456';

（1）使用专属截取函数，截取一个时间值的日期、时间、年、月、日等不同部分的信息，具体代码示例如下：

    select date(@date),time(@date), year(@date),quarter(@date),month(@date),week(@date),
    day(@date),hour(@date),minute(@date), second(@date),microsecond(@date) \G;

在命令行中输入上述 SQL 后，查看每一个截取函数的结果如图 9-40 所示。

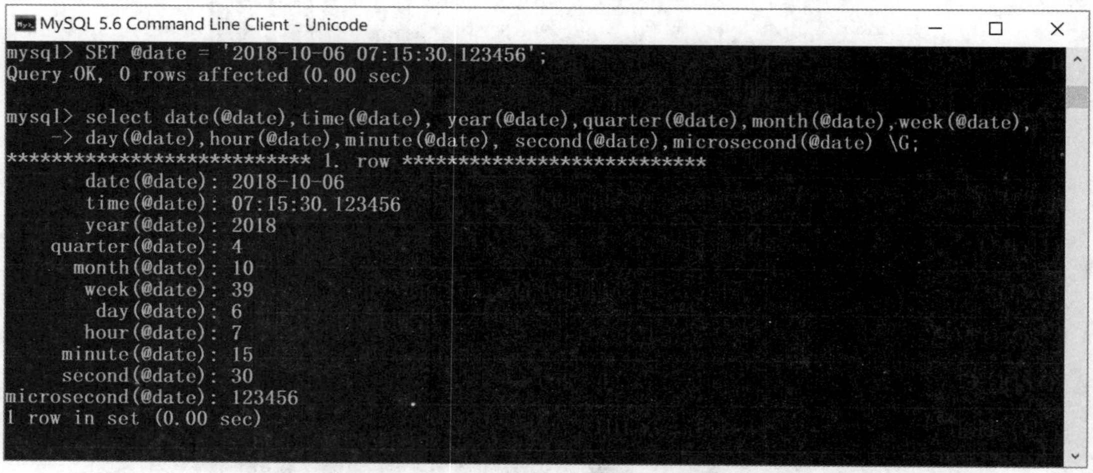

```
        MySQL 5.6 Command Line Client - Unicode
mysql> SET @date = '2018-10-06 07:15:30.123456';
Query OK, 0 rows affected (0.00 sec)

mysql> select date(@date),time(@date), year(@date),quarter(@date),month(@date),week(@date),
    -> day(@date),hour(@date),minute(@date), second(@date),microsecond(@date) \G;
*************************** 1. row ***************************
        date(@date): 2018-10-06
        time(@date): 07:15:30.123456
        year(@date): 2018
     quarter(@date): 4
       month(@date): 10
        week(@date): 39
         day(@date): 6
        hour(@date): 7
      minute(@date): 15
      second(@date): 30
 microsecond(@date): 123456
1 row in set (0.00 sec)
```

图 9-40 专属截取函数执行结果

（2）使用 EXTRACT(unit FROM date)函数实现上面类似的功能。该 EXTRACT 函数从日期中提取部分，而不是执行日期算术。其中 unit 是要提取的单元名称，FROM 是关键字，date 是要提取内容的数据源。其中 unit 的值在 MySQL 中已经设定好了，具体使用的关键字如下：

① MICROSECOND
② SECOND
③ MINUTE
④ HOUR
⑤ DAY
⑥ WEEK
⑦ MONTH
⑧ QUARTER
⑨ YEAR
⑩ SECOND_MICROSECOND
⑪ MINUTE_MICROSECOND
⑫ MINUTE_SECOND
⑬ HOUR_MICROSECOND
⑭ HOUR_SECOND
⑮ HOUR_MINUTE
⑯ DAY_MICROSECOND
⑰ DAY_SECOND
⑱ DAY_MINUTE
⑲ DAY_HOUR
⑳ YEAR_MONTH

使用 EXTRACT(unit FROM date)函数提取日期各部分 unit 的具体示例如下：

```
select extract(year from @date),extract(quarter from @date),
extract(month from @date),extract(week from @date),extract(day from @date),
extract(hour from @date),extract(minute from @date),
extract(second from @date),extract(microsecond from @date),
extract(year_month from @date),extract(day_hour from @date),
extract(day_minute from @date),extract(day_second from @date),
extract(day_microsecond from @date),extract(hour_minute from @date),
extract(hour_second from @date),extract(hour_microsecond from @date),
extract(minute_second from @date),extract(minute_microsecond from @date),
extract(second_microsecond from @date) \G;
```

例如，对于变量@date = '2018-10-06 07:15:30.123456'，对其使用截取函数，截取的各个单位数据，如图 9-41 所示。

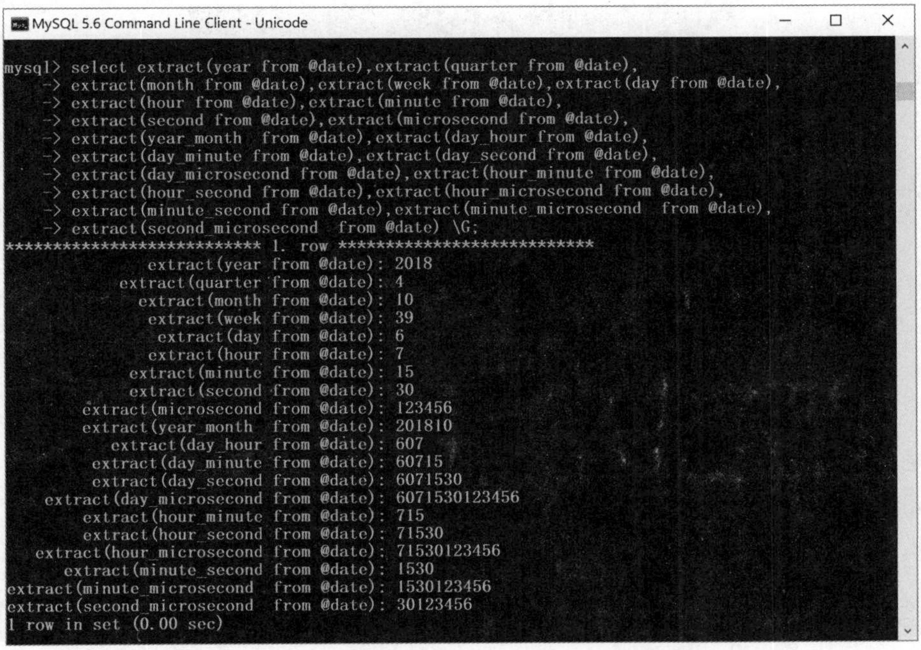

```
MySQL 5.6 Command Line Client - Unicode
mysql> select extract(year from @date),extract(quarter from @date),
    -> extract(month from @date),extract(week from @date),extract(day from @date),
    -> extract(hour from @date),extract(minute from @date),
    -> extract(second from @date),extract(microsecond from @date),
    -> extract(year_month from @date),extract(day_hour from @date),
    -> extract(day_minute from @date),extract(day_second from @date),
    -> extract(day_microsecond from @date),extract(hour_minute from @date),
    -> extract(hour_second from @date),extract(hour_microsecond from @date),
    -> extract(minute_second from @date),extract(minute_microsecond from @date),
    -> extract(second_microsecond from @date) \G;
*************************** 1. row ***************************
          extract(year from @date): 2018
       extract(quarter from @date): 4
         extract(month from @date): 10
          extract(week from @date): 39
           extract(day from @date): 6
          extract(hour from @date): 7
        extract(minute from @date): 15
        extract(second from @date): 30
   extract(microsecond from @date): 123456
    extract(year_month from @date): 201810
      extract(day_hour from @date): 607
    extract(day_minute from @date): 60715
    extract(day_second from @date): 6071530
extract(day_microsecond from @date): 6071530123456
   extract(hour_minute from @date): 715
   extract(hour_second from @date): 71530
extract(hour_microsecond from @date): 71530123456
  extract(minute_second from @date): 1530
extract(minute_microsecond from @date): 1530123456
extract(second_microsecond from @date): 30123456
1 row in set (0.00 sec)
```

图 9-41　EXTRACT(unit FROM date)函数使用示例

（3）DAYOFWEEK(date)、DAYOFMONTH(date)、DAYOFYEAR(date)分别返回日期参数 date 在一周、一月、一年中的位置。

例如，@date='2018-10-06'，DAYOFWEEK(@date)、DAYOFMONTH(@date)、DAYOFYEAR(@date)获取的数值如图 9-42 所示。

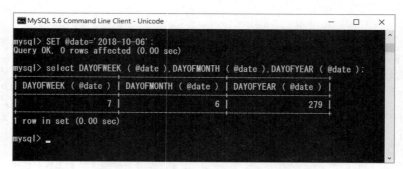

图 9-42　获取周、月、日位置数据

其中，DAYOFWEEK(@date)的结果是 7，表示 2018-10-06 是一周中的第 7 天；DAYOFMONTH(@date)的结果 6，代表 2018-10-06 是一个月中的第 6 天；而 DAYOFYEAR(@date)的结果 279，代表 2018-10-06 是一年中的第 279 天。

（4）LAST_DAY(date)。LAST_DAY(date)函数返回时间值 date 所在月份中的最后一天。该函数也是日常开发中比较常用的函数。如图 9-43 所示，例如获得当前月份的最后一天，可以使用 SQL 语句 select LAST_DAY(NOW())来实现，而要获取一个月有多少天时，可以使用 SQL 语句 select NOW(), DAY(LAST_DAY(NOW()))来实现。

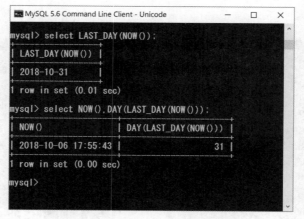

图 9-43　LAST_DAY 函数的使用

3. 日期时间计算函数

日期时间计算函数主要实现的是在某个日期上，获取其前、后日期，或者增加多少时间后的日期结果，日期时间比较等。下面介绍几个比较常用的计算函数。

（1）DATE_ADD(date , interval n unit)。该函数为日期 date 增加一个时间间隔，其中时间间隔 n unit 可以是 day（天）、hour（小时）、minute（分钟）、second（秒）、microsecond（毫秒）、week（周）、month（月）、quarter（季度）、year（年）。

首先定义时间变量@date，使其值为当前系统时间，然后通过函数 DATE_ADD 获取变量 @date 的各部分数据，示例如下：

```
SET @date = now();
SELECT DATE_ADD(@date, interval 1 day),
DATE_ADD(@date, interval 1 hour),
DATE_ADD(@date, interval 1 minute),
DATE_ADD(@date, interval 1 second),
DATE_ADD(@date, interval 1 microsecond),
DATE_ADD(@date, interval 1 week),
DATE_ADD(@date, interval 1 month),
DATE_ADD(@date, interval 1 quarter),
DATE_ADD(@date, interval 1 year),
DATE_ADD(@date, interval -1 day) \G;
```

在命令行中输入上述 SQL，执行结果如图 9-44 所示。

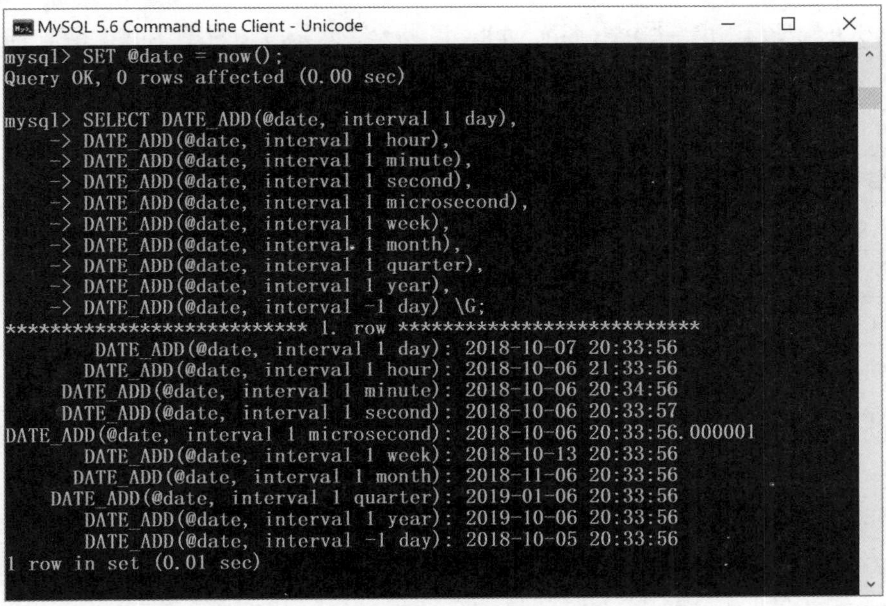

图 9-44　DATE_ADD 函数的使用

（2）DATEDIFF(date1,date2)与 TIMEDIFF(time1,time2)。DATEDIFF(date1,date2)函数用于将两个日期相减，例如 DATEDIFF(date1,date2)，两个日期参数执行减法 date1−date2，返回结果是两个日期之间相差的天数。

TIMEDIFF(time1,time2)，用于将两个时间相减，例如，TIMEDIFF(time1,time2)，两个日期相减 time1−time2，返回 time 差值，TIMEDIFF(time1,time2) 函数的两个参数类型必须相同。示例如下：

```
select DATEDIFF('2018-10-08', '2018-10-01'),DATEDIFF('2018-10-01', '2018-10-08');
select TIMEDIFF('2018-10-08 08:08:08', '2018-10-08 00:00:00')
,TIMEDIFF('08:08:08', '00:00:00');
```

SQL 执行结果如图 9-45 所示。

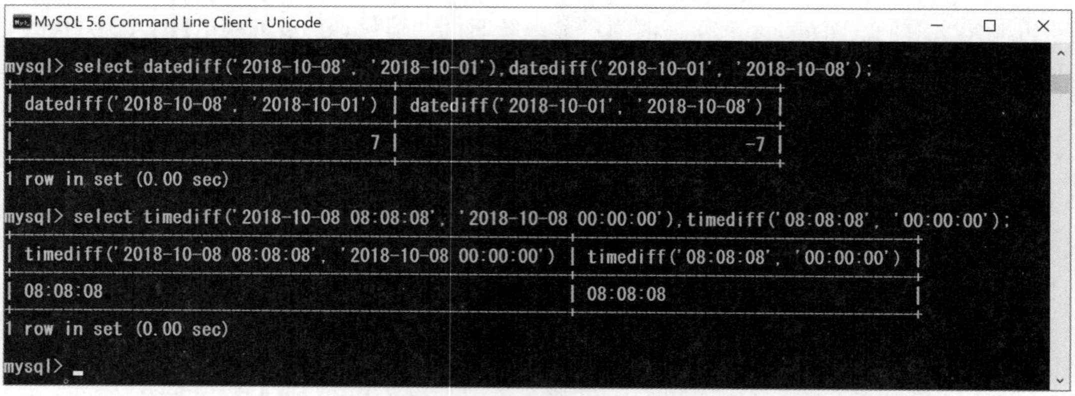

图 9-45　DATEDIFF 与 TIMEDIFF 运行示例

9.2.5　系统信息函数

在 MySQL 中还存在一类获取当前 MySQL 服务器的系统信息的函数，包括当前登录的连接的用户，获取当前数据库的名称，获取 MySQL 服务器版本等，见表 9-9。

表 9-9　系统信息函数

名称	描述
BENCHMARK()	反复执行表达式
CHARSET()	返回参数的字符集
COERCIBILITY()	返回字符串参数的归类强制性值
COLLATION()	返回字符串参数的排序规则
CONNECTION_ID()	返回连接的连接 ID（线程 ID）
CURRENT_USER()	经过身份验证的用户名和主机名，CURRENT_USER 与其相同
DATABASE()	返回默认（当前）数据库名称
FOUND_ROWS()	对于带有 LIMIT 子句的 SELECT，返回的行数没有 LIMIT 子句
LAST_INSERT_ID()	最后一次 INSERT 的 AUTOINCREMENT 列的值
ROW_COUNT()	行数已更新
SCHEMA()	DATABASE() 的同义词
SESSION_USER()	USER() 的同义词
SYSTEM_USER()	USER() 的同义词
USER()	客户端提供的用户名和主机名
VERSION()	返回表示 MySQL 服务器版本的字符串

系统信息函数的使用如图 9-46 所示。

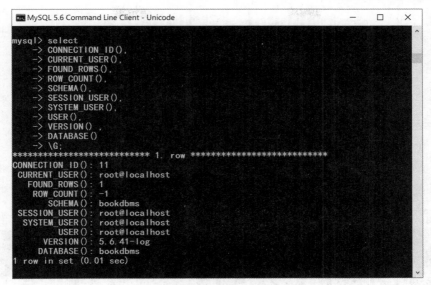

图 9-46 系统函数调用示例

9.2.6 聚合函数

聚合函数和其他函数的根本区别是它们一般作用在多条记录上的指定字段上。例如 SUM、COUNT、MAX、AVG 等。这些函数多用于 GROUP BY、HAVING、ORDER BY 等 SQL 语句中。常用的聚合函数见表 9-10，其中聚合函数的参数都是具体的字段。

表 9-10 聚合函数

名称	描述
AVG()	返回参数的平均值
BIT_AND()	按位返回 AND
BIT_OR()	按位返回 OR
BIT_XOR()	按位返回异或
COUNT()	返回返回的行数
COUNT(DISTINCT)	返回许多不同值的计数
GROUP_CONCAT()	返回一个连接的字符串
MAX()	返回最大值
MIN()	返回最小值
STD()	返回标准差
STDDEV()	返回标准差
STDDEV_POP()	返回标准差
STDDEV_SAMP()	返回样本标准差
SUM()	计算总和

续表

名称	描述
VAR_POP()	返回标准差异
VAR_SAMP()	返回样本方差
VARIANCE()	返回标准差异

1. AVG()

AVG()函数用来在不同记录中找出某一字段的平均值。如图 9-47 所示，表 books 共含有三条记录，现在需要获得该表中所有图书的平均价格，即可通过 AVG()函数实现。

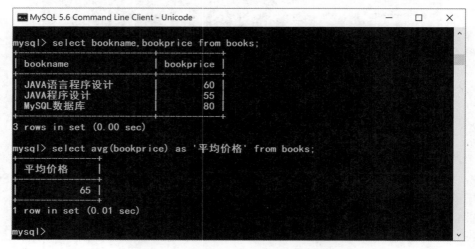

图 9-47 使用 AVG 函数计算图书的平均价格

2. SUM()

SUM()函数用来计算多条记录中的某个字段值的总和。如图 9-48 所示，计算表 books 中所有图书的价格总和，即可通过 SUM()函数实现。

图 9-48 使用 SUM 函数计算图书的总价

3. COUNT()

COUNT()函数用来计算当前检索的记录的总条数。如图 9-49 所示，获取表 books 中的图书个数，即可通过 COUNT()函数实现。

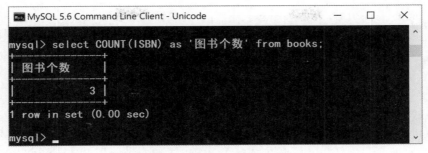

图 9-49　使用 SUM 函数获得表中图书的总量

4. MAX()与 MIN()

在 MySQL 中，MAX()函数用来获取记录集合中的某个字段的最大记录。而 MIN()函数用来获取记录集合中的某个字段的最小记录。如图 9-50 所示，需要获得表 books 中价格最高和价格最低的图书，即可用这两个函数实现。

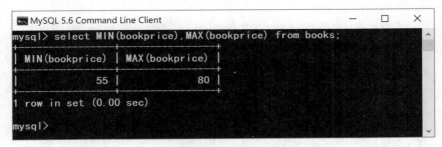

图 9-50　MAX()与 MIN()使用示例

9.3　MySQL 自定义函数

在上一节中，介绍了 MySQL 中各种内置系统函数，通过这些函数的调用，可以更便捷地获得想要的结果，并且这些函数是灵活的、可复用的。

在实际开发的过程中，可能会需要更多、更灵活的功能。MySQL 系统提供的常用函数不能满足所有的开发场景。此时，就可以通过自定义函数来进行扩展。下面将介绍 MySQL 中如何进行函数的定义和调用。

9.3.1　创建及调用函数

MySQL 创建自定义函数，使用关键字 CREATE FUNCTION 来实现。在定义过程中，需要指定的函数要素包括函数名、参数列表（包括参数名和参数类型）、函数返回值类型，以及函数体。MySQL 函数定义的语法结构如下：

```
CREATE
    [DEFINER = { user | CURRENT_USER }]
    FUNCTION sp_name ([func_parameter[,...]])
    RETURNS type
    [characteristic ...] routine_body
```

其中 sp_name 为函数名。func_parameter 为函数参数列表，其形式为 param_name type，其包含参数名称（param_name）和参数类型（type）两部分。RETURNS type 为函数的返回值类型。

自定义函数的调用与系统函数的调用方式一样，都可以在 SELECT 语句中调用并显示函数结果。

  SELECT 函数名(函数参数列表);

在 MySQL 中，对函数参数的要求可以理解为强类型语言，即必须在定义函数参数（形参）时，指定其数据类型，并且可以有多个形参。在调用函数的时候，必须传入对应的实际参数，个数与类型都必须完全一致。

1. 无参函数定义

创建无参函数 myTime，该函数返回当前系统时间，并且时间的表示格式为"XXXX 年 XX 月 XX 日 H 点 M 分 S 秒"。函数定义代码如下：

  CREATE FUNCTION myTime()
  RETURNS VARCHAR(30)
  RETURN DATE_FORMAT(NOW(),'%Y 年%m 月%d 日 %H 点%i 分%s 秒');

调用该函数查看结果，如图 9-51 所示。

图 9-51　自定义无参函数的运行结果

2. 有参函数定义

下面创建一个带有参数的函数，该函数接收两个整型数据，并计算这个数值的平均值并返回，函数定义代码如下：

  CREATE FUNCTION avg(num1 INT ,num2 INT)
  RETURNS FLOAT(3,2)
  RETURN (num1+num2)/2;

调用该函数查看结果，如图 9-52 所示。

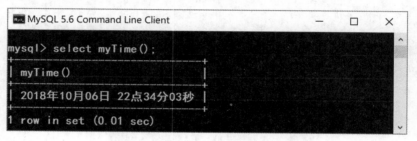

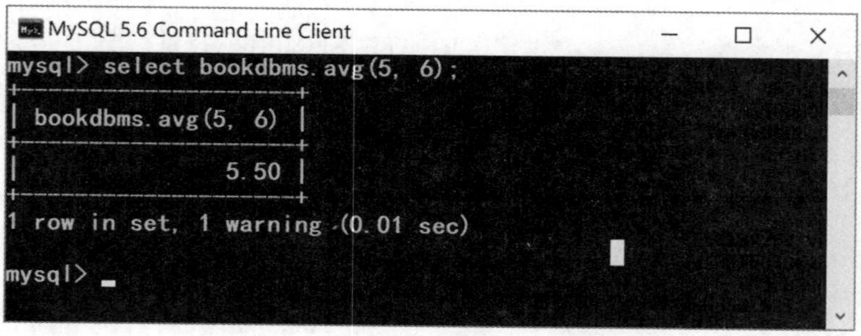

图 9-52　自定义有参函数的运行结果

9.3.2 复合语句语法

函数体由合法的 SQL 语法构成，既可以是简单的 select 或 insert 等语句，也可以是包括声明、循环、控制结构的复合结构。函数体如果为复合结构，则必须使用 BEGIN…END 语句。

1. BEGIN…END 语法结构

在函数定义的过程中，为完成函数的实际业务功能，需要使用多条语句组合才能实现。如果希望将一组数据定义在一个函数内部进行执行，需要使用 BEGIN … END 复合语句。

语句格式如下：

  [begin_label:] BEGIN
    [statement_list]
  END [end_label]

statement_list 代表一条或多条语句的列表。statement_list 内的每条语句都必须用分号";"结尾，也可以是空的，不含有任何语句。复合语句可以被标记，该标记代表一个具有一定功能的代码段，在控制结构中会被使用。而除非 begin_label 存在，否则 end_label 不能被给出，二者的值应是一致的。

2. delimiter 定界符

默认情况下，MySQL 的定界符是分号";"。在命令行客户端中，如果有一行命令以分号结束，那么按回车键后，MySQL 将会执行该命令。例如输入下面的语句：

  select bookname,bookprice from books;

然后按回车键，那么 MySQL 将立即执行该语句。

而在定义函数时，若需要用到复合语句，在一个函数内部会包含多条 SQL 语句，且语句中包含有分号。此时，希望其能够在全部函数定义完成后，作为整体解析，就需要重置 MySQL 定界符";"为其他字符，可以使用 delimiter 重新设定新的定界符，语法格式如下：

  delimiter 新定界符

例如，设定新的定界符为"//"后，当输入一个语句后，加上分号，此时，SQL 没有被执行，只有输入"//"后，SQL 才被执行，如图 9-53 和图 9-54 所示。

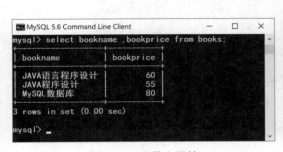

图 9-53　分号定界符

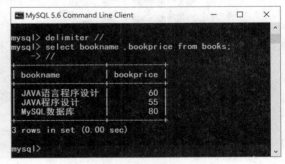

图 9-54　更换定界符为"//"

为了不影响正常 SQL 操作，建议每次修改定界符并使用完毕后，再执行 delimiter;，将定界符修改为默认的";"。

3. 创建含有复合语句的函数

以下例子创建了一个函数，用于向 books 表中插入图书数据，修改价格为 90，并返回 books

表中的 bookprice 平均值。示例代码如下：

```
delimiter //
CREATE FUNCTION 'addBook'(id varchar(20),bname varchar(20),bprice FLOAT)
RETURNS float
begin
    insert books(ISBN,bookname,bookprice) values(id,bname,bprice);
    update books set bookprice=90 where ISBN=id;
    return (select avg(bookprice) from books);
end //
delimiter ;
```

执行函数：

```
select addBook('9787508329789','Python 程序设计',45);
```

运行结果如图 9-55 所示。函数正确返回 bookprice 数值，查询表中的数据修改后的结果，如图 9-56 所示。

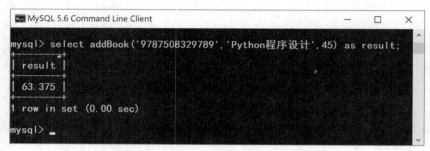

图 9-55　具有复合结构函数修改数据库

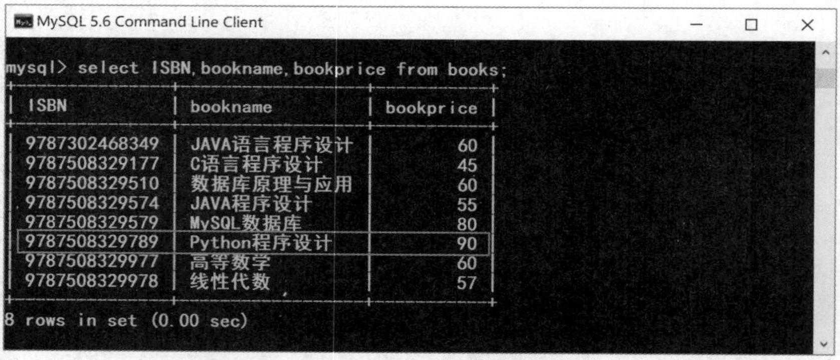

图 9-56　查看复合结构函数修改结果

9.3.3　函数中的变量

在进行程序设计时，变量是必不可少的内容。在 9.1.2 节中，介绍了变量的定义方式，即在当前的一次连接中，可以定义变量来存储必要的数据，而这个变量在当前连接中都是有效的。同理，在一次连接中定义的变量，在函数中也可以进行使用，本书称之为"外部变量"。在 SQL 语句块内部，也可以定义有效范围在 SQL 语句块内部的局部变量。但是，该变量的作用范围仅在当前 SQL 语句块中，本书称之为"局部变量"。

1. 外部变量

以"@"开始，形式为"@变量名"。此类用户变量跟 MySQL 客户端的一次连接是绑定的，设置的变量对当前用户使用的客户端生效。如图 9-57 所示，在一个客户端连接中定义外部变量@variable1，在当前连接中获取该变量值是正确的。而在一个新的数据连接中，访问该变量，得到的结果就是 NULL。

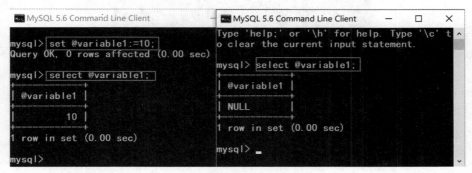

图 9-57　变量的作用域

但是，在一个函数内部使用"@变量名:=值"的方式定义的变量，依然是外部变量，在外部可以进行访问，代码示例如下：

  delimiter //
  CREATE FUNCTION vartest() RETURNS INT
  BEGIN
  SET @varInternal:=100;
    Return 1;
    END //
  delimiter ;

定义好函数后，在没有执行函数时，不存在变量@varInternal，当执行函数 vartest()之后，会定义变量@varInternal。此时，在函数外部可以直接访问该变量的值，如图 9-58 所示。

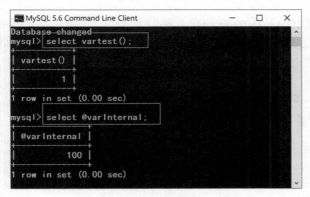

图 9-58　外部变量作用域

2. 局部变量

局部变量则是在 SQL 语句块之间定义的，其作用域仅限于该语句块内，如图 9-59 所示。例如 MySQL 函数的 BEGIN...END 语句块，其生命周期也仅限于该函数的调用期间。

```
CREATE FUNCTION 'vartest1'()
RETURNS INT
return @variable1;
```

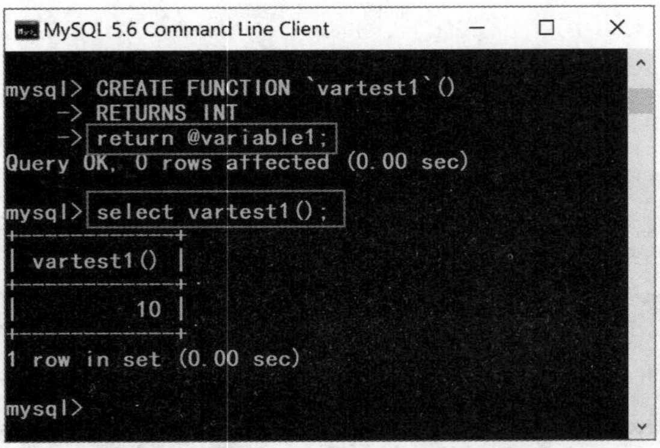

图 9-59　局部变量作用域

在 MySQL 中，declare 语句专门用于定义局部变量。其定义的语法格式如下：

  DECLARE var_name[,varname]...date_type [DEFAULT VALUE];

这些变量的作用范围是在 BEGIN...END 程序中，而且定义局部变量语句必须在 BEGIN...END 的第一行定义。如下示例，定义函数 vartest2，在该函数内部的 BEGIN...END 语句块中，首先定义了两个 INT 类型变量 varInt1 和 varInt2，给定两个局部变量的默认值为 10。接下来修改局部变量 varInt2 的值为 100，varInt1 的值是当前 books 表中的记录个数。最后，将外部变量@variable1 的值设置为 varInt1+varInt2，并作为返回值返回。

其中为变量赋值语法有两种，语法格式如下：

```
-- 第一种
SET variable := 具体值或者表达式;
-- 第二种
SELECT expr INTO variable FROM ...;
or
SELECT expr FROM ... INTO variable;
```

其中，第一种格式与 9.1.2 中的变量赋值方式一致。而第二种格式的含义是将某个 SELECT 语句的查询结果赋值给变量。代码示例如下：

```
delimiter //
CREATE FUNCTION 'vartest2'()
RETURNS INT
BEGIN
    DECLARE varInt1,varInt2 INT DEFAULT 10;
    SET varInt2:=100;
    SELECT count(ISBN) from books INTO varInt1;
    SET @variable1:=varInt1+varInt2;
    return @variable1;
END //
delimiter ;
```

执行上述函数，结果如图 9-60 所示。

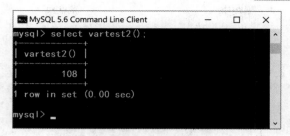

图 9-60 查询结果赋值给变量

9.3.4 流程控制结构

程序设计中的控制语句用来实现对程序流程的选择、循环、转向和返回等进行控制。MySQL 的流程控制语句，用于将多个 SQL 语句划分或组成符合业务逻辑的代码块。MySQL 的流程控制语句包括 IF 语句、CASE 语句、LOOP 语句、WHILE 语句、LEAVE 语句、ITERATE 语句、REPEAT 语句。

注意这里所说的控制结构与 9.2.1 中所说的条件判断函数不同，在 9.2.1 中所述的流程控制函数的结果，一般用来作为判断条件使用，而本小节所描述的流程控制结构，是控制函数或者代码的实际执行情况。

1. IF 语句

IF 语句的语法结构如下：

```
IF search_condition THEN statement_list
    [ELSEIF search_condition THEN statement_list] ...
    [ELSE statement_list]
END IF
```

IF 实现了一个基本的条件构造。如果 search_condition 求值为真，相应的 SQL 语句列表被执行。如果没有 search_condition 匹配，在 ELSE 子句里的语句列表被执行。statement_list 可以包括一条或多条语句。

例如，定义一个函数 teststruct1，该函数查询图书表 bookname 中，图书总价是否已经超过 1000，如果没有超过 1000，则在表中插入一条价格为 10000 的图书。代码如下：

```
delimiter //
CREATE FUNCTION 'teststruct1'()
RETURNS INT
BEGIN
    DECLARE bookTotalPrice int default 0;
    select SUM(bookprice) from books into bookTotalPrice ;
    IF bookTotalPrice <10000 THEN
        insert into books(ISBN,bookname,bookprice) values
         ('9787508327111','测试书籍',10000);
        ELSE delete from books where bookprice>=1000;
    END IF;
    RETURN 1;
END //
delimiter;
```

首先，查看一下当前数据表 books 中的所有图书情况，如图 9-61 所示，可以看到所有图书的总价不超过 1000。

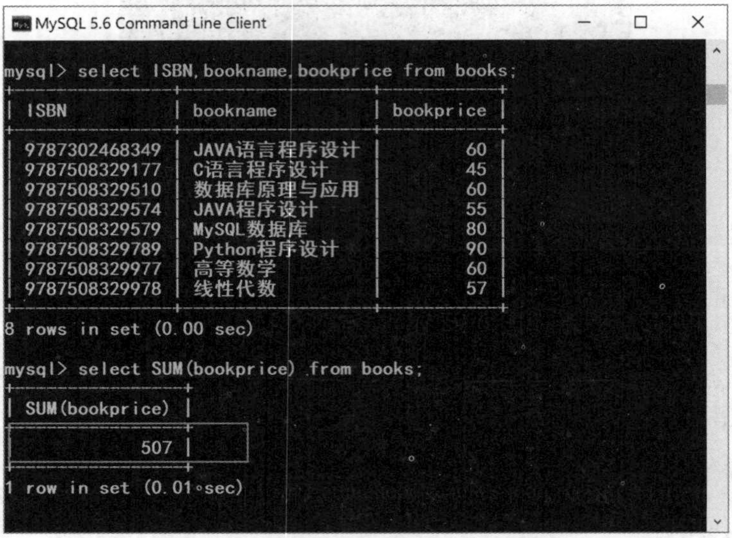

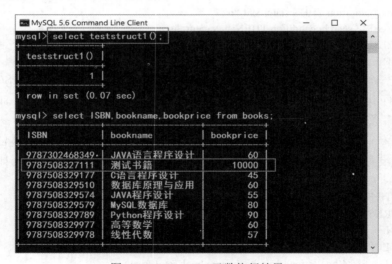

图 9-61　查看 books 表中数据

执行上述函数，结果如图 9-62 所示。

图 9-62　teststruct1 函数执行结果

2. CASE 语句

CASE 语句可以实现比 IF 语句更复杂的条件判断。CASE 语句的基本形式如下：

```
CASE case_value
    WHEN when_value THEN statement_list
    [WHEN when_value THEN statement_list] ...
    [ELSE statement_list]
END CASE
```

其中，case_value 参数表示条件判断的变量；when_value 参数表示变量的取值；statement_list 参数表示不同 when_value 值的执行语句。CASE 语句还有另一种形式，其语法如下：

```
CASE
    WHEN search_condition THEN statement_list
    [WHEN search_condition THEN statement_list] ...
    [ELSE statement_list]
END CASE
```

其中，search_condition 参数表示条件判断语句；statement_list 参数表示不同条件的执行语句。如果 search_condition 求值为真，相应的 SQL 被执行。如果没有搜索条件匹配，在 ELSE 子句里的语句被执行。

下面是一个 CASE 语句示例。查询 books 表中图书名为"测试书籍"的书的 ISBN，将其存储到变量@isbn 中，如果这个变量@isbn 的值不存在，则插入一条记录；否则，删除这条记录，代码如下：

```
delimiter //
CREATE FUNCTION 'teststruct2'()
RETURNS INT
BEGIN
    DECLARE isbn VARCHAR(20) DEFAULT NULL;
    SELECT ISBN FROM books where bookname='测试书籍' INTO isbn;
    CASE isbn
        WHEN NULL THEN
        INSERT INTO books(ISBN,bookname,bookprice) values
         ('9787508327111','测试书籍',10000);
        ELSE
        DELETE FROM books where bookname='测试书籍';
    END CASE;
    return 1;
END//
delimiter ;
```

执行函数 teststruct2，结果如图 9-63 所示。

图 9-63　teststruct2 函数执行结果

3. LOOP 语句

LOOP 语句可以使某些特定的语句重复执行,实现一个简单的循环。但是 LOOP 语句本身没有停止循环的语句,必须遇到 LEAVE 语句才能停止循环。LOOP 语句的语法形式如下:

```
[begin_label:] LOOP
    statement_list
END LOOP [end_label]
```

LOOP 语句可以被标注。其中,begin_label 参数和 end_label 参数分别表示循环开始和结束的标志,这两个标志必须相同,而且都可以省略。statement_list 参数表示需要循环执行的语句。

```
add_num: LOOP
    SET @count=@count+1;
END LOOP add_num ;
```

该示例循环执行 count 加 1 的操作。因为没有跳出循环的语句,此循环为死循环。LOOP 循环都以 END LOOP 结束。在循环内的语句一直重复直到循环被退出,退出通常伴随着一个 LEAVE 语句。LEAVE 语句格式如下:

```
LEAVE label1
```

这个语句被用来退出任何被标注的流程控制构造。它和 BEGIN…END 或循环一起被使用,类似于高级程序设计语言中的 break。下面是一个 LOOP 语句的示例。

向数据表 books 中插入 10 条图书记录,书名为"测试书籍 i",其中 i 值是迭代变量,从 1 开始,ISBN 号从 9787508327121 开始,持续迭代。具体代码如下:

```
delimiter //
CREATE FUNCTION 'teststruct0' ()
RETURNS INTEGER
BEGIN
    DECLARE i INT DEFAULT 0;
    Insertloop: LOOP
        set i:=i+1;
        IF i>10 THEN LEAVE Insertloop;
        END IF;
        insert into books(ISBN,bookname,bookprice)
        values(CONCAT('978750832712',i),CONCAT('测试书籍',i),10);
    END LOOP Insertloop;
    return 1;
END //
delimiter ;
```

执行函数 teststruct0,结果如图 9-64 所示。

ITERATE 语句也是用来跳出循环的语句。但是,ITERATE 语句先跳出本次循环,然后直接进入下一次循环,而且只可以出现在 LOOP、REPEAT、WHILE 循环语句内。

ITERATE 语句的基本语法形式如下:

```
ITERATE label1
```

图 9-64　teststruct0 函数执行结果

示例代码如下：
```
add_num: LOOP
    SET @count=@count+1;
    IF @count=10 THEN
        LEAVE add_num ;
    ELSE IF MOD(@count,3)=0 THEN
        ITERATE add_num;
    select @count;
END LOOP add_num ;
```
该示例循环执行 count 加 1 的操作，count 值为 10 时结束循环。如果 count 的值能够整除 3，则跳出本次循环，不再执行下面的 select 语句，直接执行下一次循环。

4．REPEAT 语句

REPEAT 语句是有条件控制的循环语句。当满足特定条件时，就会跳出循环语句。REPEAT 语句的基本语法形式如下：

```
[begin_label:] REPEAT
    statement_list
UNTIL search_condition
END REPEAT [end_label]
```

REPEAT 语句内的语句或语句群被重复，直至 search_condition 为真。REPEAT 语句可以被标注。使用 REPEAT 来实现循环计数功能，程序如下：

```
delimiter //
CREATE   FUNCTION doRepeat()
RETURNS int(11)
BEGIN
```

REPEAT
　　　SET @count:=@count+1;
　　　UNTIL @count>10
　　END REPEAT ;
　return 1;
　END //
　delimiter ;

执行函数 doRepeat，结果如图 9-65 所示。

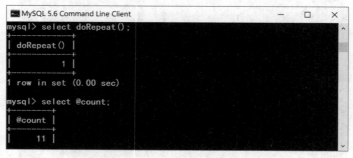

图 9-65　doRepeat 函数执行

5. WHILE 语句

WHILE 语句也是有条件控制的循环语句。但 WHILE 语句和 REPEAT 语句不一样，WHILE 语句是当满足条件时，执行循环内的语句。WHILE 语句的基本语法形式如下：

　　[begin_label:] WHILE search_condition DO
　　　　statement_list
　　END WHILE [end_label]

其中，search_condition 参数表示循环执行的条件，满足该条件时循环执行；statement_list 参数表示循环的执行语句。

下面是一个 WHILE 语句的示例。代码如下：

　　delimiter //
　　CREATE　FUNCTION teststruct5()
　　RETURNS int(11)
　　BEGIN
　　　　WHILE @count<10 DO
　　　　　　SET @count=@count+1;
　　　　END WHILE ;
　　　　return 1;
　　END //
　　delimiter ;

该示例循环执行 count 加 1 的操作，count 值小于 10 时执行循环。如果 count 值等于 10 则跳出循环。WHILE 循环需要使用 END WHILE 来结束。

9.3.5　查看函数

函数不能像表一样查看，但是可以查看函数创建语句：

　　show create function 函数名；

例如，需要查看前面定义的函数 teststruct0 的定义结构时，就可直接输入 show create function teststruct0 \G 语句，运行结果如图 9-66 所示。

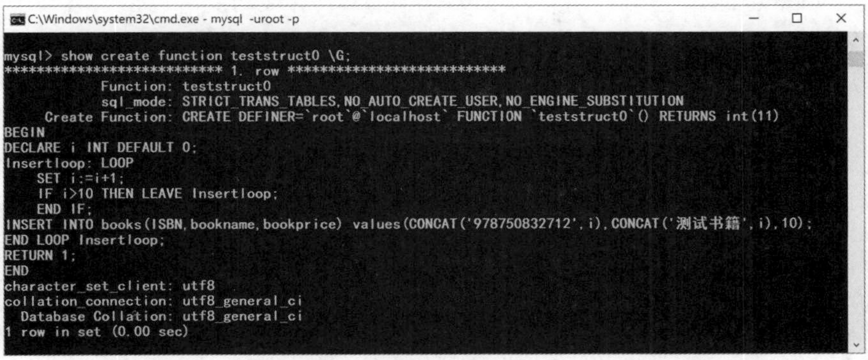

图 9-66　查看函数定义结构

函数有另外一种方式查看所有函数：

　　show function status like 'pattern';

在命令行中输入 show function status like 'test%' \G，就可以查询以 test 为开头的所有函数的状态信息，包括函数的创建时间、修改时间、所属数据库等，如图 9-67 所示。

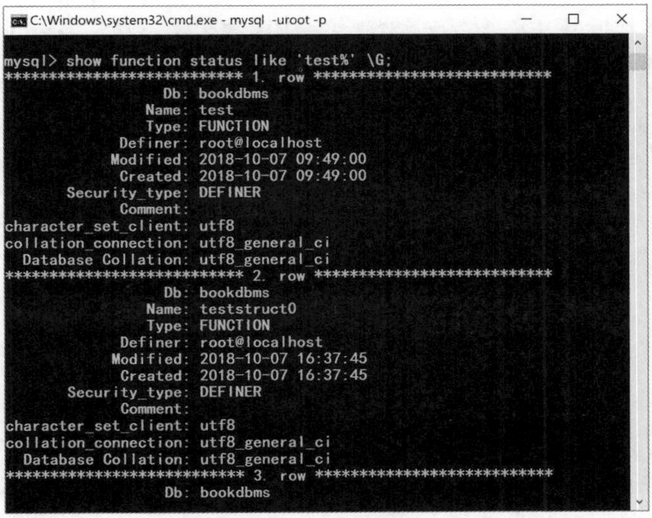

图 9-67　查看函数状态语句

9.3.6　删除函数

在 MySQL 中，允许对已经创建的函数进行删除。删除函数的语句，语法格式如下：

　　drop function function_name;

在语句中，只需写上要删除的函数名即可，函数的参数可以不用写出来。

例如，删除函数 addUser(username varchar(20),age tinyint(3) unsigned)可以直接用以下语句删除：

　　drop function addUser;

9.3.7 通过 MySQL Workbench 管理函数

MySQL Workbench 客户端提供了对 MySQL 的函数管理功能。包括查看某个数据库中的所有函数列表、创建函数、执行函数、删除函数、修改函数等功能，如图 9-68 所示，展开具体的数据库后，即可看到在该数据库下有 Functions 选项，展开该选项，即可看到所有的函数列表。

当创建一个函数时，可以在具体的数据库下的 Functions 上单击鼠标右键，选择 Create Function...，如图 9-69 所示。

图 9-68　Workbench 函数管理菜单

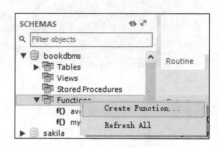

图 9-69　创建函数菜单

创建函数的对话框如图 9-70 所示，在 MySQL Workbench 中给出了函数定义的基本结构，开发人员只需要按照实际需求，改写该结构，完成函数定义，单击 Apply 按钮即可。

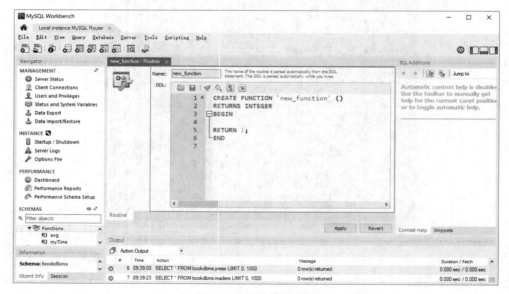

图 9-70　函数编写界面

在函数正式被创建之前，MySQL Workbench 会给出 Review 对话框，对函数内容再次审核，并可以进行修改，确认无误后，在图 9-71 所示对话框中单击 Apply 按钮。

当函数没有任何语法错误，会出现如图 9-72 所示的函数创建成功提示框，单击 Finish 按钮，此时刷新 MySQL Workbench 的左侧面板的数据库资源列表，即可看到创建的函数，如图 9-73 所示。

第 9 章　SQL 编程基础　173

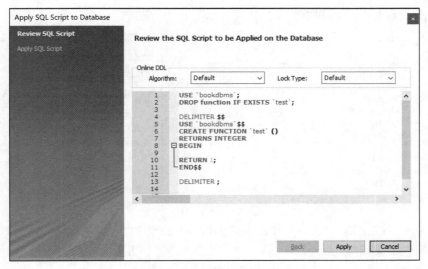

图 9-71　确认函数界面

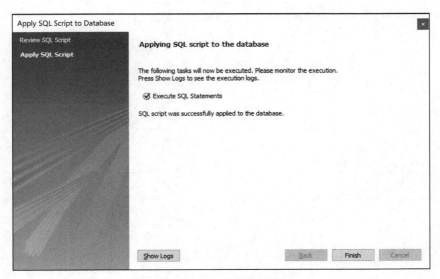

图 9-72　函数保存界面

图 9-73　查看创建的函数

在创建的函数旁会有编辑和运行的快捷按钮，如图 9-74 和图 9-75 所示。

图 9-74　函数编辑按钮

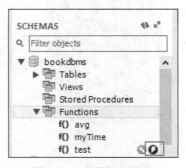

图 9-75　函数运行按钮

单击图 9-75 所示的运行函数按钮，如果函数没有任何的参数，则会打开如图 9-76 所示的运行结果界面。如果函数带有参数，就会先打开如图 9-77 所示的参数输入对话框，参数输入完成后，单击 Execute 按钮，即可显示如图 9-78 所示的运行结果。

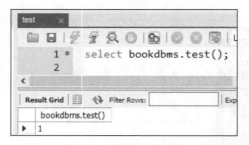

图 9-76　函数运行结果

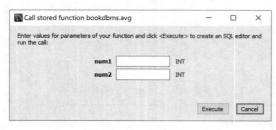

图 9-77　参数输入

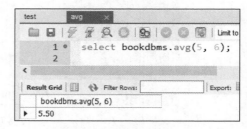

图 9-78　带参函数运行结果

9.4　示例——获取图书借阅排名的函数定义

在图书管理系统中，books 表中每一本图书被借阅后，都会在 borrowrecord 表中增加一条记录。如果，现在需要统计 books 表中图书的热度，即可根据图书的借阅次数来确定。现在需要定义一个函数，使其能够计算 books 中的每本书的热度，并从中挑选出热度最高的图书的 ISBN 号。

图 9-79 所示为数据库中拥有的所有读者记录；图 9-80 所示为表 books 中存在的所有的图书记录。

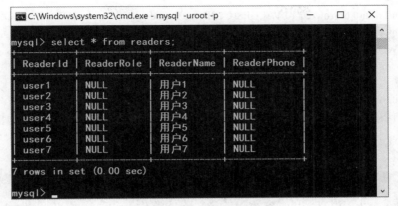

图 9-79 读者记录

图 9-80 图书记录

本节示例包括用于生成测试数据的 testdata() 函数（为 books 下的借阅记录生成随机数据），以及进行热度统计的函数 HotBook()。下面介绍此示例代码的实现方式。

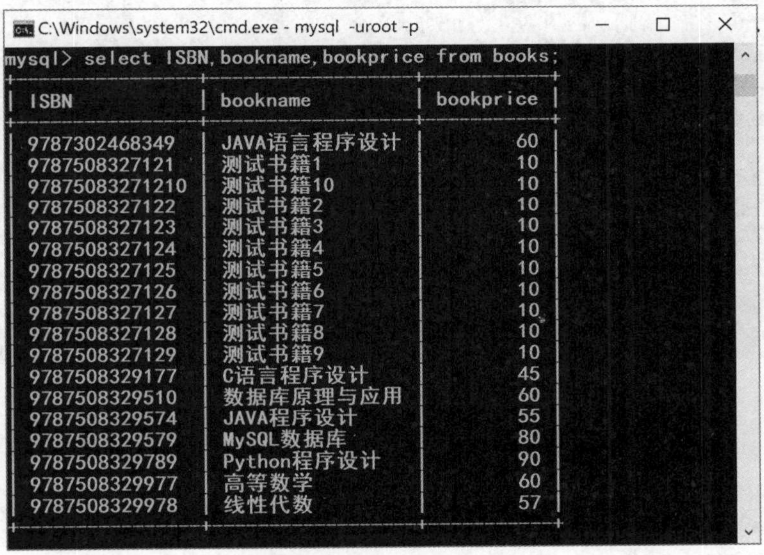

首先，定义 testdata() 函数，为 borrowrecord 表生成 100 条随机的用户借阅记录。代码如下：

use bookdbms;
select @bookCount:=count(ISBN) from books;
select @readerCount:=count(readerid) from readers;
drop function if exists testdata1;
delimiter //
CREATE FUNCTION testdata1() RETURNS INT
BEGIN
WHILE @i<100 DO
    SET @i=@i+1;
    select ISBN INTO @bookid from books ORDER BY RAND() LIMIT 1;
    select ReaderId INTO @readid from readers ORDER BY RAND() LIMIT 1;

```
        insert into borrowrecord VALUES(UUID(),@readid,@bookid,'user1',DATE_ADD(NOW(),
        interval ROUND(RAND()*(-10)+1) DAY),NOW(),0) ;
    END WHILE ;
    return 0;
    END //
    delimiter ;
```

执行上述代码，查询 borrowrecord 表中的数据，可以看到生成了 100 条随机的借阅记录，如图 9-81 所示。

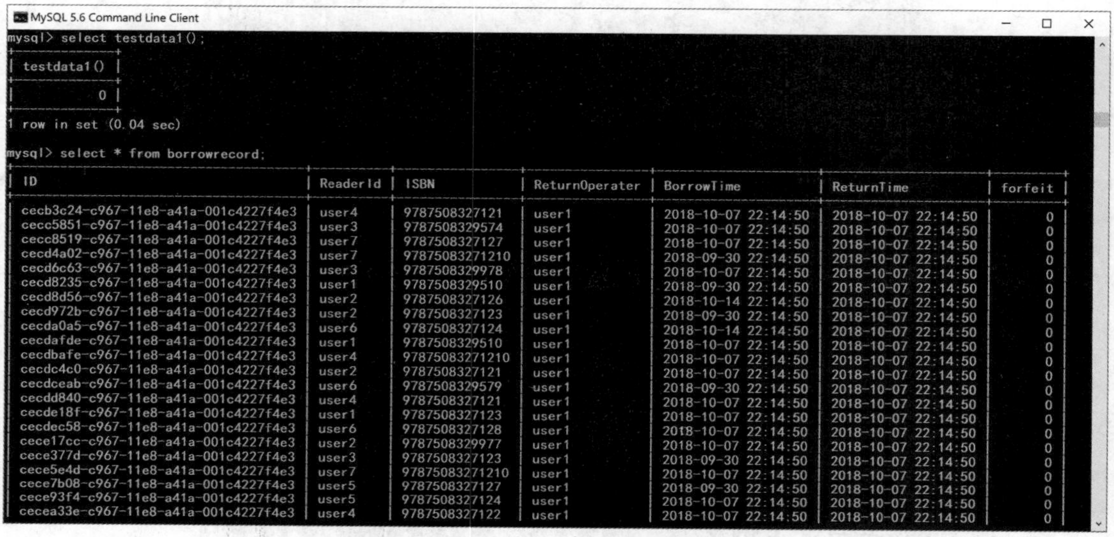

```
mysql> select testdata1();
+-------------+
| testdata1() |
+-------------+
|           0 |
+-------------+
1 row in set (0.04 sec)

mysql> select * from borrowrecord;
```

ID	ReaderId	ISBN	ReturnOperater	BorrowTime	ReturnTime	forfeit
cecb3c24-c967-11e8-a41a-001c4227f4e3	user4	9787508327121	user1	2018-10-07 22:14:50	2018-10-07 22:14:50	0
cecc5851-c967-11e8-a41a-001c4227f4e3	user3	9787508329574	user1	2018-10-07 22:14:50	2018-10-07 22:14:50	0
cecc8519-c967-11e8-a41a-001c4227f4e3	user7	9787508327127	user1	2018-10-07 22:14:50	2018-10-07 22:14:50	0
cecd4a02-c967-11e8-a41a-001c4227f4e3	user7	97875083271210	user1	2018-09-30 22:14:50	2018-10-07 22:14:50	0
cecd6c63-c967-11e8-a41a-001c4227f4e3	user3	9787508329978	user1	2018-10-07 22:14:50	2018-10-07 22:14:50	0
cecd8235-c967-11e8-a41a-001c4227f4e3	user1	9787508329510	user1	2018-09-30 22:14:50	2018-10-07 22:14:50	0
cecd8d56-c967-11e8-a41a-001c4227f4e3	user2	9787508327126	user1	2018-10-14 22:14:50	2018-10-07 22:14:50	0
cecd972b-c967-11e8-a41a-001c4227f4e3	user2	9787508327123	user1	2018-09-30 22:14:50	2018-10-07 22:14:50	0
cecda0a5-c967-11e8-a41a-001c4227f4e3	user6	9787508327124	user1	2018-10-14 22:14:50	2018-10-07 22:14:50	0
cecdafde-c967-11e8-a41a-001c4227f4e3	user1	9787508329510	user1	2018-10-07 22:14:50	2018-10-07 22:14:50	0
cecdbafe-c967-11e8-a41a-001c4227f4e3	user4	97875083271210	user1	2018-10-07 22:14:50	2018-10-07 22:14:50	0
cecdc4c0-c967-11e8-a41a-001c4227f4e3	user2	9787508327121	user1	2018-10-07 22:14:50	2018-10-07 22:14:50	0
cecdceab-c967-11e8-a41a-001c4227f4e3	user6	9787508329579	user1	2018-09-30 22:14:50	2018-10-07 22:14:50	0
cecdd840-c967-11e8-a41a-001c4227f4e3	user4	9787508327121	user1	2018-10-07 22:14:50	2018-10-07 22:14:50	0
cecde18f-c967-11e8-a41a-001c4227f4e3	user1	9787508327123	user1	2018-10-07 22:14:50	2018-10-07 22:14:50	0
cecdec58-c967-11e8-a41a-001c4227f4e3	user6	9787508327128	user1	2018-10-07 22:14:50	2018-10-07 22:14:50	0
cece17cc-c967-11e8-a41a-001c4227f4e3	user2	9787508329977	user1	2018-10-07 22:14:50	2018-10-07 22:14:50	0
cece377d-c967-11e8-a41a-001c4227f4e3	user3	9787508327123	user1	2018-09-30 22:14:50	2018-10-07 22:14:50	0
cece5e4d-c967-11e8-a41a-001c4227f4e3	user7	97875083271210	user1	2018-10-07 22:14:50	2018-10-07 22:14:50	0
cece7b08-c967-11e8-a41a-001c4227f4e3	user5	9787508327127	user1	2018-09-30 22:14:50	2018-10-07 22:14:50	0
cece93f4-c967-11e8-a41a-001c4227f4e3	user5	9787508327124	user1	2018-10-07 22:14:50	2018-10-07 22:14:50	0
cecea33e-c967-11e8-a41a-001c4227f4e3	user4	9787508327122	user1	2018-10-07 22:14:50	2018-10-07 22:14:50	0

图 9-81　borrowrecord 随机结果数据

下面定义统计函数为 HotBook()，通过对 borrowrecord 表的统计，获得借阅记录最高的图书的 ISBN，并作为返回值返回，代码如下：

```
USE 'bookdbms';
drop function IF EXISTS 'HotBook';
delimiter //
USE 'bookdbms'//
CREATE FUNCTION 'HotBook' ()
RETURNS varchar(20)
BEGIN
    set @hotbook:='';
    set @hotcnt:=0;
    select MAX(cnt) ,ISBN
    from( (
        select ISBN,count(ISBN) as cnt from borrowrecord group by ISBN) as t)
        into   @hotcnt ,@hotbook;
    RETURN @hotbook;
END//
delimiter ;
```

从 books 表中查询借阅记录最高的图书的基本信息，如图 9-82 所示。

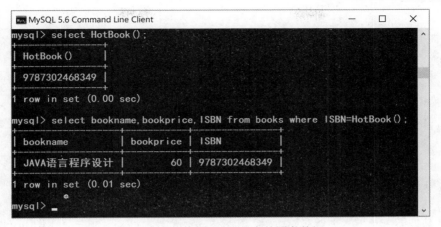

图 9-82　查询借阅记录最高的图书数据

习　　题

1. 请简述你所了解的系统变量及系统变量的含义，不局限于书内知识。
2. 请简述用户变量的不同作用域的作用范围。
3. 编写函数，接收时间参数并返回该时间所处月份的天数。
4. 编写函数，将图书管理系统中的图书表的某类书籍下的图书全部删除。接收参数"图书类型"，删除该参数指定图书类型下的全部书籍，并返回处理的图书本数。（注意表之间的关联限制）
5. 编写函数，输入参数为用户，返回该用户被罚款的图书总本数与未被罚款的图书总本数。

第 10 章 视图

视图作为数据库操作当中的重要对象，有着其特殊的意义。本章将重点讲述数据库中视图的意义以及其使用方法。

10.1 视图概念

视图和其他的关系型数据库对象一样，在关系数据库操作过程中起到了其独特的作用。

1. 什么是视图？

视图（View）其实是从一个或多个关系表（或视图）当中导出的表。视图与表（有时为与视图区别，也称表为基本表——Base Table）不同，视图是一个虚表，即视图所对应的数据不进行实际存储，数据库中只存储视图的定义，在对视图的数据进行操作时，系统根据视图的定义去操作与视图相关联的基本表。在系统的数据字典中仅存放了视图的定义，不存放视图对应的数据。

视图是原始数据库数据的一种变换，是查看表中数据的另外一种方式。可以将视图看成是一个移动的窗口，通过它可以看到感兴趣的数据。视图是从一个或多个实际表中获得的，这些表的数据存放在数据库中。那些用于产生视图的表叫作该视图的基表。一个视图也可以从另一个视图中产生。

视图看上去非常像数据库的物理表，对它的操作同任何其他的表一样。当通过视图修改数据时，实际上是在改变基表中的数据；相反地，基表数据的改变也会自动反映在由基表产生的视图中。由于逻辑上的原因，有些视图可以修改对应的基表，而有些则仅仅能查询。

2. 视图的作用

（1）简单性。在视图当中看到的数据就是用户最需要的数据。视图不仅可以简化用户对数据的理解，也可以简化操作，经常使用的查询可以被定义为视图，从而使得用户不必为以后的操作每次指定全部的条件。

（2）安全性。通过视图用户只能查询和修改他们所能见到的数据。数据库中的其他数据则既看不见也取不到。数据库授权命令可以使每个用户对数据库的检索限制到特定的数据库对象上，但不能授权到数据库特定行和特定的列上。通过视图，用户可以被限制在数据的不同子集上：

1）使用权限可被限制在基表的行的子集上。
2）使用权限可被限制在基表的列的子集上。
3）使用权限可被限制在基表的行和列的子集上。
4）使用权限可被限制在多个基表的连接所限定的行上。
5）使用权限可被限制在基表中的数据的统计汇总上。
6）使用权限可被限制在另一视图的一个子集上，或是一些视图和基表合并后的子集上。

（3）逻辑数据独立性。视图可帮助用户屏蔽真实表结构变化带来的影响，用户看到的是基于基表所产生的子集而已。

3．安全独立性

视图的安全性可以防止未授权用户查看特定的行或列，使用户只能看到表中特定的行或列。视图可以使应用程序和数据库表在一定程度上独立，如果没有视图，应用一定是建立在表上的。有了视图之后，程序可以建立在视图之上，从而程序与数据库表被视图分割开来。视图可以在以下几个方面使程序与数据独立：

（1）如果应用建立在数据库表上，当数据库表发生变化时，可以在表上建立视图，通过视图屏蔽表的变化，从而应用程序可以不动。

（2）如果应用建立在数据库表上，当应用发生变化时，可以在表上建立视图，通过视图屏蔽应用的变化，从而使数据库表不动。

（3）如果应用建立在视图上，当数据库表发生变化时，可以在表上修改视图，通过视图屏蔽表的变化，从而应用程序可以不动。

（4）如果应用建立在视图上，当应用发生变化时，可以在表上修改视图，通过视图屏蔽应用的变化，从而数据库可以不动。

10.2　创建视图

视图的创建有两种方式，一种是直接在管理平台上可视化的创建，另外一种是用 SQL 语言来创建。

1．可视化创建

打开 MySQL Workbench 后，进入如图 10-1 所示界面。

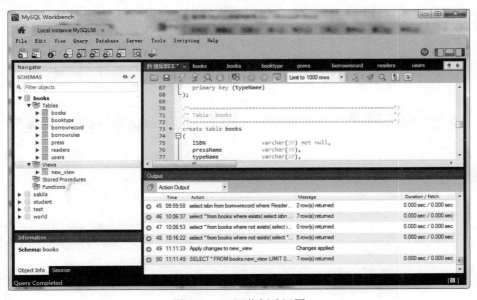

图 10-1　可视化创建视图

在左侧的数据库对象列表中选择要创建视图的数据库节点，然后右击 Views 节点，如图 10-2 所示。

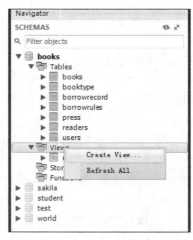

图 10-2　创建视图菜单

然后单击 Create View 即可出现如图 10-3 所示的创建视图的对话框。

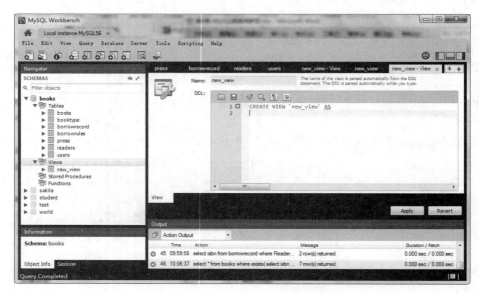

图 10-3　创建视图对话框

创建完毕直接单击图 10-3 中的 Apply 按钮即可。

2. SQL 语言创建

创建语法如下：

CREATE VIEW <视图名> [(列名 1,列名 2,……)]
　　[WITH ENCRYPTION]
　　AS
　　SELECT_STATEMENT
[WITH CHECK OPTION]

例如，创建一个视图用来存储每个出版社的图书总数，其代码如下：

CREATE VIEW 'new_view1' AS
select pressname, count(*) 数量 from books group by pressname

执行代码后，刷新左侧的数据库对象列表就可以看到刚刚创建的视图，如图 10-4 所示。

图 10-4　视图预览

10.3　使用视图

视图的使用和其他基表的使用几乎完全一样，都遵循 SQL 基本语法，可以随意地使用第 8 章介绍的相关查询语句来查询已经创建好的视图。

例如，对 10.2 节创建的视图，查询出清华大学出版社的藏书量，其代码如下：

```
select * from new_view1 where pressname='清华大学出版社'
```

代码执行结果如图 10-5 所示。

图 10-5　使用视图查询数据

10.4　修改与删除视图

修改和删除视图其实与数据库表对象的修改和删除基本一致，都可以通过可视化和代码执行两种方式来完成。

1. 修改视图

（1）可视化修改。在打开的 MySQL Workbench 界面左侧的数据库对象中找到要修改的视图，右击后选择 Alter View，如图 10-6 所示，即可打开视图修改界面，如图 10-7 所示。

图 10-6 修改视图

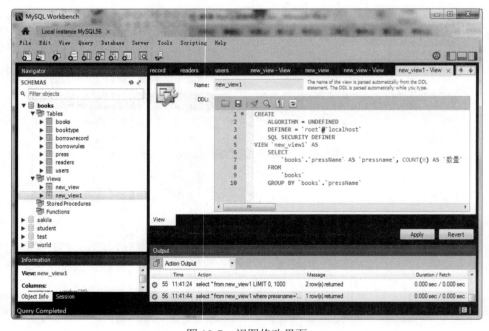

图 10-7 视图修改界面

修改代码后可以直接单击 Apply 按钮保存修改后的结果。

(2) SQL 代码修改。视图的修改也可以直接通过 SQL 代码来实现，其语法如下：
    ALTER VIEW <视图名> [(列名 1,列名 2,……)] [WITH ENCRYPTION]
        AS
        SELECT statement [WITH CHECK OPTION]

修改代码如下:

alter view new_view1
　　　　as
　　　　　　select pressname, count(*) sums from books group by pressname

执行代码后,再查看修改后的视图,如图 10-8 所示。

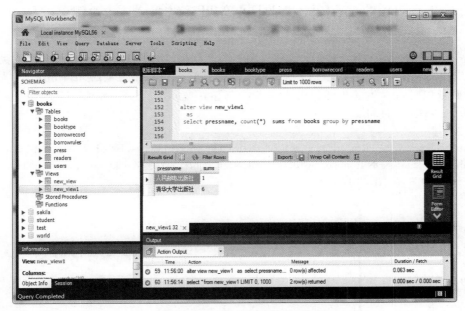

图 10-8　SQL 代码修改视图

2．删除视图

（1）可视化删除。在打开的 MySQL Workbench 界面左侧的数据库对象中找到要删除的视图,右击后选择 Drop View,如图 10-9 所示,即可删除该视图。

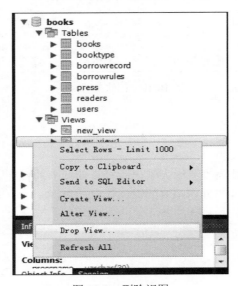

图 10-9　删除视图

（2）代码删除。同样可以使用 SQL 代码来删除视图，其语法如下：
　　DROP VIEW <视图名>
如果想要删除视图，直接执行如下代码即可。
　　DROP VIEW new_view1

10.5　示例——图书管理系统的视图创建

按照本书第 2 章提出的有关图书管理系统的问题描述，本节对系统中部分视图的创建给予阐述。视图的应用主要体现在经过复杂查询后得到的一个数据查询结果，将其保存后将会方便使用。此处以查询学生的借阅记录为需求，其 SQL 语句如下：
　　Create view readehistory
　　As
　　select borrowrecord.ReaderId,readers.ReaderName,borrowrecord.BorrowTime,borrowrecord.ReturnTime, borrowrecord.ISBN from borrowrecord,readers where borrowrecord.readerid=readers.readerid

执行结果如下图 10-10 所示。

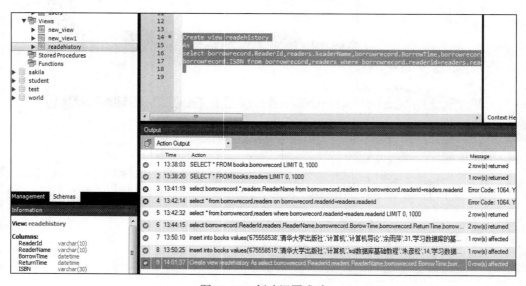

图 10-10　创建视图成功

习　　题

1. 创建查询所有出版社为"清华大学出版社"的图书的视图。
2. 创建查询所有未被借阅过的图书的详细信息的视图。

第 11 章 索引

在关系数据库中,索引是一种单独的、物理的、对数据库表中一列或多列的值进行排序的存储结构,它是某个表中一列或若干列值的集合和相应的指向表中物理标识这些值的数据页的逻辑指针清单。索引的作用相当于图书的目录,可以根据目录中的页码快速找到所需的内容。

11.1 索引概念

索引提供指向存储在表的指定列中的数据值的指针,然后根据指定的排序顺序对这些指针排序。数据库使用索引以找到特定值,然后根据指针找到包含该值的行。这样可以使对应于表的 SQL 语句执行得更快,可快速访问数据库表中的特定信息。

1. 什么是索引?

索引是为了加速对表中数据行的检索而创建的一种分散的存储结构。索引是针对表而建立的,它由数据页面以外的索引页面组成,每个索引页面中的行都会含有逻辑指针,以便加速检索物理数据。

在数据库关系图中,可以在选定表的"索引/键"属性页中创建、编辑或删除每个索引类型。当保存索引所附加到的表,或保存该表所在的关系图时,索引将保存在数据库中。

2. 索引的作用

当表中有大量记录时,若要对表进行查询,第一种搜索信息方式是全表搜索,将所有记录一一取出,和查询条件进行一一对比,然后返回满足条件的记录,这样做会消耗大量数据库系统时间,并造成大量磁盘 I/O 操作;第二种就是在表中建立索引,然后在索引中找到符合查询条件的索引值,通过保存在索引中的 ROWID(相当于页码)快速找到表中对应的记录。在数据库系统中建立索引主要有以下作用:

(1)快速取数据。
(2)保证数据记录的唯一性。
(3)实现表与表之间的参照完整性。
(4)在使用 ORDER BY、GROUP BY 子句进行数据检索时,利用索引可以减少排序和分组的时间。

虽然索引可以加快数据的检索速度,保证数据库表中每一行数据的唯一性,加速表和表之间的连接,并在使用分组和排序子句进行数据检索时,可以显著减少查询中分组和排序的时间,但是创建索引需要占用物理空间,且当对表中的数据进行增加、删除和修改的时候,索引也要动态地维护,降低了数据的维护速度。

3. 索引的类型

根据数据库的功能,可以在数据库设计器中创建四种索引:普通索引、唯一索引、主键索引和聚集索引。

11.2　索引的创建

按照索引的不同类型特点，索引的创建也遵循一定的规则，并非在任何情况下都适合使用索引。

1. 什么情况下设置索引？

首先来看建立索引的基本原则。

（1）定义主键的数据列一定要建立索引。

（2）定义有外键的数据列一定要建立索引。

（3）对于经常查询的数据列最好建立索引。

（4）对于需要在指定范围内快速或频繁查询的数据列应该建立索引。

（5）经常用在 WHERE 子句中的数据列应该建立索引。

（6）经常出现在关键字 ORDER BY、GROUP BY、DISTINCT 后面的字段建立索引。如果建立的是复合索引，索引的字段顺序要和这些关键字后面的字段顺序一致，否则索引不会被使用。

（7）对于查询中很少涉及的列、重复值比较多的列不要建立索引。

（8）对于定义为 text、image 和 bit 数据类型的列不要建立索引。

（9）对于经常存取的列避免建立索引。

（10）限制表上的索引数目。对一个存在大量更新操作的表，所建索引的数目一般不要超过 3 个，最多不要超过 5 个。索引虽说提高了访问速度，但太多索引会影响数据的更新操作。

（11）对于复合索引，按照字段在查询条件中出现的频度建立索引。在复合索引中，系统首先按照第一个字段排序，对于在第一个字段上取值相同的记录，系统再按照第二个字段的取值排序，以此类推，因此只有复合索引的第一个字段出现在查询条件中，该索引才可能被使用，因此将应用频度高的字段，放置在复合索引的前面，会使系统最大可能地使用此索引，发挥索引的作用。

2. 如何创建索引？

索引的创建有两种方式，一种可以直接使用可视化的 MySQL Workbench 通过鼠标操作来完成，另外一种是通过 SQL 语句来完成。

（1）可视化创建索引。打开 MySQL Workbench，在左侧的数据库对象列表中依次选择数据库、数据表以及想要创建索引的数据列，如图 11-1 所示。

图 11-1　创建索引菜单

然后右击，选择数据列菜单中的 Create Index 后将弹出一个对话框，如图 11-2 所示。

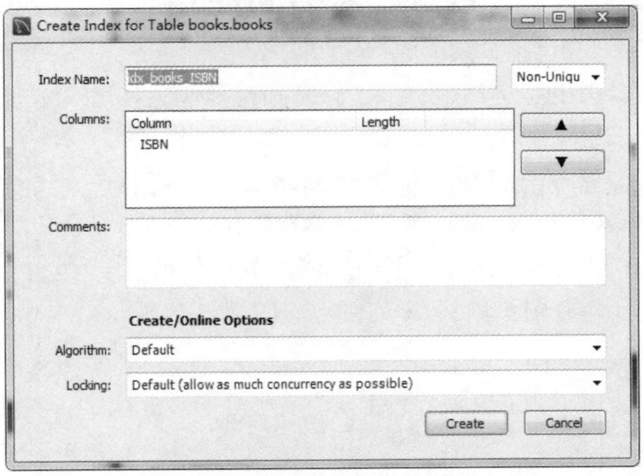

图 11-2　创建索引对话框

单击 Create 即可完成该列上索引的创建。

（2）SQL 语言创建索引。创建索引的 SQL 语法如下：

CREATE [UNIQUE][CLUSTERED | NONCLUSTERED] INDEX index_name
　　ON {table_name | view_name} (index_property[,....n])

说明：
- UNIQUE：建立唯一索引。
- CLUSTERED：建立聚集索引。
- NONCLUSTERED：建立非聚集索引。
- index_property：索引属性。

UNIQUE 索引既可以采用聚集索引结构，也可以采用非聚集索引的结构，如果不指明采用的索引结构，则 MySQL 系统默认为采用非聚集索引结构。例如，创建索引代码如下：

create index isbn_index on books (isbn)

程序执行完毕后，刷新左边数据库对象列表就可以找到刚才创建的名称为 isbn_index 的索引，如图 11-3 所示。

图 11-3　索引预览

11.3 索引的使用

前面已经介绍过了索引的创建主要是为了提高检索效率，下面通过具体的应用来查看索引的效能。

例如，现在需要查询所有出版社名称为"清华大学出版社"的全部图书信息，代码如下：

```
select * from books where pressname='清华大学出版社'
```

在没有对 pressname 这一列数据创建索引时，执行代码后，运行结果如图 11-4 所示，程序执行时间在右下角显示为 0.016 秒。

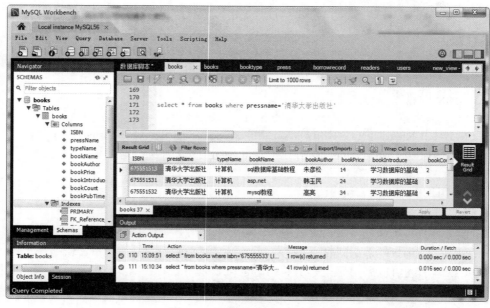

图 11-4　未使用索引查询数据

现在对 pressname 这一列数据创建索引，创建结果如图 11-5 所示。

图 11-5　索引创建后预览

然后再用同样的方法执行一下上页的 SQL 代码,查询一下出版社为"清华大学出版社"的全部图书,执行结果如图 11-6 所示,可以看出执行时间变成了 0 秒。由此可以看出创建索引后对整个数据库中的数据的检索效率会有很大提高。

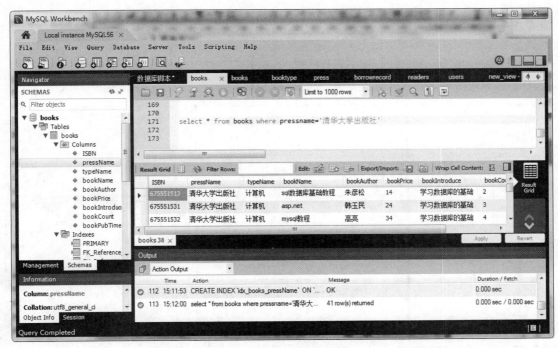

图 11-6　使用索引后查询数据

11.4　索引的删除

删除索引可以使用 ALTER TABLE 或 DROP INDEX 语句来实现。DROP INDEX 可以在 ALTER TABLE 内部作为一条语句处理,其格式如下:

　　drop index index_name on table_name ;
　　alter table table_name drop index index_name ;
　　alter table table_name drop primary key ;

其中,在前面的两条语句中,都删除了 table_name 中的索引 index_name。而在最后一条语句中,只在删除 primary key 索引中使用,因为一个表只可能有一个 primary key 索引,因此不需要指定索引名。如果没有创建 PRIMARY KEY 索引,但表具有一个或多个 UNIQUE 索引,则 MySQL 将删除第一个 UNIQUE 索引。

如果从表中删除某列,则索引会受影响。对于多列组合的索引,如果删除其中的某列,则该列也会从索引中删除。如果删除组成索引的所有列,则整个索引将被删除。例如,删除上面小节中创建的索引,其代码如下:

　　drop index isbn_index on books

执行完毕后,刷新将看不到该索引了。

11.5 示例——图书管理系统的索引创建

按照本书第 2 章提出的有关图书管理系统的问题描述，在图书管理系统中，经常被查询的就是图书的信息。依据本章所学知识，对于经常被使用的列必须要建立索引，以便快速查询数据，提高系统的运行效率，本节对需要创建索引的部分给出示例代码，具体代码如下：

create index borrow_readid on borrowrecord (readerid)

运行效果如图 11-7 所示。

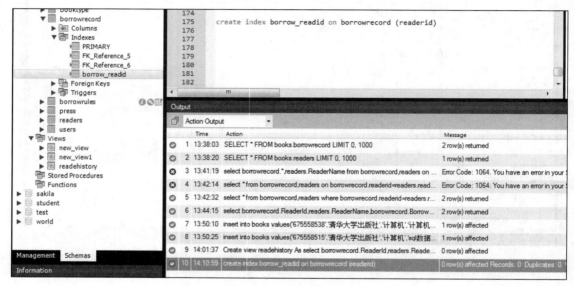

图 11-7 索引创建示例

习 题

1. 创建读者 ID 索引。
2. 创建图书 ID 索引。
3. 创建出版社 ID 索引。

第 12 章　存储过程

存储过程是存储在数据库目录中的一段声明性 SQL 语句，类似于编程语言中的方法或过程，它可以将某些需要多次调用、实现某个特定任务的代码段编写成一个过程，将其保存在数据库中，并由 MySQL 服务器通过过程名来调用，这些过程称为存储过程。本章主要介绍存储过程的基本概念，如何创建存储过程、调用存储过程、查看和修改存储过程、删除存储过程。通过本章的学习，读者能够熟练掌握在图形界面模式和命令行模式下完成有关存储过程的常用操作。

12.1　存储过程基本概念

存储过程与 SQL 中的函数非常相似，但是两者仍存在一些区别。函数能出现在放置表达式的任何位置，可以作为查询语句的一个部分来调用，由于函数可以返回一个表对象，因此它可以在查询语句中 FROM 关键字的后面。而存储过程一般是作为一个独立的部分来执行，存储过程不返回值，使用时只能单独调用，触发器、其他存储过程以及 Java、Python、PHP 等应用程序都可以对已存在的存储过程进行调用。

存储过程有以下优点：

（1）存储过程有助于提高应用程序的性能。当已创建的存储过程被编译之后，该存储过程对应的执行计划就存储在数据库中，MySQL 服务会将其放入缓存中，每次执行存储过程时，MySQL 服务首先会到缓存中查询是否已有对应的执行计划，如果有则不会重新编译，直接使用缓存中的执行计划，从而提高执行效率。

（2）存储过程有助于减少应用程序和数据库服务器之间的流量，因为应用程序不必发送多个冗长的 SQL 语句，而只需要发送存储过程的名称和参数即可。

（3）存储过程对任何应用程序都是可重用的和透明的。MySQL 允许将存储过程暴露给所有应用程序调用，极大地支持了存储过程的复用性。

（4）存储的程序是安全的。首先，存储过程在数据库中是预编译好的，用户在执行过程中不会出现 SQL 注入等安全问题；其次，存储过程在 MySQL 中是允许进行权限设置的，可以赋予执行者不同的访问权限。

当然，存储过程除了具有上述优点之外，也有缺点。而在 MySQL 中使用存储过程之前，应该先了解这些，以便开发的过程中避免问题。

（1）如果使用大量存储过程，那么使用存储过程的每个连接的内存使用量将会大大增加。

（2）存储过程的构造使得开发具有复杂业务逻辑的存储过程变得更加困难。SQL 本身是一种结构化查询语言，不是面向对象的，面对复杂的业务逻辑，过程化的处理会很吃力。同时 SQL 擅长的是数据查询而非业务逻辑的处理，如果把业务逻辑全放在存储过程里，不但违背了原则，还降低了代码的可维护性。

（3）存储过程的调试非常复杂和困难。由于 IDE 的问题，存储过程的开发调试要比一般程序困难，而 MySQL 本身并不提供调试存储过程的功能。

（4）代码可读性差，相当难维护。如果需要对输入存储过程的参数进行更改，或者要更改由其返回的数据，则仍需要更新程序集中的代码以添加参数、更新调用等，此时会比较繁琐。

MySQL 存储过程有自己的优点和缺点。开发应用程序时，应该根据业务需求决定是否使用存储过程。下面来学习一下如何在 MySQL 中创建和使用存储过程。

12.2 创建存储过程

本节将给出创建存储过程的 SQL 语法及在客户端 Workbench 中创建存储过程的方法。

1. 创建存储过程的 SQL 语法

语法如下：

```
CREATE PROCEDURE sp_name ([proc_parameter[,...]])
    proc_parameter:
    [ IN | OUT | INOUT ] param_name type
BEGIN
    [statement_list]
    ……
END
```

参数说明：

- sp_name：表示存储过程名称。
- proc_parameter：存储过程的参数，有三种类型，分别描述如下：

（1）IN 输入参数：表示调用者向过程传入值（传入值可以是字面量或变量）。

（2）OUT 输出参数：表示过程向调用者传出值（可以返回多个值，传出值只能是变量）。

（3）INOUT 输入输出参数：既表示调用者向过程传入值，又表示过程向调用者传出值（值只能是变量）。

- type 是 MySQL 的数据类型，请参考第 6 章 6.2 节。
- BEGIN 和 END 之间是一条或多条 SQL 语句。

下面来学习几个简单的创建存储过程的示例。

【例 12-1】首先给出一个最简单的存储过程 GetAllBooks()，从 books 表中选择所有产品。

启动 MySQL 客户端工具并键入以下命令：

```
DELIMITER //
CREATE PROCEDURE GetAllBooks()
  BEGIN
    SELECT * FROM books;
  END //
DELIMITER ;
```

在这个存储过程中，使用一个简单的 SELECT 语句来查询 books 表中的数据。

【例 12-2】下面给出一个带输入参数的存储过程 GetBookCountByPress()，该存储过程接受一个输入参数——出版社名称 pName，根据参数值查询该出版社出版的所有图书的总库存。

```
DELIMITER //
CREATE PROCEDURE GetBookCountByPress(IN pName varchar(30))
  BEGIN
    SELECT SUM(bookCount) FROM books where pressName=pName;
```

END //
DELIMITER ;

【例 12-3】给出一个存储过程 GetBookCount，返回"清华大学出版社"和"人民邮电出版社"出版的图书本数（图书本数不是库存总数，同一书号（ISBN）图书记为一本）。以两个出版社出版的图书本数作为两个 OUT 参数。

```
DELIMITER //
CREATE PROCEDURE 'GetBookCount'(
OUT Qing int,
OUT Ren int
)
BEGIN
SELECT COUNT(ISBN) INTO Qing FROM books where pressName = '清华大学出版社';
SELECT COUNT(ISBN) INTO Ren FROM books where pressName = '人民邮电出版社';
  END //
DELIMITER ;
```

2. 使用 Workbench 创建存储过程

在 MySQL 命令行中直接编写存储过程有一定的困难度，命令行中缺少关键词的高亮显示，特别是当存储过程复杂时，在书写过程中对错误代码的修改有时是无法实现的。大多数 MySQL 的 GUI 工具允许开发者通过直观的界面创建存储过程。在 MySQL Workbench 中，可以按如下过程创建存储过程。

如果想在数据库 bookmanage 下创建一个存储过程 GetAllBooks，那么首先右击 Stored Procedures，接下来选择 Create Stored Procedure…菜单项，如图 12-1 所示。

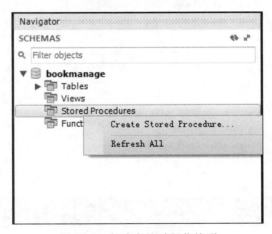

图 12-1 创建存储过程菜单项

系统弹出 new_procedure 界面，给出创建存储过程的 SQL 语句结构，如图 12-2 所示。
在窗口的代码输入区域修改存储过程名称，并输入创建存储过程的语句：

```
CREATE PROCEDURE GetAllBooks()
BEGIN
    SELECT * FROM books;
END
```

然后单击 Apply 按钮，如图 12-3 所示。

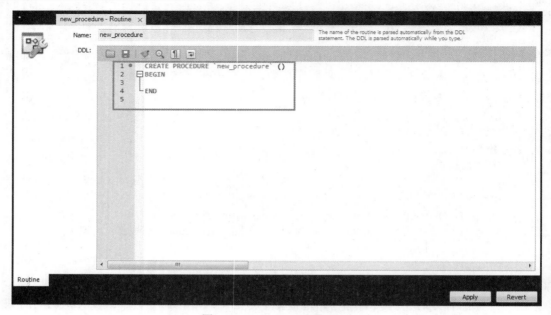

图 12-2　new_procedure 界面

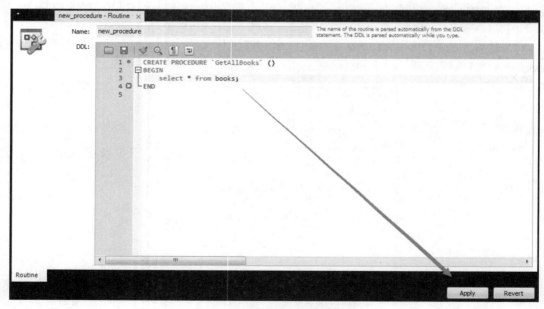

图 12-3　编写创建存储过程的语句

此时，可以在 MySQL 将其存储在数据库中之前查看代码，并进行修改。如果没有问题，单击 Apply 按钮，如图 12-4 所示。

然后，MySQL 将存储过程编译并放入数据库目录中，单击 Finish 按钮完成，如图 12-5 所示。

刷新 Navigator 视图，可以在 bookmanage 数据库下看到上面所创建的存储过程，如图 12-6 所示。

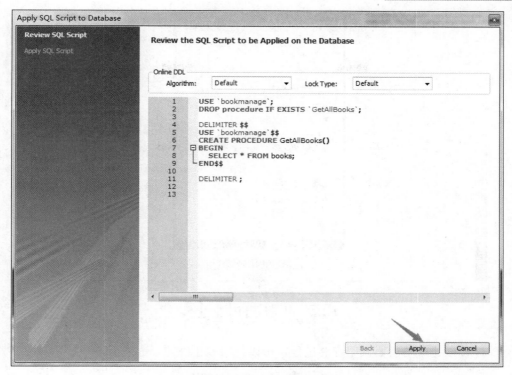

图 12-4　SQL 语句查看界面

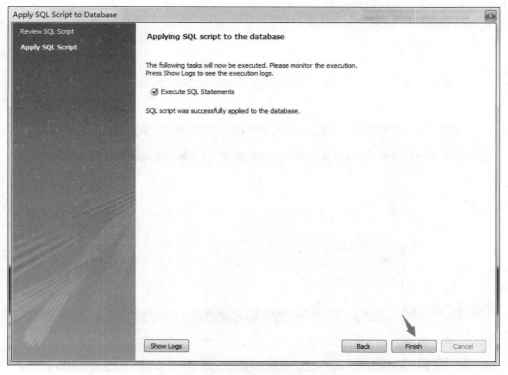

图 12-5　将 SQL 语句存入数据库界面

图 12-6　查看存储过程

12.3　调用存储过程

存储过程创建成功后要调用存储过程，可以使用 call 语句，语法为：

　　call store_procedure_name();

其中，call 是存储过程调用的关键字，而 store_procedure_name 是已存在的存储过程的名称，下面来看几个存储过程调用的示例。

【例 12-4】首先给出使用 call 语句调用无参数存储过程的例子，调用 GetAllBooks()存储过程，则使用以下语句：

　　call GetAllBooks();

执行上述语句，将查询到 books 表中的所有图书。在 Workbench 客户端执行效果如图 12-7 所示。

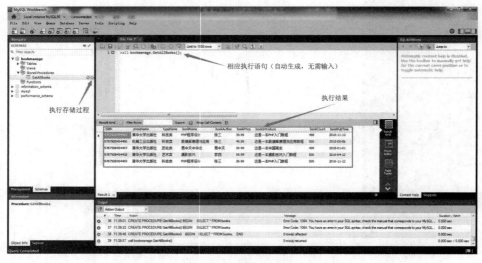

图 12-7　执行存储过程

也可以在命令行客户端中，直接输入如下 SQL 语句进行调用。
　　call GetAllBooks;
在命令行执行效果如图 12-8 所示。

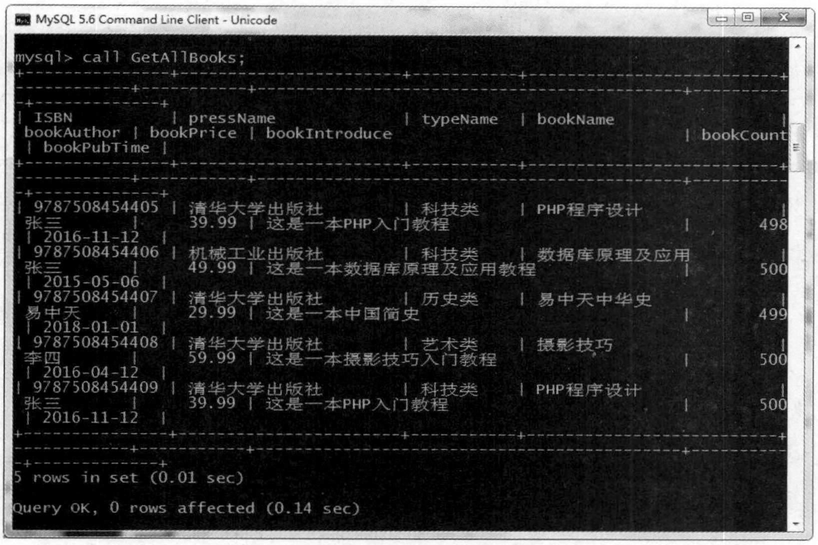

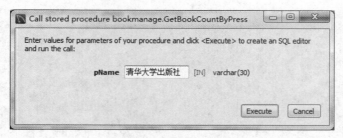

图 12-8　在命令行调用存储过程

【例 12-5】在 Workbench 中调用带参数的存储过程，在 Navigator 窗口选择存储过程 GetBookCountByPress 并单击调用按钮 之后，将弹出参数输入界面，如图 12-9 所示。

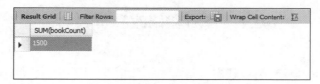

图 12-9　参数输入界面

输入参数值并单击 Execute 按钮，运行结果如图 12-10 所示。

图 12-10　GetBookCountByPress 执行结果

调用带有输入参数的存储过程 GetBookCountByPress 语句为：
　　CALL GetBookCountByPress('清华大学出版社');
调用带有输出参数的存储过程 GetBookCount，单击运行按钮后，Workbench 弹出参数输入界面，如图 12-11 所示。

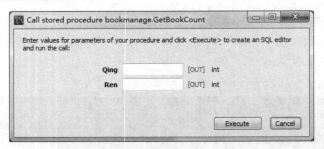

图 12-11 参数输入界面

如果存储过程有输入参数，可以在此界面输入。本例题不需要任何输入，直接单击 Execute 按钮，执行结果如图 12-12 所示。

图 12-12 存储过程的输出参数值

在命令行客户端中，可使用如下 SQL 语句调用该存储过程。

  set @Qing = 0;
  set @Ren = 0;
  call bookmanage.GetBookCount(@Qing, @Ren);
  select @Qing, @Ren;

在命令行执行存储过程效果如图 12-13 所示。

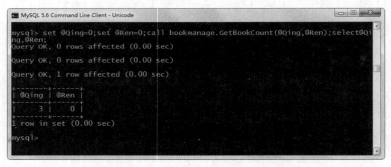

图 12-13 在命令行执行带参数的存储过程

12.4 查看和修改存储过程

12.4.1 显示存储过程和函数状态

使用 SHOW STATUS 语句可以查看存储过程和函数的状态，其基本语法结构如下：

  SHOW { PROCEDURE } STATUS [LIKE 'pattern' | WHERE expr];

SHOW STATUS 语句是对标准 SQL 的 MySQL 扩展。它返回存储过程的特征，包括数据库、子程序名称、类型、创建者、创建和修改日期。LIKE 子句表示匹配存储过程的名称，WHERE 子句可用于设置查看范围。

如果要显示具有特定模式的存储过程，例如，名称包含 Press 字符，则可以使用 LIKE 操作符，在 Workbench 客户端输入如下 SQL 语句：

SHOW PROCEDURE STATUS LIKE '%Press';

结果如图 12-14 所示。

图 12-14　查看存储过程的结果

在命令行查看存储过程可以使用如下语句：

SHOW PROCEDURE STATUS LIKE '%Press' \G

参数 "\G" 的作用是输出结果横行变纵行，对于结果字段较多的语句可使用该参数。查看存储过程，结果如图 12-15 所示。

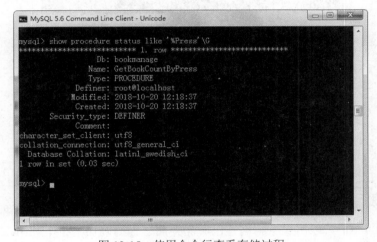

图 12-15　使用命令行查看存储过程

如果要显示特定数据库中的存储过程，可以在 SHOW PROCEDURE STATUS 语句中使用 WHERE 子句：

SHOW PROCEDURE STATUS WHERE db='bookmanage';

结果如图 12-16 所示。

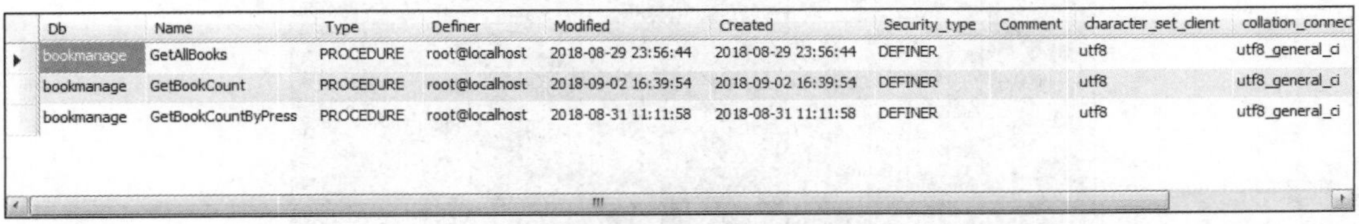

图 12-16　查看数据库中所有存储过程

在命令行查看所有存储过程，结果如图 12-17 所示。

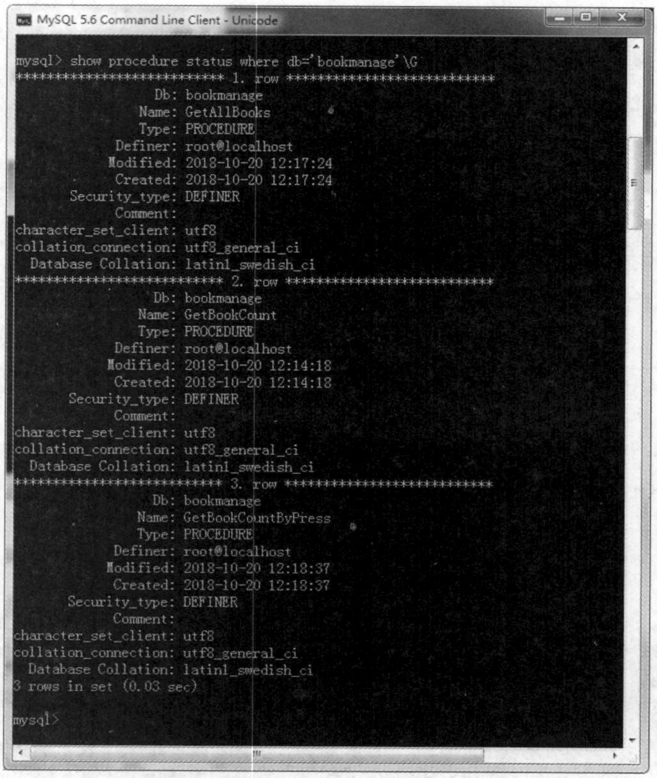

图 12-17　查看数据库中所有的存储过程

12.4.2　显示存储过程的源代码

要显示特定存储过程的源代码，请使用 SHOW CREATE PROCEDURE 语句，语法格式如下：
　　SHOW CREATE PROCEDURE sp_name [LIKE 'pattern']
在 SHOW CREATE PROCEDURE 关键字之后指定存储过程的名称。该语句是 MySQL 的一个扩展，它返回一个可以用来重新创建已命名存储过程的确切字符串。LIKE 子句作用同上。

例如，要显示 GetAllBooks 存储过程的代码，请使用以下语句：
　　SHOW CREATE PROCEDURE GetAllBooks;
结果如图 12-18 所示。

图 12-18　查看存储过程代码

12.4.3 修改存储过程

在实际开发中，业务需求修改的情况时有发生，则不可避免需要修改存储过程的特性。在 MySQL 中，使用 ALTER 语句修改存储过程的特性，语法格式为：

ALTER {PROCEDURE | FUNCTION} sp_name [characteristic……]

参数说明如下：

（1）sp_name，表示存储过程或函数的名称。

（2）characteristic，表示要修改存储过程的哪个部分，characteristic 的取值如下：

- CONTAINS SQL：表示子程序包含 SQL 语句，但是，不包含读或写数据的语句。
- NO SQL：表示子程序中不包含 SQL 语句。
- READS SQL DATA：表示子程序中包含读数据的语句。
- MODIFIES DATA：表示子程序中包含写数据的语句。
- SQL SECURITY {DEFINER | INVOKER}：指明谁有权限来执行。
- DEFINER：表示只有定义者才能够执行。
- INVOKER：表示调用者可以执行。
- COMMENT 'string'：表示注释信息。

修改存储过程 GetAllBooks 的定义，将读写权限改为 MODIFIES SQL DATA，并指明调用者可以执行。操作界面如图 12-19 所示。

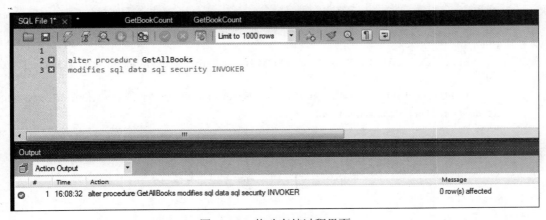

图 12-19　修改存储过程界面

目前，MySQL 还不提供对已存在的存储过程的代码修改。如果一定要修改存储过程的代码，必须先将存储过程删除之后，再创建一个新的存储过程。

12.5　删除存储过程

删除存储过程使用 DROP PROCEDURE 语句。例如，要删除存储过程 GetAllBooks，语句如下：

DROP PROCEDURE GetAllBooks;

执行结果如图 12-20 所示。

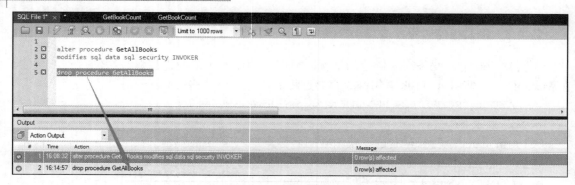

图 12-20　删除存储过程

12.6　示例——图书管理系统的存储过程创建

创建一个存储过程 GetList，输入参数为读者编号，通过该编号查询出该读者未还图书清单，并使用输出参数返回未还图书总本数。

创建存储过程语句如下：
```
DELIMITER //
CREATE PROCEDURE 'GetList'(
IN RID varchar(10),
OUT Count int
)
BEGIN
    SELECT COUNT(ISBN) INTO Count FROM BorrowRecord where ReaderID=RID and ReturnTime is null;
    SELECT readerid 读者编号,isbn 图书编号,borrowtime 结束时间 FROM BorrowRecord where ReaderID=RID and ReturnTime is null;
END //
DELIMITER ;
```

习　题

1．创建一个存储过程 GetAllList，查询出所有未还图书清单。

2．创建一个存储过程，输入参数为读者编号、图书编号和还书时间，该存储过程计算并返回罚金数额。

第 13 章 触发器

本章主要介绍 MySQL 触发器的创建和使用方法。触发器是自动执行以响应特定事件的存储程序，例如，在表中发生的插入、更新或删除。数据库触发器是保护 MySQL 数据库中数据完整性的强大工具。此外，自动执行某些数据库操作也很有用，如日志记录、审核等。

触发器是一种特殊类型的存储过程，一般的存储过程都需要直接调用，而触发器主要通过与数据库表相关联的某个事件而被触发执行。触发器可以用于约束、默认值和规则的完整性检查，还可以完成难以用普通约束实现的复杂功能。

当创建数据库对象或在数据表中插入、修改或删除记录时，MySQL 就会自动执行触发器，从而确保对数据的处理必须符合 SQL 语句所定义的规则。

本章将简要介绍 SQL 触发器的优点和缺点，并给出如何创建、修改及删除触发器的语法及实例。

13.1 触发器基本概念

13.1.1 MySQL 触发器简介

触发器是一个特殊的存储过程，不同的是存储过程要用 CALL 来调用，而触发器不需要使用 CALL 也不需要手工启动，只要当一个预定义的事件发生的时候，就会被 MySQL 自动调用。例如，学生信息数据库中有班级表和学生表，班级表中有一个"报道人数"字段，学生表中的"所在班级"引用班级表的主键"班级编号"，当在学生表中INSERT一条记录时，能同时UPDATE班级表中的"报道人数"字段，此时就可以在学生表上定义触发器来实现。触发器可以被定义为在INSERT、UPDATE或DELETE语句更改数据之前或之后调用。触发器和引起触发器执行的 SQL 语句被当作一次事务处理，如果这次事务未获得成功，MySQL 会自动返回该事务执行前的状态。

在 MySQL5.7.2 版本之前，每个数据表最多可以定义六个触发器，分别是：
- BEFORE INSERT：在数据插入表之前被激活触发器。
- AFTER INSERT：在将数据插入表之后激活触发器。
- BEFORE UPDATE：在表中的数据更新之前激活触发器。
- AFTER UPDATE：在表中的数据更新之后激活触发器。
- BEFORE DELETE：在从表中删除数据之前激活触发器。
- AFTER DELETE：从表中删除数据之后激活触发器。

从 MySQL 5.7.2 版本开始，可以为相同的触发事件和动作时间定义多个触发器。当事件发生时，触发器将依次激活。

如果不使用 INSERT、DELETE 或 UPDATE 语句而更改表中数据，则不会调用与表关联的触发器。例如，TRUNCATE语句删除表的所有数据，但不调用与该表相关联的触发器。

13.1.2 触发器命名

要为与表相关联的每个触发器使用唯一的名称。触发器的命名规则如下：

(BEFORE | AFTER)_tableName_(INSERT| UPDATE | DELETE)

例如，after_BorrowRecord_insert 是更新 BorrowRecord 表中的行数据之前调用的触发器。以下命名约定与上述一样。

tablename_(BEFORE | AFTER)_(INSERT| UPDATE | DELETE)

例如，after_BorrowRecord_insert 与 BorrowRecord_after_insert 触发器相同。

13.1.3 SQL 触发器的优点

- SQL 触发器提供了检查数据完整性的替代方法。
- SQL 触发器可以捕获数据库层中业务逻辑中的错误。
- SQL 触发器提供了运行计划任务的另一种方法。通过使用 SQL 触发器，不必等待运行计划的任务，因为在对表中的数据进行更改之前或之后会自动调用触发器。
- SQL 触发器对于审核表中数据的更改非常有用。

13.1.4 SQL 触发器的缺点

- SQL 触发器只能提供扩展验证，并且无法替换所有验证。一些简单的验证必须在应用层完成。例如，可以使用 JavaScript 或服务器端语言（如 JSP、PHP、ASP.NET、Perl 等）来验证客户端的用户输入。
- 从客户端应用程序调用和执行 SQL 触发器不可见，因此很难弄清数据库层中发生的情况。
- SQL 触发器会增加数据库服务器的开销。
- 使用触发器还是存储过程，如何选择？建议如果无法使用存储过程完成工作时，考虑使用 SQL 触发器。

13.2 创建触发器

本节将给出使用 CREATE TRIGGER 语句在 MySQL 中创建触发器的方法。如何在 MySQL 中创建一个简单的触发器来审核表的更改。下面将详细说明 CREATE TRIGGER 语句的语法。

为了创建一个新的触发器，可以使用 CREATE TRIGGER 语句语法如下：

```
CREATE TRIGGER trigger_name trigger_time trigger_event
    ON table_name
    FOR EACH ROW
    BEGIN
    ...
    END;
```

各参数说明如下：

- trigger_name：触发器名称，放在 CREATE TRIGGER 语句之后。触发器名称应遵循命名约定[trigger time]_[table name]_[trigger event]，例如 before_employees_update。

- trigger_time：触发激活时间，可以在之前或之后。必须指定触发器的激活时间。如果要在更改之前处理操作，则使用 BEFORE 关键字，如果在更改后需要处理操作，则使用 AFTER 关键字。
- trigger_event：触发事件可以是 INSERT、UPDATE 或 DELETE。此事件导致触发器被调用，触发器只能由一个事件调用。要定义由多个事件调用的触发器，必须定义多个触发器，每个事件有一个触发器。
- table_name：数据表。触发器必须与特定表关联。没有表触发器将不存在，所以必须在 ON 关键字之后指定表名。
- 将 SQL 语句放在 BEGIN 和 END 块之间，这是定义触发器逻辑的位置。

下面将在 MySQL 中创建触发器来实现添加一条借书记录时（BorrowRecord 表的 INSERT 操作）减少图书数量记录（books 表的 bookCount 字段）。

【例 13-1】以下 SQL 语句创建一个 AFTER INSERT 触发器，该触发器实现借书的同时减少被借图书的库存数量。该触发器在对 BorrowRecord 表执行 INSERT 语句，即添加一行借书记录之后被调用。创建触发器的代码如下：

```
DELIMITER //
CREATE TRIGGER after_borrowRecord_insert
    AFTER INSERT ON BorrowRecord
    FOR EACH ROW
BEGIN
    UPDATE books
    SET bookCount = bookCount-1 WHERE ISBN=NEW.ISBN;
END//
DELIMITER ;
```

在触发器的主体中，使用 NEW 关键字来访问受触发器影响的行的 ISBN 列。

请注意：在为INSERT定义的触发器中，仅使用 NEW 关键字，不能使用 OLD 关键字。但是，在为 DELETE 定义的触发器中没有新行，因此只能使用 OLD 关键字。在UPDATE触发器中，OLD 是更新前的行，而 NEW 是更新后的行。

触发器创建成功后可以测试一下功能是否正确，如对 after_borrowRecord_insert 测试方法如下：

（1）初始化数据。由于 borrowrecord 表有三个外键，分别引用了 books、users 和 readers 三张数据表，而 readers 表引用 borrowrules，为保证不违反外键约束，需要先向各数据库表插入记录，整体 SQL 语句如下：

```
use BookManage;
--向借阅规则表插入数据
insert into borrowrules values('stu001',10,30,1.0)
insert into borrowrules values('tea001',20,90,0.5)
--向读者表插入数据
insert into readers values('20180001','stu001','张三','13888888888');
insert into readers values('20180002','stu001','夏宇','13866666666');
insert into readers values('20180011','tea001','王勤','13999999999');
insert into readers values('20180012','tea001','李乾坤','13977777777');
--向图书分类表插入数据
```

```
insert into booktype values('科技类');
insert into booktype values('历史类');
--向出版社表插入数据
insert into press values('清华大学出版社');
insert into press values('机械工业出版社');
--向用户表插入数据
insert into users values('admin','admin','管理员');
--向图书表插入数据
insert into books values('9787508454405','清华大学出版社','科技类','PHP 程序设计','张三',39.99,'这是一本 PHP 入门教程',500,'2016-11-12')
insert into books values('9787508454406','机械工业出版社','科技类','数据库原理及应用','张三',49.99,'这是一本数据库原理及应用教程',500,'2015-11-12')
insert into books values('9787508454407','清华大学出版社','历史类','易中天中华史','易中天',29.99,'这是一本中国简史',500,'2018-01-01')
```

（2）查询图书表 books 中书号为'9787508454407'的图书库存，语句如下：

```
select ISBN,bookName,bookCount from books where ISBN='9787508454407'
```

查询结果如图 13-1 所示。

ISBN	bookName	bookCount
9787508454407	易中天中华史	500

图 13-1 查询图书库存

（3）向 borrowrecord 表中插入一条借书记录，语句如下：

```
insert into borrowrecord(id,readerid,isbn,returnoperater,borrowtime)
values('20180105003','20180001','9787508454407','admin','2018-05-06 16:11:12')
```

（4）插入成功后再次查询该图书库存数量，图书数量减少 1 本，说明触发器创建成功。要查看当前数据库中的所有触发器，请使用 SHOW TRIGGERS 语句，如下所示：

```
SHOW TRIGGERS;
```

执行上面查询语句，结果如图 13-2 所示。

Trigger	Event	Table	Statement	Timing
after_borrowRecord_insert	INSERT	borrowrecord	BEGIN UPDATE books SET bookCount = bookCount-1 WHERE ISBN=NEW.ISBN; END	AFTER

图 13-2 查看数据库中的触发器

【例 13-2】创建触发器，实现在归还图书之后修改图书库存。该触发器在对 BorrowRecord 表执行 INSERT 语句即添加一行借书记录之后被调用。创建触发器的代码如下：

```
DELIMITER //
CREATE TRIGGER after_borrowRecord_update
    AFTER UPDATE ON BorrowRecord
    FOR EACH ROW
BEGIN
    IF OLD.ReturnTime is null and NEW.ReturnTime is not null
    THEN
    UPDATE books
    SET bookCount = bookCount+1 WHERE ISBN=NEW.ISBN;
    END IF;
```

```
END//
DELIMITER ;
```
对该触发器的测试请参考例 13-1。

13.3　删除触发器

在 MySQL 中，触发器只能查看，无法修改，如果要修改，只能删除原有的触发器，重新创建触发器，以达到修改的目的。

在 MySQL 中，删除触发器需要使用 DROP TRIGGER 语句，例如，要删除触发器 after_borrowRecord_insert，SQL 语句如下：

```
DROP TRIGGER after_borrowRecord_insert;
```

习　　题

1．为了记录每位读者已借阅图书的数量，我们为读者表（Readers）增加一个整型字段 Borrowed，用来记录读者已借图书本书。SQL 语句如下：

```
ALTER TABLE Readers ADD Column( Borrowed int not null)
```

假设 Borrowed 字段初始值为 0，编写触发器 after_borrowRecord_insert，在添加图书记录的同时不仅能修改图书库存，还能修改读者已借阅图书的数量 Borrowed。

注意：MySQL 中无法修改触发器，只能先删除原有触发器，再重新创建。

2．编写触发器 after_borrowRecord_update，在归还图书的同时不仅能修改图书库存数量，还能修改读者已借阅图书的数量。

第 14 章　MySQL 用户管理与权限管理

数据作为重要的资源，其安全性越来越重要，特别是在目前的互联网时代，社会的信息化程度越来越高，人们越来越多的个人信息都存在提供相应服务的服务商的数据库上。如果一个系统的数据库被非法进入或窃听，则系统的数据将受到非常严重的威胁，轻则数据、密码被盗，重则导致整个系统瘫痪。近年来不断发生的客户信息泄露、数据库信息被盗取等事件也充分说明了系统安全性的重要性。

为了保证数据库的安全，数据库管理系统提供了完善的安全机制和管理方法，MySQL 也是如此。MySQL 的安全机制主要包括服务器启停与客户端访问权限控制、用户管理与用户权限管理等。

本章主要介绍 MySQL 的授权管理表与访问控制机制、用户管理与权限管理。

14.1　授权管理表与访问控制

MySQL 服务器是通过 MySQL 授权管理表（权限表）来控制用户对数据库的访问，MySQL 安装成功后会自动安装多个数据库，其中一个重要的系统数据库就是名为 mysql 的数据库，MySQL 的权限表就存放在该数据库中。

mysql 数据库中有关权限控制的表主要有 user、db、host、tables_priv、columns_priv、procs_priv 和 proxies_priv 表等，本节只介绍最主要的五个表。

14.1.1　user 表

user 表是全局级权限表，用于存放用户基本信息与全局级权限。user 表包括下列四类字段：用户字段、权限字段、安全字段和资源控制字段，共 40 多个字段。这里主要介绍用户字段和权限字段。

1. 用户字段

user 表中用户字段包括 Host（主机名）、User（用户名）、Password（密码），Host 指定了允许用户登录所使用的主机名或主机 IP，例如 user=root Host=192.168.1.1，即 root 用户只能通过 192.168.1.1 的客户端去访问 MySQL 服务器。

【例 14-1】查看 user 表中用户相关字段，结果如图 14-1 所示。

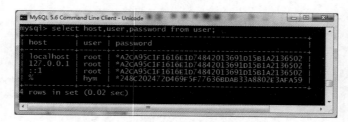

图 14-1　user 表中主要用户字段信息

从上述运行结果可以看出，现有三个 User 为 root 的用户，但其主机名不同，有一个 User 为 hym 的用户。%为通配符，Host=%表示对应用户所有 IP 都有连接权限，可以远程连接登录。

用户登录时，需要 Host、User 和 Password 这 3 个字段全部匹配才能登录。创建用户时，也是主要设置这 3 个字段，用户修改登录密码就是修改 Password。

2．权限字段

权限类字段主要是后缀为 _priv 的字段，这些字段规定了用户的操作权限，包括基本的数据查询与更新权限、服务器操作权限、超级权限、触发器和储存过程等数据库对象操作权限等，从字段名称基本上可以看出具体字段所对应的权限，例如包括 Select_priv、Insert_priv、Update_priv 等。

【例 14-2】查看 root 用户的 INSERT、UPDATE 和 SELECT 的权限，结果如图 14-2 所示。

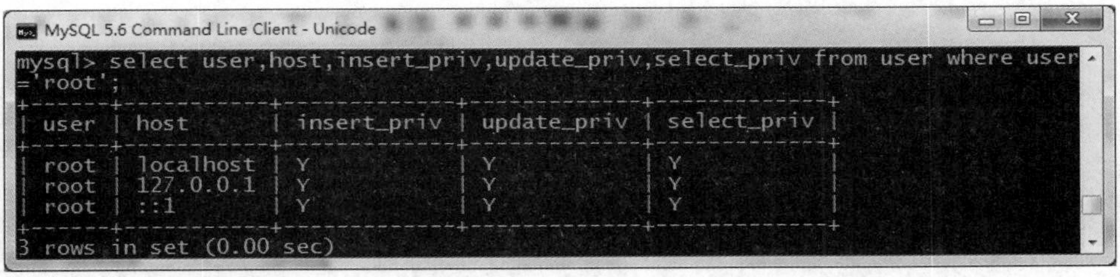

图 14-2 root 用户的 INSERT、UPDATE 和 SELECT 权限

user 表对应的权限针对所有数据库。权限列被定义为 ENUM('Y','N')类型，每一个权限字段指定一种权限，值为 Y 表示有相应权限，值为 N 则表示无相应权限。从图 14-2 中可以看出，三个 root 用户都有 INSERT、UPDATE 和 SELECT 权限。

3．安全字段

安全字段用于管理用户的安全信息，包括连接加密、标准与授权等字段。

（1）ssl_type、ssl_cipher：用于加密。

（2）x509_issuer、x509_subject：发布与提交标准，可用来标识用户。

（3）plugin、authentication_string：用于存储和授权相关的插件。

4．资源控制字段

资源控制字段用于限制用户对资源的使用，是以 Max_为前缀的字段。

（1）max_questions：每小时允许用户执行查询操作的次数。

（2）max_updates：每小时允许用户执行更新操作的次数。

（3）max_connections：每小时允许用户建立连接的次数。

（4）max_user_connections：允许单个用户同时建立的连接数。

14.1.2 db 表

db 表用于设置数据库级操作权限，存放各个用户账号在各个数据库上的操作权限，是一个更细粒度地、针对数据库库级别的权限控制。同时，db 表也隐式包含了将账户限定在某个数据库的范围内，即限制某个用户只能使用属于自己的数据库的控制权，对不属于他的数据库禁止操作，这能有效防止横向越权的发生。

db 表包括用户字段和权限字段两类，用户字段包括 Host、User、Db（数据库名称），权限字段是那些后缀为_priv 的字段。

一个用户对某一数据库有某种权限，是指该权限适用于该数据库中的所有表。例如 hym 用户对 test 数据库有 insert_priv 权限，则 hym 用户可以对 test 数据库中的所有表执行添加（insert）记录的操作。

要强调的是，user 表和 db 表中都有相应的权限，但 user 表中的权限适用于所有数据库，而 db 表中的权限仅适用于具体的数据库。权限控制是用户先从 user 表中获取权限，然后再从 db 表中获取权限。

14.1.3 tables_priv 表

tables_priv 表用来设置表级操作权限，所指定的权限适用于相应表中的所有列。可以使用 DESCRIBE 命令来查看该表的结构，如图 14-3 所示。

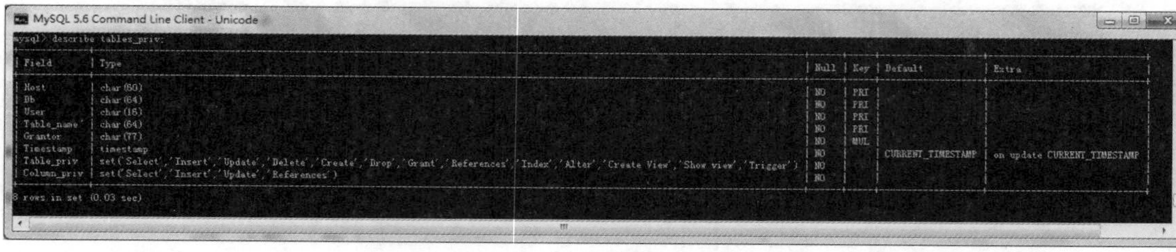

MySQL 5.6 Command Line Client - Unicode

mysql> describe tables_priv;

Field	Type	Null	Key	Default	Extra
Host	char(60)	NO	PRI		
Db	char(64)	NO	PRI		
User	char(16)	NO	PRI		
Table_name	char(64)	NO	PRI		
Grantor	char(77)	NO	MUL		
Timestamp	timestamp	NO		CURRENT_TIMESTAMP	on update CURRENT_TIMESTAMP
Table_priv	set('Select','Insert','Update','Delete','Create','Drop','Grant','References','Index','Alter','Create View','Show view','Trigger')	NO			
Column_priv	set('Select','Insert','Update','References')	NO			

8 rows in set (0.03 sec)

图 14-3　tables_priv 表结构

tables_priv 表中字段 Host、Db、User 分别指定了主机名或 IP 地址、数据库名和用户名，Table_name 为表名，Grantor 表示权限的设置者，Timestamp 为权限设置时间；权限字段包括 Table_priv 和 Column_priv，权限字段被声明为 SET 类型。Table_priv 指定对表的操作权限（包括 Select、Insert、Update、Delete、Create、Drop、Grant、References、Index、Alter、Create View、Show view、Trigger），Column_priv 指定对列的操作权限（包括 Select、Insert、Update、References）。

14.1.4 columns_priv 表

columns_priv 表用来设置列级的操作权限，可以对指定表的单个列进行权限设置，其目的是提供更细粒度的用户控制。使用 DESCRIBE 命令可以查看该表的结构，如图 14-4 所示。

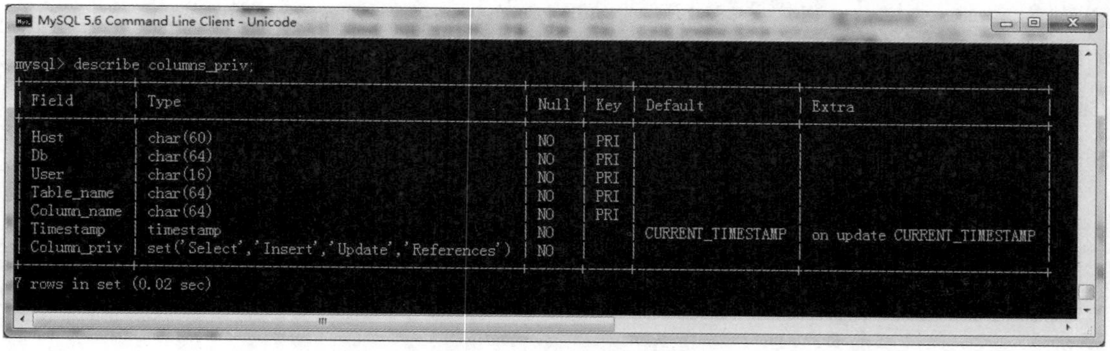

MySQL 5.6 Command Line Client - Unicode

mysql> describe columns_priv;

Field	Type	Null	Key	Default	Extra
Host	char(60)	NO	PRI		
Db	char(64)	NO	PRI		
User	char(16)	NO	PRI		
Table_name	char(64)	NO	PRI		
Column_name	char(64)	NO	PRI		
Timestamp	timestamp	NO		CURRENT_TIMESTAMP	on update CURRENT_TIMESTAMP
Column_priv	set('Select','Insert','Update','References')	NO			

7 rows in set (0.02 sec)

图 14-4　columns_priv 表结构

columns_priv 表中 Host、Db、User、Table_name、Timestamp 字段的意义和 tables_priv 表一样；另有 Column_name 指定 Table_name 所指定表中的列名，Column_priv 列用于设置该列的操作权限，具体权限包括 Select、Insert、Update 和 References。

14.1.5　mysql. procs_priv 表

procs_priv 表用于存放与存储过程和自定义函数有关的权限信息，其表结构如图 14-5 所示。其中 Routine_name 为存储过程或自定义函数的名称，Routine_type 表示类型（FUNCTION 或 PROCEDURE），Grantor 表示权限的授予者，Proc_priv 表示拥有的权限，权限包括 Excute（运行）、Alter Routine（修改）和 Grant（转授权限）。

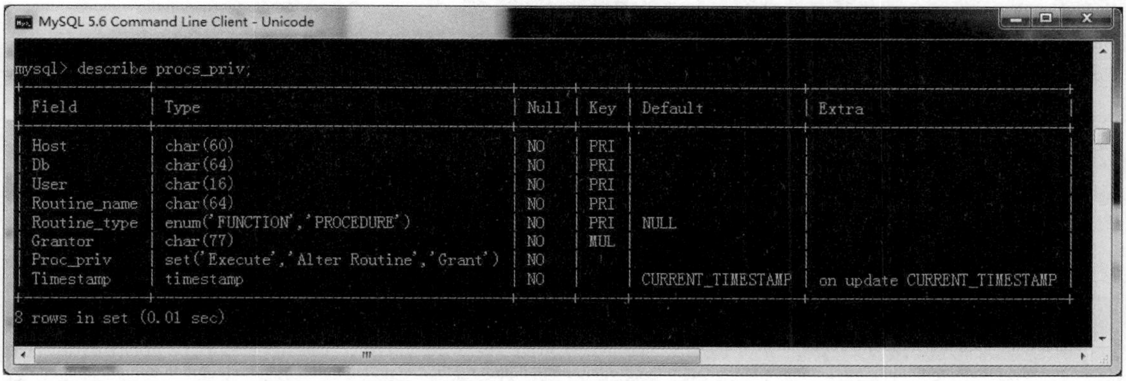

```
mysql> describe procs_priv;
+--------------+----------------------------------------+------+-----+-------------------+-----------------------------+
| Field        | Type                                   | Null | Key | Default           | Extra                       |
+--------------+----------------------------------------+------+-----+-------------------+-----------------------------+
| Host         | char(60)                               | NO   | PRI |                   |                             |
| Db           | char(64)                               | NO   | PRI |                   |                             |
| User         | char(16)                               | NO   | PRI |                   |                             |
| Routine_name | char(64)                               | NO   | PRI |                   |                             |
| Routine_type | enum('FUNCTION','PROCEDURE')           | NO   | PRI | NULL              |                             |
| Grantor      | char(77)                               | NO   | MUL |                   |                             |
| Proc_priv    | set('Execute','Alter Routine','Grant') | NO   |     |                   |                             |
| Timestamp    | timestamp                              | NO   |     | CURRENT_TIMESTAMP | on update CURRENT_TIMESTAMP |
+--------------+----------------------------------------+------+-----+-------------------+-----------------------------+
8 rows in set (0.01 sec)
```

图 14-5　procs_priv 表结构

为便于查看，表 14-1 列出了各级权限表可被授予的主要 SQL 语句权限。

表 14-1　各级权限表可授 SQL 语句权限

语句	说明	全局级 user	数据库级 db	表级 tables_priv	列级 columns_priv
SELECT	允许使用 SELECT 语句检索数据	√	√	√	√
INSERT	允许使用 INSERT 语句插入数据	√	√	√	√
UPDATE	允许使用 UPDATE 语句修改数据	√	√	√	√
DELETE	允许使用 DELETE 语句删除数据	√	√	√	
CREATE	允许创建数据库和表，但不允许创建索引	√	√	√	
ALTER	允许重命名数据库和修改表结构	√	√	√	
DROP	允许删除现有的数据库和表，但不允许删除索引	√	√	√	
INDEX	允许创建和删除索引	√	√	√	

续表

语句	说明	全局级 user	数据库级 db	表级 tables_priv	列级 columns_priv
REFERENCES	允许设置表参照关系	√	√	√	√
GRANT	允许用户转授自己拥有的权限	√	√	√	
FILE	允许加载服务器主机上的文件	√			
RELOAD	允许执行大量的服务器操作，包括日志、权限、主机和表等	√			
SHUTDOWN	允许关闭 MySQL 服务器	√			
EXECUTE	允许执行存储过程和自定义函数	√			
PROCESS	允许使用 SHOW PROCESSLIST 语句查看服务器正在执行的进程信息	√			

14.1.6 访问控制机制

从上述 user、db、tables_priv、columns_priv 权限表的结构可以看出，其中有许多重复性的权限字段，其区别就在于它们的作用域范围不同，从 user 到 columns_pri 逐级作用域范围降低，其配置遵循"就近原则"，即以优先级最低的为准。可以说 user、db、tables_priv、columns_priv 表分别提供了由高到低（由粗到细）不同级别（粒度）的权限控制，构成了一个具有不同层次的权限配置体系，我们的权限配置也应该按照这个顺序来有规划地进行。

MySQL 访问控制包括两个阶段：第一阶段是登录验证，即确定用户是否有权连接 MySQL 服务器；第二阶段是操作权限验证，用户成功登录连接到服务器后，确定用户是否有权执行所请求的数据库操作。

用户进行数据库连接、登录、数据库操作的时候，mysql 权限表的验证过程如下：

（1）先根据 user 表中的 Host、User、Password 这 3 个字段中判断连接的主机或主机 IP、用户名、密码是否存在，存在则通过验证。

（2）通过身份认证后，进行权限分配，按照 user→db→tables_priv→columns_priv 的顺序进行验证，即先检查全局权限表 user，如果 user 中对应的权限为 Y，则此用户对所有数据库的权限都为 Y，将不再检查 db、tables_priv 和 columns_priv；如果全局权限表 user 对应的权限为 N，则到 db 表中检查此用户对应的具体数据库，并得到 db 中为 Y 的权限；如果 db 中为 N，则检查 tables_priv 中此数据库对应的具体表，取得表中的权限 Y，以此类推，逐级下降。

由上可知，MySQL 的账户权限优先级基本顺序是：user→db→tables_priv→columns_priv。考虑 host 表和 procs_priv 表中权限，完整的客户端数据库操作权限验证流程如图 14-6 所示。

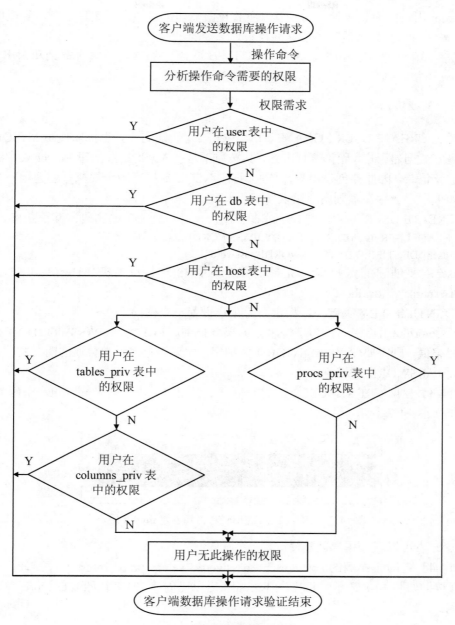

图 14-6　客户端数据库操作请求验证流程

了解了 MySQL 的账户权限原理与验证流程，再掌握后面要介绍的权限配置方法，才能达到所谓的"最小权限原则"。

14.2　用户管理

MySQL 数据库的安全性，需要通过用户管理来保证。MySQL 中，用户分为 root 用户和普通用户。

(1) root 用户：为超级管理员，具有所有权限，如创建用户、删除用户、管理用户等。
(2) 普通用户：只有被赋予的某些权限。

MySQL 提供了多条语句来管理用户账号，这些语句能够用来包含登录和退出 MySQL Server、创建用户、删除用户、密码管理、权限管理等。

14.2.1 新建用户

可以通过 CREATE USER、GRANT、INSERT 语句新建用户，也可以使用 MySQL 图形化管理工具等方法创建用户。无论哪种方法，其实质都是在 MySQL 数据库的 user 表中添加一条所建用户的新记录，因此要创建用户，必须拥有 MySQL 数据库的全局执行创建用户相应语句的权限。如果用户已存在，则出现错误。

使用 CREATE USER 语句创建一个或多个用户，并设置相应的密码。其语法格式为：

CREATE USER user [IDENTIFIED BY [PASSWORD] 'password']
[, user [IDENTIFIED BY [PASSWORD] 'password']]…

- user：要创建的账户名，完整的账户应由用户名和主机（Host）组成，形式为 'username'@'localhost'。
- IDENTIFIED BY 关键字：指定要为账户设置一个密码。
- password：用户密码，为字符串。如果要把密码指定为由 PASSWORD()函数返回的混编值，则需要使用 PASSWORD 关键字；如果指定密码为普通的明文文本，则不需要 PASSWORD 关键字。

【例 14-3】使用 CREATE USER 语句创建一个新用户，用户名为 mysoft，密码为 12345。其运行结果如图 14-7 所示。

图 14-7　使用 CREATE USER 语句创建 mysoft 用户

查询 user 表可以查看用户创建情况。

【例 14-4】查询 user 表的 host、user、password、select_priv、insert_priv 字段，查看 user 表。其运行结果如图 14-8 所示，可以看出 mysoft 用户已创建，且其初始 select_priv、insert_priv 权限均为 N。

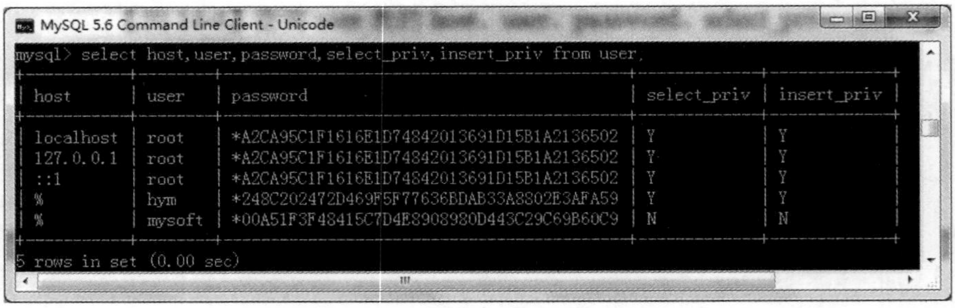

图 14-8　mysoft 用户创建情况

14.2.2 修改用户密码

root 用户可以修改自己和普通用户的密码，普通用户只能修改自己的密码。可以通过 mysqladmin 命令、UPDATE 语句和 SET 语句等方式修改密码。这里只介绍使用 mysqladmin 命令和 SET 语句修改密码。

1. 使用 mysqladmin 命令修改密码

mysqladmin 为 MySQL 外部管理命令，mysqladmin 命令既可以修改 root 用户密码，也可以修改普通用户密码。其语法格式为：

  mysqladmin -u username -p password "new_password"

- username：用户名。
- password：关键字。
- new_password：表示新密码，注意新密码必须用双引号括起来。

【例 14-5】使用 mysqladmin 命令将 mysoft 用户的密码修改为 54321。

执行时需要输入旧密码，执行结果如图 14-9 所示。

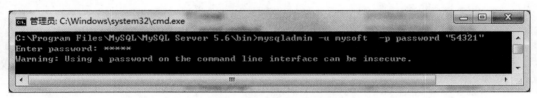

图 14-9　使用 mysqladmin 命令修改密码

2. 使用 SET 语句修改密码

使用 SET 语句修改密码，root 用户和普通用户改动自己的密码的语法格式为：

  SET PASSWORD=PASSWORD("new_password");

- PASSWORD：关键字。
- PASSWORD()：表示将新密码通过 PASSWORD()函数加密。
- new_password：表示新密码。

root 用户修改普通用户密码的语法格式为：

  SET PASSWORD FOR 'USER'@'HOST' =PASSWORD("new_password ")

- PASSWORD：关键字。
- USER：用户名，HOST 为主机名。
- PASSWORD()：表示将新密码通过 PASSWORD()函数加密。
- new_password：表示新密码。

【例 14-6】使用 root 用户登录到 MySQL，用 SET 命令将 mysoft 用户的密码修改为 54321。执行结果如图 14-10 所示。

图 14-10　root 用户用 SET 命令修改 mysoft 用户密码

14.2.3 删除用户

可以通过 DROP USER 语句删除用户，也可以通过 DELETE 语句直接删除 user 表中相应记录来删除用户，当然，需要有执行相应语句的权限。

【例 14-7】使用 DROP USER 语句删除 mysoft 用户，其执行结果如图 14-11 所示。读者可以自行查看删除后的 user 表，验证删除结果。

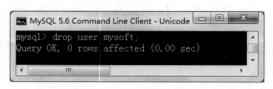

图 14-11　使用 DROP USER 语句删除 mysoft 用户

14.3　权限管理

权限包括全局级（user 级）权限、数据库级权限、表级权限、列级权限和子程序级。权限管理主要是对用户授予权限、撤销权限、权限验证等。本章 14.1 节中已经介绍了 MySQL 数据库的 user、db 等权限表，用户的权限都是保存在权限表中，权限的管理实质上都是对权限表的操作。

权限管理的语句主要有 GRANT、REVOKE 和 SHOW GRANTS 语句。

14.3.1 授予权限

授予权限（授权）也称为分配权限，是指为某些用户赋予某些操作权限，例如，为某一新建的用户赋予查询所有的数据库和表的权限。

在本书 14.1.5 节中已介绍过 user、db 等授权管理表以及访问控制机制，可知在用 INSERT 语句向 user 表添加新的用户时可直接分配权限。另外，还可以使用 GRANT 授权语句向用户分配权限，当然，必须是拥有 GRANT 语句权限的用户才能执行 GRANT 语句。

GRANT 语句的语法格式如下：

　　GRANT priv_type[(column_list) ON databse.table TO
　　user [IDENTIFIED BY [PASSWORD] 'password']
　　[,user [IDENTIFIED BY [PASSWORD] 'password']]
　　……
　　[WITH with-option[with-option]…]

- priv_type：表示权限的类型，具体 SQL 语句权限参照表 14-1。如果拥有所有的权限，可以使用 ALL。
- column_list：指定列名，表示权限作用于哪些列上，如不指定该参数则作用于整个表上。
- databse.table：指定数据库和表。
- user：用户名，完整的用户应由用户名和主机（Host）组成，形式为 'username'@'localhost'。
- IDENTIFIED BY：关键字，指定要为账户设置一个密码，已存在的用户可不指定密码。

- password：表示用户的新密码，已存在的用户可以不用密码。如果要把密码指定为由 PASSWORD()函数返回的混编值，则需要使用 PASSWORD 关键字；如果指定密码为普通的明文文本，则不需要 PASSWORD 关键字。
- WITH with-option[with-option]…：指定授权选项。

with-option 授权选项有以下 5 个选项：

- GRANT OPTION：被授权的用户可以将权限授给其他用户（转授权限）。
- MAX_QUERIES_PER_HOUR count：设置每个小时可以执行 count 次查询。
- MAX_UPDATES_PER_HOUR count：设置每个小时可以执行 count 次更新。
- MAX_CONNECTIONS_PER_HOUR count：设置每小时可以建立 count 个连接。
- MAX_USER_CONNECTIONS count：设置单个用户可以同时具有 count 个连接。

如果被授权用户不存在，则 GRANT 语句直接创建该用户并授权，一般需要设置密码。对已经存在的用户授权，无须指定密码。

【例 14-8】使用 GRANT 语句创建用户 soft，密码为 soft123，并授予其对所有数据库所有表的 SELECT、INSERT、UPDATE 权限和转授权限（GRANT OPTION），运行结果如图 14-12 所示。

图 14-12　使用 GRANT 语句创建 soft 用户并授权

【例 14-9】使用 GRANT 语句授予 mysoft 用户对所有数据库所有表的 SELECT、INSERT 权限，并具有转授权限（GRANT OPTION），运行结果如图 14-13 所示。

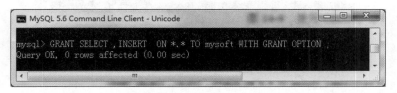

图 14-13　授予 mysoft 用户对所有数据库所有表的 SELECT、INSERT 权限

验证【例 14-9】授权结果，查看 user 表 mysoft 用户的 SELECT、INSERT 和 UPDATE 权限，如图 14-14 所示，可以看出，mysoft 用户已拥有全局级的 SELECT、INSERT 权限，但无 UPDATE 权限（因初始未授权）。

图 14-14　对 mysoft 用户 SELECT、INSERT 授权结果

【例 14-10】使用 GRANT 语句授予 mysoft 用户对 Book 数据库所有表的 UPDATE 权限，执行结果如图 14-15 所示。

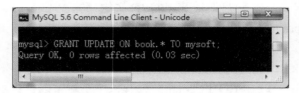

图 14-15　授予 mysoft 用户对 Book 数据库所有表的 UPDATE 权限

对同一用户多次授权，其权限是多次授权的合并。因上述 UPDATE 授权是针对 Book 数据库的所有表，属于数据库表级权限，因此是对 db 权限表的操作。

验证【例 14-10】授权结果，查看 db 权限表 mysoft 用户的 SELECT、INSERT 和 UPDATE 权限，查询结果如图 14-16 所示。

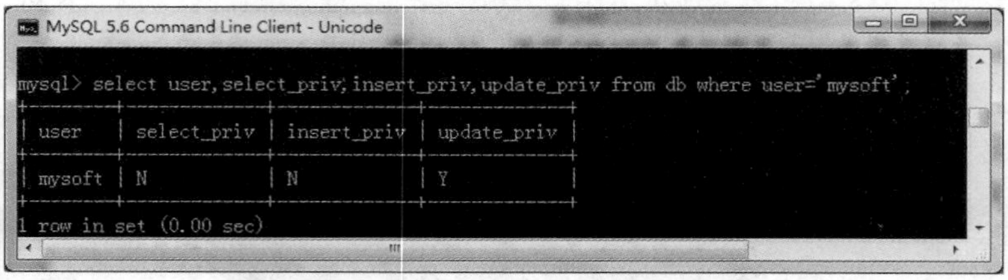

图 14-16　授予 mysoft 用户对 Book 数据库所有表 UPDATE 权限结果

【例 14-11】使用 GRANT 语句授予 mysoft 用户对 Book 数据库中 Readers 表（读者表）的 SELECT、INSERT 和 DELETE 权限，执行结果如图 14-17 所示。

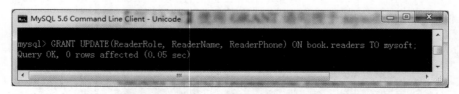

图 14-17　授予 mysoft 用户对 Book 数据库中 Readers 表的权限

【例 14-12】使用 GRANT 语句授予 mysoft 用户对 Book 数据库中 Readers 表（读者表）的 ReaderRole（读者角色）、ReaderName（读者姓名）和 ReaderPhone（读者电话）列的 UPDATE 权限，执行结果如图 14-18 所示。

图 14-18　授予 mysoft 用户对 Book 数据库中 Readers 表的列级 UPDATE 权限

14.3.2　查看权限

可以通过 SELECT 语句和 SHOW GRANTS 语句查看用户的权限。

1. 使用 SELECT 语句查看用户权限

用户不同级别的权限分别存放在 MySQL 数据库的 user、db、tables_pri、columns_priv 等权限表中，通过 SELECT 语句查询相应的权限表，即可查看其相应级别的权限。

例如，查询所有用户的全局级的权限，语句如下：

SELECT * FROM user;

要查询某一用户的具体权限，则需要指定用户名和具体权限。

【例 14-13】查看 mysoft 用户的数据库级的所有权限，查询结果如图 14-19 所示。

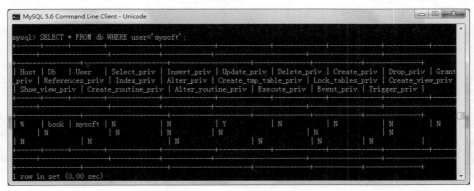

图 14-19　查看 mysoft 用户的数据库级权限

2. 使用 SHOW GRANTS 语句查看用户权限

SHOW GRANTS 语句语法格式如下：

SHOW GRANTS FOR 'user'@'host';

【例 14-14】使用 SHOW GRANTS 语句查看 mysoft 用户的权限信息，执行结果如图 14-20 所示。可以看出，显示的是历次对 mysoft 用户的授权信息。

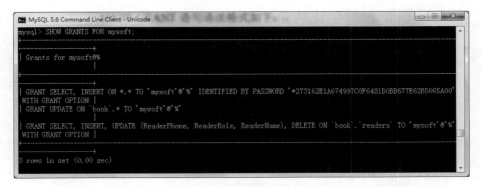

图 14-20　使用 SHOW GRANTS 语句查看 mysoft 用户的权限信息

14.3.3　撤销权限

撤销权限也称回收权限，是取消某个用户所拥有的某些权限，撤销用户不必要的权限能够在一定程度上保证系统的安全性。

可以使用 REVOKE 语句撤销权限，撤销用户权限之后，用户在 db、host、tables_priv、columns_priv 权限表中的相应记录被删除，但该用户账号并未删除，即在 user 表中仍保存其用户信息。

REVOKE 语句语法格式如下：

　　REVOKE priv_type [(column_list)] [, priv_type [(column_list)]] ...
　　ON [object_type] {table_name | * | *.* | db_name.*}
　　FROM user [, user] ...

或者：

　　REVOKE ALL PRIVILEGES, GRANT OPTION FROM user [, user] ...

【例 14-15】撤销 soft 用户的 INSERT 和 UPDATE 权限，执行结果如图 14-21 所示。读者可以自行查看 soft 用户撤销权限后的权限信息。

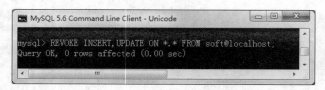

图 14-21　撤销 soft 用户的 INSERT 和 UPDATE 权限

【例 14-16】撤销 soft 用户的全部权限，执行结果如图 14-22 所示。读者可以自行查看 soft 用户撤销权限后的权限信息。

图 14-22　撤销 soft 用户的所有权限

14.4　使用 Workbench 管理用户与权限

在 Workbench 中可以方便地通过图形化界面对用户进行管理，也可以在其脚本窗格中输入并执行相应的用户管理语句（如 CREATE USER 等）来管理用户。这里只介绍通过图形化界面进行用户管理。

打开 Workbench，在其左侧导航栏中找到 Users and Privileges 项并单击查看，窗口右边显示 Users and Privileges 操作界面，其左侧窗格中将显示当前 MySQL 服务器中的所有用户列表，用户列表右侧窗格显示当前用户的 Login 选项卡，Login 选项卡显示用户的基本信息，包括登录名、授权类型、主机名、密码等，如图 14-23 所示。

在 Users and Privileges 管理界面中，用户列表栏下的按钮说明如下：

- Add Account 按钮：用来创建用户。
- Delete 按钮：用来删除所选定的用户。
- Refresh 按钮：用来刷新当前服务器状态。

用户列表栏右侧有 Login 等四个选项卡，显示当前所选用户的基本信息、管理角色和权限等，具体描述如下：

- Login 选项卡：设置用户的基本信息，包括登录名、授权类型、主机名、密码等。

第 14 章　MySQL 用户管理与权限管理　221

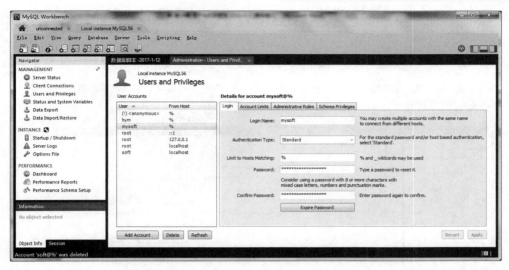

图 14-23　MySQL 服务器中的用户列表

- Account Limits 选项卡：设置用户的资源控制权限，如每小时允许用户建立连接的次数等。
- Administrative Roles 选项卡：设置用户的管理角色及其全局管理权限。
- Schema Privileges 选项卡：设置用户对指定数据库或所有数据库的操作权限。

Login 等选项卡下方的 Revert 按钮用来撤销上一步操作，Apply 应用按钮使设置生效。

通过设置上述选项卡信息，便可以修改用户密码、管理用户权限等。

下面通过创建一个新用户来说明如何创建新用户并为其分配权限。

【例 14-17】创建用户 soft2，并设置其相应权限，操作步骤如下：

（1）单击 Add Account 按钮，在 Login 选项卡中输入用户名（默认为 newuser）、主机名和密码，如图 14-24 所示。单击 Apply 按钮则创建了 soft2 用户，然后通过其他选项卡设置其权限，也可以将所有权限设置完后，再单击 Apply 按钮创建用户。

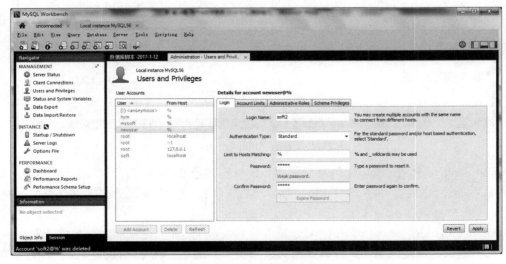

图 14-24　添加用户基本信息

（2）设置 Account Limits：Account Limits 权限是资源控制权限，参见本章 14.1.1 节中的 user 表相关字段说明。

打开 Account Limits 选项卡，如图 14-25 所示。根据需要设置相应限制值，其默认值都为 0。

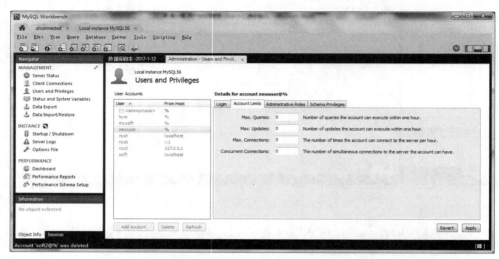

图 14-25　设置 Account Limits

（3）设置 Administrative Roles（管理角色）：打开 Administrative Roles 选项卡，如图 14-26 所示。

图 14-26　设置 Administrative Roles

Administrative Roles 选项卡用来设置用户的管理角色及其全局管理权限，MySQL 已经定义了多个系统管理角色，并赋予了相应的全局默认权限，如 DBA（数据库管理员）拥有所有权限。

Administrative Roles 选项卡左侧部分是角色列表，右侧部分是左侧对应角色的默认权限列表。勾选左侧的角色复选框，此时右侧相关权限将全部选中。也可以直接选择右侧的权限，则左侧拥有所选权限的角色将被选中。

（4）设置 Schema Privileges：打开 Schema Privileges 选项卡，如图 14-27 所示。

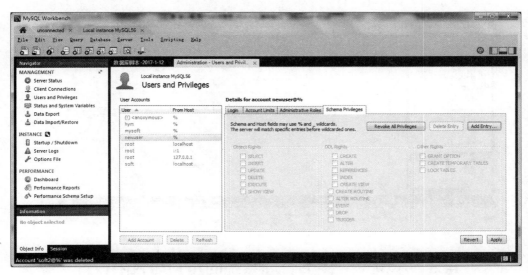

图 14-27　Schema Privileges 选项卡

Schema Privileges 选项卡用来设置用户的数据库权限，初始界面无法选择权限，需要指定数据库。单击 Add Entry 按钮，打开添加数据库界面，如图 14-28 所示。

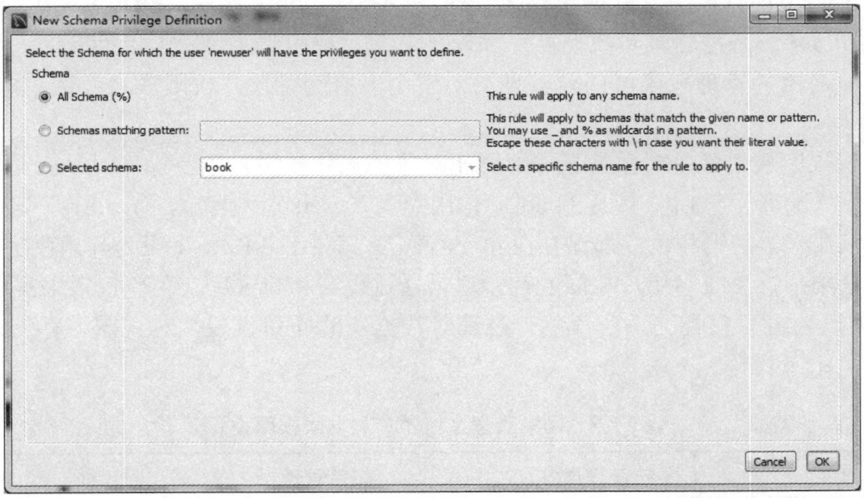

图 14-28　添加数据库

可以选择所有的数据库（默认），也可以通过 Selected schema 指定特定的数据库。单击 OK 按钮则返回到权限设置界面，如图 14-29 所示，数据库操作权限包括 Objects Rights（对象权限，如 SELECT、INSERT 等）、DDL Rights（数据定义权限，如 CREATE、ALTER 等）和 Other Rights（其他权限，如 GRANT OPTION 等）。

重复本步骤对多个不同的数据库设置所需的操作权限，单击 Delete Entry 按钮可以删除要操作的数据库，单击 Revoke All Privileges 按钮可以撤销对当前数据库的所有权限。

单击 Apply 按钮则应用已完成的用户创建与权限设置。

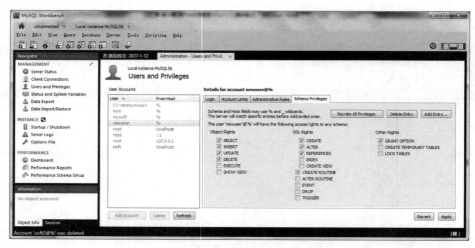

图 14-29　数据库操作权限设置

14.5　示例——图书管理系统的用户与权限设置

14.5.1　用户分类与权限分配

图书管理系统根据系统实际应用需求,包括三类(三级)用户(角色),即系统管理员、前台管理员和读者,系统管理员负责整个系统的管理,权限最高,原则上拥有图书管理数据库中所有数据库对象的管理权限;前台管理员负责图书借阅管理,权限次之;读者即普通用户,权限最低。

用户的权限实质上就是对数据表等数据库对象的操作权限,主要操作对象就是数据表,图书管理数据库(book)包括图书表(books)、用户表(users)、读者表(readers)等数据表。所有用户的登录账号、密码和角色都保存在 users 表中,其中 userRole 字段为其角色字段。一种角色可以有多个用户,系统对用户权限的控制通常通过设置和验证用户角色权限来实现。

表 14-2 只列出了三类用户(角色)及其对数据表的操作权限,对视图、存储过程等数据库对象的权限不予讨论。

表 14-2　图书管理系统用户数据表权限设置

数据表	系统管理员	前台管理员	读者
用户表:users	所有权限	SELECT	
图书信息表:books	所有权限	SELECT、INSERT、UPDATE、DELETE	SELECT
图书分类表:booktype	所有权限	SELECT	
读者信息表:readers	所有权限	SELECT、INSERT、UPDATE、DELETE	SELECT、UPDATE
出版社信息表:press	所有权限	SELECT、INSERT、UPDATE、DELETE	
借阅规则:borrowrules	所有权限	SELECT	
借阅记录表:borrowrecord	所有权限	SELECT、INSERT、UPDATE、DELETE	SELECT

14.5.2 用户管理与权限授予

需要说明的是，在实际应用系统中，用户权限的管理通常是应用程序根据用户角色在应用层面来控制，如在图书管理系统中是通过 book 数据库的 users 表的用户角色字段来控制，首先要在 users 表添加相应的用户，并分配角色。此处为了说明用户与权限的操作，直接创建 mysql 用户，并授予对 book 数据库中相应数据表的操作权限，也可以通过 Workbench 等图形化管理工具进行用户与权限管理。

1. 创建系统管理员并授予权限

【例 14-18】使用 GRANT 语句创建一个图书管理系统管理员用户 BookAdmin，密码为 bookadmin，并授予其对 book 数据库的所有权限，执行结果如图 14-30 所示。

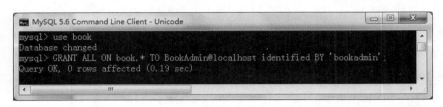

图 14-30　创建系统管理员 BookAdmin 并授予权限

2. 创建前台图书管理员用户，并授予权限

【例 14-19】使用 GRANT 语句创建一个前台图书管理员 BookKeeper，密码为 bookkeep，并授予其对 book 数据库中数据表的如表 14-2 所规定的权限。

先用 GRANT 语句创建 BookKeeper 管理员，并授予其所有数据表的 SELECT 权限，执行结果如图 14-31 所示。

图 14-31　创建前台管理员 BookKeeper 并授予 SELECT 权限

再用 GRANT 语句分别授予 BookKeeper 对相应数据表的 INSERT、UPDATE 等权限，如授予对 books 表的 INSERT、UPDATE 和 DELETE 权限，执行结果如图 14-32 所示，因为 BookKeeper 已经创建，此时无需密码。使用同样方法可以分别授予 BookKeeper 对 readers、press、borrowrecord 表的 INSERT、UPDATE 和 DELETE 权限，这里不再赘述。授权后还可以使用本章 14.3 节中介绍的权限查看方法查看权限授予结果。

图 14-32　授予 BookKeeper 对 books 表的 INSERT、UPDATE 和 DELETE 权限

3. 创建读者用户，并授予权限

【例 14-20】使用 GRANT 语句创建一个读者用户 Reader2，密码为 reader2，并授予其对

book 数据库中数据表的如表 14-2 所规定的权限。

根据表 14-2 规定的读者用户权限，先用 GRANT 语句创建读者用户 Reader2，并授予其对 books 表的 SELECT 权限，执行结果如图 14-33 所示。然后采用同样方法可以授予其对 readers 和 borrowrecord 表的相应权限，这里不再赘述。

图 14-33　创建读者用户 Reader2 并授予 books 表的 SELECT 权限

习　题

1. 一般情况下，可以将 user 权限管理表中的字段分为哪四类字段？
2. 简述 user 等权限表中的 Host、User、Db 字段的含义。
3. 简述 MySQL 登录验证原理。
4. 简述 MySQL 成功登录后的数据库操作权限验证机制。
5. MySQL 权限可以分为哪些级？简述各级权限的操作对象。
6. 使用 DESCRIBE 语句查看 user、db、tables_priv 等权限表的结构，并理解其字段含义。
7. 使用 CREATE USER 语句创建一个新用户，并使用 GRANT 语句授予其相应权限。然后通过该用户登录 MySQL，并进行相关操作。
8. 使用 Workbench 创建一个新用户，并设置其操作权限，然后通过该用户登录 MySQL，并进行相关操作。

第 15 章　MySQL 的高级应用

随着互联网应用的广泛普及，数据的量级也是呈指数的增长，从 GB 到 TB 再到 PB。海量数据的存储和访问成为了系统设计的瓶颈问题。对数据的各种操作也是愈加的困难，传统的关系型数据库已经无法满足快速查询与插入数据的需求。此时，NoSQL 的出现暂时解决了这一危机，但它通过降低数据的安全性，减少对事务的支持，减少对复杂查询的支持，来获取性能上的提升。但是对有事务与安全指标要求的场合，还是需要使用关系型数据库。

虽然关系型数据库在海量数据中逊色于 NoSQL 数据库，但是通过优化，它的性能还是会满足业务的需求的。针对数据的不同操作，其优化方向也不尽相同。对于数据移植、查询和插入等操作，可以从不同的需求去考虑。在优化的时候还需要考虑其他相关操作是否会产生影响，比如，可以通过创建索引提高查询性能，但是这会导致插入数据的时候因为要建立更新索引导致插入性能降低。所以，对数据库的优化要考虑多个方面，寻找一个折衷的最佳方案。

15.1　MySQL 中的大数据问题处理与分析

什么是大数据？大数据指的是数据量超过单个台式机存储能力的数据。在数据库技术中，大数据指的是那些关系型数据库难以存储、单机数据分析统计工具无法处理的数据，这些数据需要存放在拥有数千万台机器的大规模并行系统上。大数据出现在日常生活和科学研究的各个领域，数据的持续增长使人们不得不重新考虑数据的存储和管理。从 MySQL 服务端应用的视角看大数据，服务端应用在处理业务逻辑时，会多次操作数据，如果数据量太大，那么每次对数据进行操作会消耗大量的资源，性能也比较低，从而导致整个应用性能下降，甚至宕机。

1. 数据量过大导致数据库单表文件过大

经过多年的发展，MySQL 本身存储数据所使用的文件大小并不做限制。所以 MySQL 的单表最大限制已经扩大到了 64PB。当 MySQL 中的数据过多，文件过大时，查询数据的操作就对操作系统的 I/O 性能提出了很大的挑战。

2. 高并发影响数据读取效率

MySQL 服务器的线程数需要控制在一个合理的范围之内，这样才能保证 MySQL 服务器平稳地运行。每一个连接请求进入服务器，都会启动线程完成相应服务。如果连接过多，线程数过多，就会给服务器造成压力，影响响应速度。

3. 数据库维护及代码缺陷导致性能降低

处理数据离不开优秀的程序代码，尤其在进行复杂数据处理时，必须使用程序。好的程序代码对数据的处理至关重要,这不仅仅是数据处理准确度的问题,更是数据处理效率的问题。良好的程序代码应该包含好的算法、处理流程、效率以及异常处理机制等。

当系统要满足每秒数万次的读写请求需求时,需要用分布式计算、编写优良的程序代码、对海量数据进行分区操作、建立广泛的索引、建立缓存机制、加大虚拟内存、分批处理、使用数据仓库和多维数据库存储、使用负载均衡技术、将数据库的读写分离等来解决数据库大数据访问的问题。下面介绍 MySQL 的常用优化方案。

15.2 数据切分

数据库中一张数据表的增长速度有时是不可预估的,会随着系统的运行不断加快。当单表的数据量过大时,会带来查询性能下降、I/O 阻塞等问题。数据库的切分主要有两种形式:水平切分和垂直切分。切分的方法分为分区和分表。

1. 水平切分

就是按行来进行数据切分。例如,假如有 100 万条数据,分成十份,前 10 万条数据放到第一个分块,第二个 10 万条数据放到第二个分块,依此类推。取出一条数据的时候,这条数据包含了表结构中的所有字段,也就是说横向切分,并没有改变表的结构。

比如,有一个大量人员信息的表,可以按照人员名称将表分为多个分块,如图 15-1 所示。

name	email	photo
David	david@google.com	4MB
Sue	sue@google.com	3MB
Richard	richard@google.com	5MB
Jerry	jerry@google.com	2MB
Jack	jack@google.com	4MB

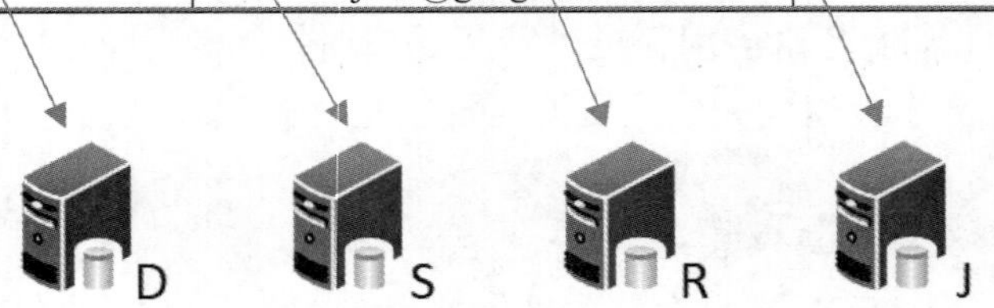

图 15-1 水平切分

2. 垂直切分

就是根据列来进行切分。例如,在设计用户表的时候,把个人的所有信息都放到一张表里,这样表里会有比较大的字段,如个人简介,而简介访问频率很低,可以把这样的大字段分开。

比如,可以将一个包含引用列、文本类型和 BLOB 类型的很宽的表分为两张表,一张包含引用列,另一张包含文本类型和 BLOB 类型,如图 15-2 所示。

name	email	photo
David	david@google.com	4MB
Sue	sue@google.com	3MB
Richard	richard@google.com	5MB
Jerry	jerry@google.com	2MB
Jack	jack@google.com	4MB

图 15-2 垂直切分

15.2.1 MySQL 数据表分区

在日常的工作中，经常遇到一张表里面保存了上亿甚至过十亿的记录，这对数据库造成了很大压力。解决此问题可以通过 MySQL 提供的表分区功能来解决。

表分区是指根据一定规则将数据库中的一张表分解成多个更小的，容易管理的部分。从逻辑上看，只有一张表，但是底层却由多个物理分区组成。使用分区表可以带来很多的优势。

（1）分区表的数据可以分布在不同的物理设备上，从而高效地利用多个硬件设备。

（2）和单个磁盘或者文件系统相比，可以存储更多数据。

（3）在 where 语句中包含分区条件时，可以只扫描一个或多个分区表来提高查询效率；涉及 sum 和 count 等聚合语句时，也可以在多个分区上并行处理，最后汇总结果。

（4）分区表更容易维护，批量删除大量数据可以清除整个分区。

并不是 MySQL 所有版本都支持分区功能，若想知道当前系统是否具有分区功能，可以使用如下命令查看：

show plugins;

运行结果如图 15-3 所示。如果在结果最后能够找到 partition，则代表当前版本支持分区。

正确的分区可以极大地提升数据库的查询效率，完成更高质量的 SQL 编程，但前提是能够正确使用分区，错误地使用分区会增加系统的复杂性。数据库分区是一种物理数据库设计技术。虽然分区技术可以实现很多效果，但其主要目的是为了在特定的 SQL 操作中减少数据读写的总量以缩减 SQL 语句的响应时间，同时对于应用来说分区完全是透明的。

目前在 MySQL 中支持将表水平分区，还没有计划将垂直分区引入到 MySQL。MySQL 5.6 支持范围分区（RANGE）、列表分区（LIST）、哈希分区（HASH）以及 KEY 分区四种。

1. RANGE 分区

RANGE 分区基于一个给定的连续区间范围对数据进行划分，MySQL 的早期版本 RANGE 主要是基于整数的分区。在 MySQL 5.7 版本中 DATE、DATETIME 列也可以使用 RANGE 分区，同时在 MySQL 5.5 以上的版本提供了基于非整型的 RANGE COLUMN 分区。RANGE 分区必须是连续的，且不能重叠。使用 VALUES LESS THAN (...)来定义分区区间，非整型的范围值需要使用单引号，并且可以使用 MAXVALUE 作为分区的最高值。

```
mysql> show plugins;
+--------------------------+----------+--------------------+---------+---------+
| Name                     | Status   | Type               | Library | License |
+--------------------------+----------+--------------------+---------+---------+
| binlog                   | ACTIVE   | STORAGE ENGINE     | NULL    | GPL     |
| mysql_native_password    | ACTIVE   | AUTHENTICATION     | NULL    | GPL     |
| mysql_old_password       | ACTIVE   | AUTHENTICATION     | NULL    | GPL     |
| sha256_password          | ACTIVE   | AUTHENTICATION     | NULL    | GPL     |
| CSV                      | ACTIVE   | STORAGE ENGINE     | NULL    | GPL     |
......
| BLACKHOLE                | ACTIVE   | STORAGE ENGINE     | NULL    | GPL     |
| partition                | ACTIVE   | STORAGE ENGINE     | NULL    | GPL     |
+--------------------------+----------+--------------------+---------+---------+
42 rows in set (0.00 sec)
```

图 15-3　查看 MySQL 是否支持分区

【例 15-1】行数据基于一个给定的连续区间的列值放入分区。

```
CREATE TABLE 'test_1' (
  'id' int(11) NOT NULL,
  'name' varchar(20) NOT NULL,
  PRIMARY KEY ('id')
) ENGINE=InnoDB DEFAULT CHARSET=utf8
 PARTITION BY RANGE (id)
(
 PARTITION p1 VALUES LESS THAN (5),
 PARTITION p2 VALUES LESS THAN (10),
 PARTITION pmax VALUES LESS THAN maxvalue
);
```

向表 test_1 中插入 4 条数据，如图 15-4 所示。

```
insert into test_1 values (1,"20170722"),(2,"20170822"),(7,"20170823"),(8,"20170824");
```

```
guoli — guoli@master:/etc — ssh guoli@10.211.55.7 — 94×5
mysql> insert into test_1 values (1,"20170722"),(2,"20170822"),(7,"20170823"),(8,"20170824");
Query OK, 4 rows affected (0.00 sec)
Records: 4  Duplicates: 0  Warnings: 0

mysql>
```

图 15-4　向 test_1 表中插入数据

查看当前分区过后的表中的所有数据，此时进行查询的方式，不需要进行任何改变，与未使用分区的查询 SQL 一样，所以分区对于用户来讲是透明的，如图 15-5 所示，直接执行查询 SQL 即可获得查询结果。

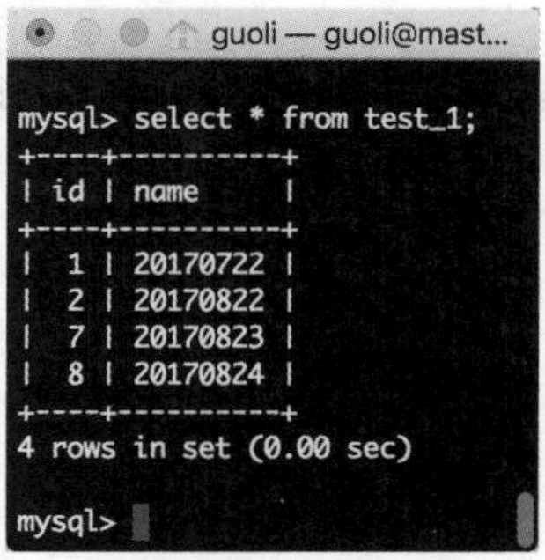

图 15-5　检索 test_1 表中的数据

查看 information 下 partitions 对分区信息的统计：
　　select PARTITION_NAME as "分区",TABLE_ROWS as "行数" from
　　information_schema.partitions
　　where table_schema="mysql_test" and table_name="test_1";

如图 15-6 所示，从结果可以看出分区 p1 插入 2 行数据，分区 p2 插入 2 行数据，以及 pmax 分区没有数据，同时也可以是用 year、to_days、unix_timestamp 等函数对时间字段进行转换，然后分区。

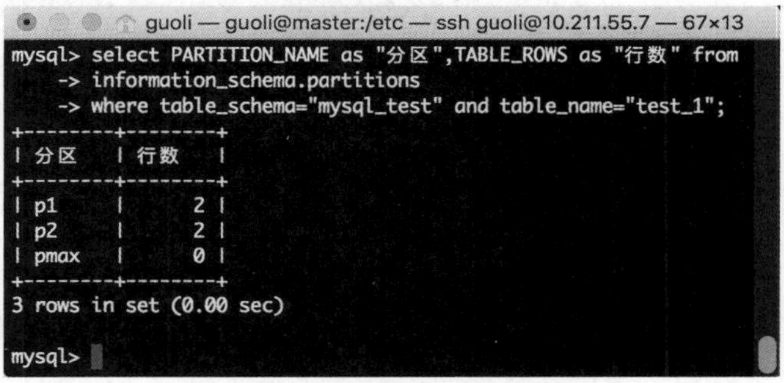

图 15-6　查看 test_1 分区结果

2. LIST 分区

LIST 分区和 RANGE 分区非常的相似，主要区别在于 LIST 是枚举值列表的集合，RANGE 是连续的区间值的集合。二者在语法方面非常的相似。建议 LIST 分区列是非 NULL 列，否则插入 NULL 值。如果枚举列表里面不存在 NULL 值会插入失败，这点和其他的分区不一样，RANGE 分区会将其作为最小分区值存储，HASH/KEY 分区会将其转换成 0 存储，LIST 分区只支持整型，非整型字段需要通过函数转换成整型。MySQL 5.5 版本之后可以不需要函数转换使用 LIST COLUMN 分区支持非整型字段。

【例 15-2】行数据基于一个给定的枚举列表放入分区。
　　CREATE TABLE test_2 (
　　　'id' int(11) NOT NULL,
　　　'name' varchar(20) NOT NULL,
　　　PRIMARY KEY ('id')
　　)
　　PARTITION BY LIST(id) (

```
        PARTITION a VALUES IN (1,5,6),
        PARTITION b VALUES IN (2,7,8),
        PARTITION c VALUES IN (3,9,10),
        PARTITION d VALUES IN (4,11,12)
);
```

向表 test_2 中插入 8 条数据：

```
insert into test_2 values (1,"20170721"),(6,"20170826"),(7,"20170827"),(8,"20170828"),
(9,"20170729"),(11,"20170831"),(10,"20170830"),(4,"20170824");
```

查看当前分区过后的表中的所有数据，如图 15-7 所示。

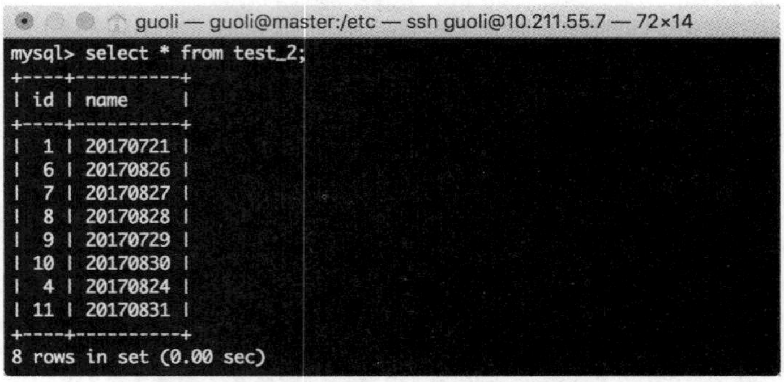

图 15-7　查询表 test_2 中的所有数据

查看 information 下 partitions 对分区信息的统计：

```
select PARTITION_NAME as "分区",TABLE_ROWS as "行数" from
information_schema.partitions
where table_schema="mysql_test" and table_name="test_2";
```

如图 15-8 所示，从结果可以看出分区 a、b、c、d 各插入 2 行数据。当向分区中插入不在枚举列表中的值时会插入失败，插入 NULL 值，如果 NULL 值不在枚举列表中也同样失败。

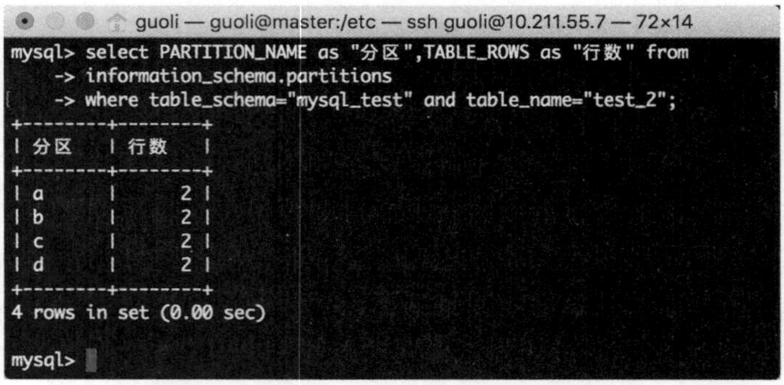

图 15-8　LIST 分区结果

3. COLUMNS 分区

COLUMN 分区是 MySQL 5.5 开始引入的分区功能，支持整型、时间类型、字符类型（见表 15-1），与 RANGE 和 LIST 的分区方式非常的相似。COLUMNS 分区允许在分区键中使用多个列。COLUMNS 分区有两种类型：RANGE COLUMNS 分区和 LIST COLUMNS 分区。

COLUMNS 和 RANGE 和 LIST 分区的区别：

- 针对日期字段的分区不需要使用函数进行转换，例如，针对 date 字段进行分区不需要使用 YEAR()表达式进行转换。
- COLUMN 分区支持多个字段作为分区键，但是不支持表达式作为分区键。

表 15-1　COLUMNS 支持的类型

数据类型	说明
整型	tinyint，smallint，mediumint，int，bigint；不支持 decimal 和 float
时间类型	date，datetime
字符类型	char，varchar，binary，varbinary；不支持 text，blob

【例 15-3】RANGE COLUMNS 分区，多个字段组合分区。

```
CREATE TABLE test_2_1 (
    a INT,
    b INT
)
PARTITION BY RANGE COLUMNS(a,b) (
    PARTITION p0 VALUES LESS THAN (5,10),
    PARTITION p1 VALUES LESS THAN (10,20),
    PARTITION p2 VALUES LESS THAN (15,30),
    PARTITION p3 VALUES LESS THAN (MAXVALUE,MAXVALUE)
);
```

多字段的分区键比较是基于数组的比较。它先用插入的数据的第一个字段值和分区的第一个值进行比较，如果插入的第一个值小于分区的第一个值，那么就不需要比较第二个值，插入数据属于该分区；如果第一个值等于分区的第一个值，开始比较第二个值，同样如果第二个值小于分区的第二个值那么就属于该分区。

向数据表 test_2_1 中添加 3 条数据：

insert into test_2_1(a,b)values(1,20),(10,15),(10,30);

查看当前分区过后的表中的所有数据，如图 15-9 所示。

图 15-9　test_2_1 表中数据

如图 15-10 所示，查看 information 下 partitions 对分区信息的统计：

select PARTITION_NAME as "分区",TABLE_ROWS as "行数" from information_schema.partitions
where table_schema="mysql_test" and table_name="test_2_1";

第一组值：(1,20)，1<5 所以不需要再比较 20 了，该记录属于 p0 分区。
第二组值：(10,15)，10>5，10=10 且 15<20，所以该记录属于 P1 分区。
第三组值：(10,30)，10=10 但是 30>20，所以它不属于 p1，它满足 10<15 所以它属于 p2。

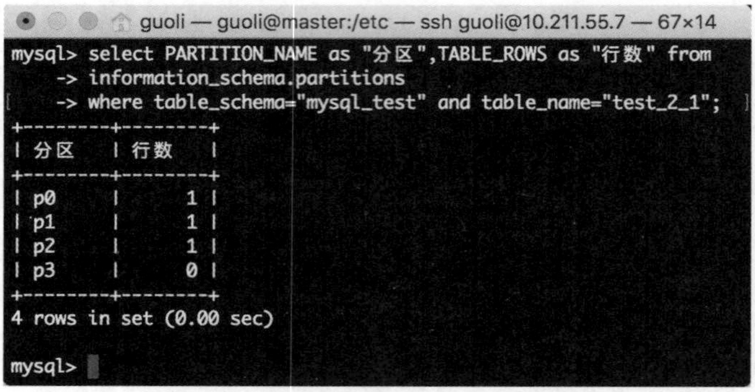

```
mysql> select PARTITION_NAME as "分区",TABLE_ROWS as "行数" from
    -> information_schema.partitions
    -> where table_schema="mysql_test" and table_name="test_2_1";
+--------+--------+
| 分区   | 行数   |
+--------+--------+
| p0     |      1 |
| p1     |      1 |
| p2     |      1 |
| p3     |      0 |
+--------+--------+
4 rows in set (0.00 sec)
```

图 15-10　RANGE COLUMNS 分区

【例 15-4】LIST COLUMNS 分区，多字段组合分区。
  CREATE TABLE test_2_2 (
    id INT NOT NULL,
    createtime DATETIME NOT NULL
)
  PARTITION BY LIST COLUMNS(id,createtime)
  (
    PARTITION a VALUES IN ((1,'1990-01-01 10:00:00'),(1,'1991-01-01 10:00:00')),
    PARTITION b VALUES IN ((2,'1992-01-01 10:00:00')),
    PARTITION c VALUES IN ((3,'1993-01-01 10:00:00')),
    PARTITION d VALUES IN ((4,'1994-01-01 10:00:00'))
  );
创建字段 createtime 上的索引：
  ALTER TABLE test_2_2 ADD INDEX ix_crt(createtime);
向表 test_2_2 中插入 4 条数据：
  insert into test_2_2() values(1,'1990-01-01 10:00:00'),
  (1,'1991-01-01 10:00:00'),(2,'1992-01-01 10:00:00'),(3,'1993-01-01 10:00:00');
查看当前分区过后的表中的所有数据，如图 15-11 所示。

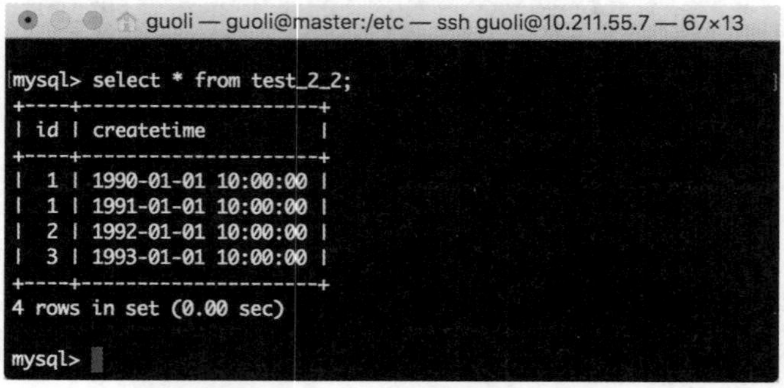

```
mysql> select * from test_2_2;
+----+---------------------+
| id | createtime          |
+----+---------------------+
|  1 | 1990-01-01 10:00:00 |
|  1 | 1991-01-01 10:00:00 |
|  2 | 1992-01-01 10:00:00 |
|  3 | 1993-01-01 10:00:00 |
+----+---------------------+
4 rows in set (0.00 sec)
```

图 15-11　test2_2 表中数据

查看 information 下 partitions 对分区信息的统计：
    select PARTITION_NAME as "分区",TABLE_ROWS as "行数" from
    information_schema.partitions
    where table_schema="mysql_test" and table_name="test_2_2";
查看数据存储的分区结果，如图 15-12 所示。

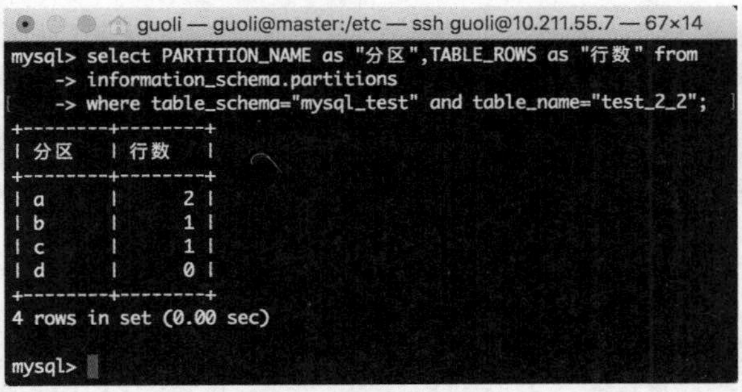

图 15-12　LIST COLUMNS 分区

4. HASH 分区

HASH 分区基于给定的分区个数，将数据分配到不同的分区，HASH 分区只支持整数，对于非整型的字段只能通过表达式将其转换成整数。MySQL 允许定义表达式，根据表达式的返回值划分数据，返回值须为非负整数。表达式可以是 MySQL 中任意有效的函数或者表达式，对于非整型的 HASH 向表中插入数据的过程中会多一步表达式的计算操作，所以不建议使用复杂的表达式，这样会影响性能。

MySQL 支持两种 HASH 分区，常规 HASH（HASH）和线性 HASH（LINEAR HASH）。

【例 15-5】 常规 HASH 是基于分区个数的取模（%）运算，根据余数插入到指定的分区。
    CREATE TABLE test_3(
        'id' int(11) NOT NULL,
        'name' varchar(20) NOT NULL,
        PRIMARY KEY ('id')
)
    PARTITION BY HASH(id)
    PARTITIONS 4;
为进行分区的字段添加索引：
    ALTER TABLE test_3 ADD INDEX ix_id(id);
向数据表 test_3 中插入 8 条数据：
    insert into test_3 values (1,"20170721"),(6,"20170826"),(7,"20170827"),(8,"20170828"),
    (9,"20170729"),(11,"20170831"),(10,"20170830"),(4,"20170824");
查看当前分区过后的表中的所有数据，如图 15-13 所示。
查看 information 下 partitions 对分区信息的统计：
    select PARTITION_NAME as "分区",TABLE_ROWS as "行数" from
    information_schema.partitions
    where table_schema="mysql_test" and table_name="test_3";
从结果可以看出其中 1、2、6、7、8、9、10、11 对 4 取模，所有数据被分配到了取模后的对应分区中，如图 15-14 所示。

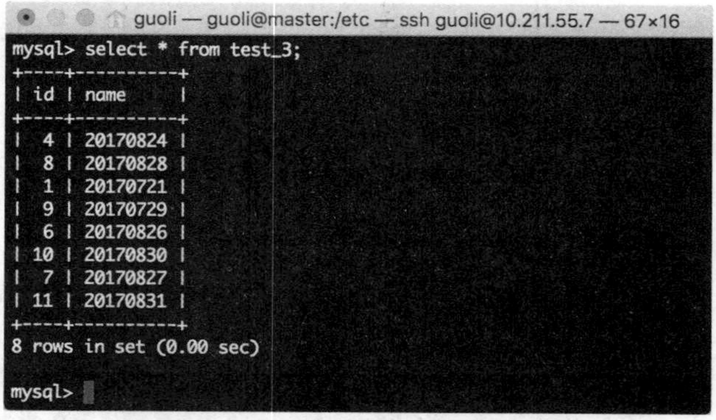

```
guoli — guoli@master:/etc — ssh guoli@10.211.55.7 — 67×16
mysql> select * from test_3;
+----+----------+
| id | name     |
+----+----------+
|  4 | 20170824 |
|  8 | 20170828 |
|  1 | 20170721 |
|  9 | 20170729 |
|  6 | 20170826 |
| 10 | 20170830 |
|  7 | 20170827 |
| 11 | 20170831 |
+----+----------+
8 rows in set (0.00 sec)

mysql>
```

图 15-13　test_3 表中数据

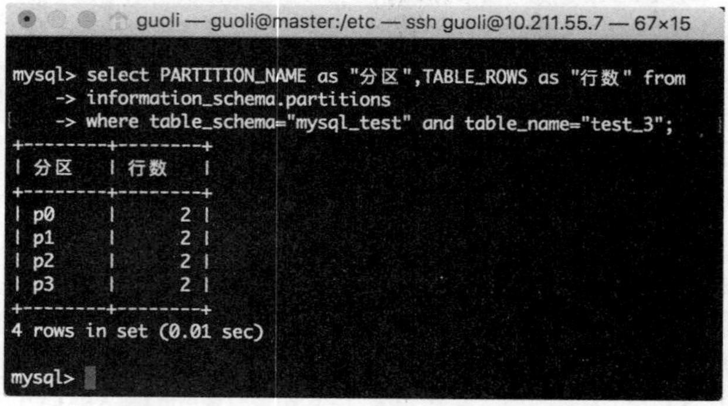

```
guoli — guoli@master:/etc — ssh guoli@10.211.55.7 — 67×15

mysql> select PARTITION_NAME as "分区",TABLE_ROWS as "行数" from
    -> information_schema.partitions
    -> where table_schema="mysql_test" and table_name="test_3";
+--------+--------+
| 分区   | 行数   |
+--------+--------+
| p0     |      2 |
| p1     |      2 |
| p2     |      2 |
| p3     |      2 |
+--------+--------+
4 rows in set (0.01 sec)

mysql>
```

图 15-14　HASH 分区

【例 15-6】线性 HASH（LINEAR HASH），LINEAR HASH 和 HASH 的唯一区别就是 PARTITION BY LINEAR HASH。

```
CREATE TABLE test_4 (
    id INT NOT NULL,
    hired DATE NOT NULL DEFAULT '1970-01-01'
)
PARTITION BY LINEAR HASH( YEAR(hired) )
PARTITIONS 6;
```

然后插入 2 条数据：

```
insert into test_4 values(1,'2003-04-14'),(2,'1998-10-19');
```

查看当前分区过后的表中的所有数据，如图 15-15 所示。

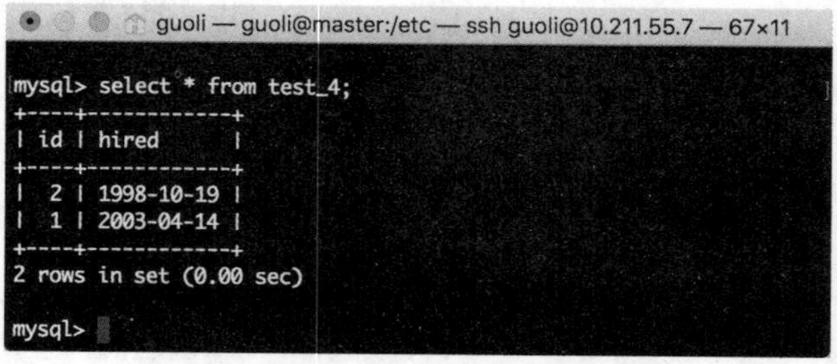

```
guoli — guoli@master:/etc — ssh guoli@10.211.55.7 — 67×11

mysql> select * from test_4;
+----+------------+
| id | hired      |
+----+------------+
|  2 | 1998-10-19 |
|  1 | 2003-04-14 |
+----+------------+
2 rows in set (0.00 sec)

mysql>
```

图 15-15　test_4 表中数据

查看 information 下 partitions 对分区信息的统计：

```
select PARTITION_NAME as "分区",TABLE_ROWS as "行数" from
information_schema.partitions
where table_schema="mysql_test" and table_name="test_4";
```

从结果可以看出'2003-04-14'和'1998-10-19'经函数 YEAR(hired) 进行转化后的取值，再对 6 取模后，这两条数据被分配到了对应的 p 分区，如图 15-16 所示。

```
guoli — guoli@master:/etc — ssh guoli@10.211.55.7 — 67×16
mysql> select PARTITION_NAME as "分区",TABLE_ROWS as "行数" from
    -> information_schema.partitions
    -> where table_schema="mysql_test" and table_name="test_4";
+--------+--------+
| 分区   | 行数   |
+--------+--------+
| p0     |      0 |
| p1     |      0 |
| p2     |      1 |
| p3     |      1 |
| p4     |      0 |
| p5     |      0 |
+--------+--------+
6 rows in set (0.00 sec)

mysql>
```

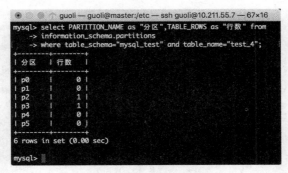

图 15-16　线性 HASH 分区

5. KEY 分区

KEY 分区是一种特殊的 HASH 分区。KEY 分区和 HASH 分区相似，但是 KEY 分区支持除 TEXT 和 BLOB 之外的所有数据类型的分区，而 HASH 分区只支持数字分区，KEY 分区不允许使用用户自定义的表达式进行分区，使用系统提供的 HASH 函数进行分区。当表中存在主键或者唯一键时，如果创建 KEY 分区时没有指定字段，系统默认会首选主键列作为分区列，如果不存在主键列会选择非空唯一键列作为分区列，注意唯一列作为分区列不能为 NULL。

【例 15-7】常规 KEY 分区。

```
CREATE TABLE test_5 (
    id INT ,
    name VARCHAR(32)
)
PARTITION BY KEY(name)
PARTITIONS 10;
```

向数据表 test_5 中插入 5 条数据：

```
INSERT INTO test_5() VALUES(1,'星期一'),(2,'1998-10-19'),(3,'new'),(4,'非常好'),(5,'5');
```

查看当前分区过后的表中的所有数据，如图 15-17 所示。

```
guoli — guoli@master:/etc — ssh guoli@10.211.55.7 — 67×14

mysql> select * from test_5;
+------+------------+
| id   | name       |
+------+------------+
|    2 | 1998-10-19 |
|    5 | 5          |
|    3 | new        |
|    4 | 非常好     |
|    1 | 星期一     |
+------+------------+
5 rows in set (0.00 sec)

mysql>
```

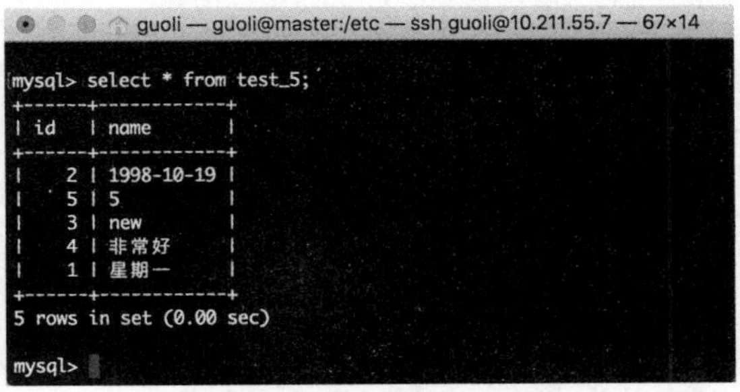

图 15-17　表 test_5 中数据

查看 information 下 partitions 对分区信息的统计：
```
select PARTITION_NAME as "分区",TABLE_ROWS as "行数" from
information_schema.partitions
where table_schema="mysql_test" and table_name="test_5";
```
存储结果如图 15-18 所示，共有 10 个分区，每个分区的数据是插入记录的 name 字段，按照与 10 取模的结果，存储到对应的分区，如图 15-18 所示。

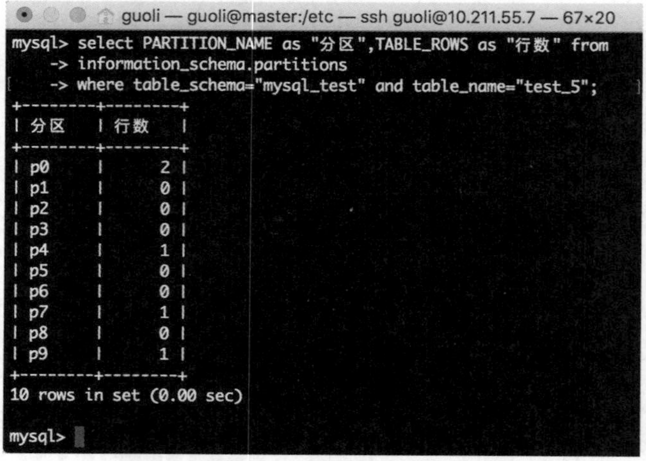

图 15-18　KEY 分区

在某些场景中，分区可以起到非常大的作用。例如，当表非常大以至于无法全部都放在内存中，或者只在表的最后部分有热点数据，其他都是历史数据的时候，使用分区表，可以将数据进行分块，在访问的时候，只需要访问最后的热点数据块，就可以减少数据查询量级，提高效率。另外，如果想批量删除大量数据可以使用清除整个分区的方式。分区表还可以对一个独立分区进行优化、检查、修复等操作。

对数据的物理存储上，分区表也体现良好的性能，不仅可以存储比单个磁盘或文件系统更大的数据，分区表的数据还可以分布在不同的物理设备上，从而高效地利用多个硬件设备。

15.2.2　MySQL 数据库分表

数据库中的数据量不一定是可控的，在未进行分库分表的情况下，随着时间和业务的发展，表中的数据量也会越来越大，相应地，数据操作（增删改查）的开销也会越来越大。一台服务器的资源（CPU、磁盘、内存、I/O 等）是有限的，最终数据库所能承载的数据量、数据处理能力都将遭遇瓶颈。

分表就是将一个大表按照一定的规则分解成多张具有独立存储空间的实体表，也可以称之为子表。这些子表可以分布在同一块磁盘上，也可以在不同的机器上。应用程序读写的时，根据事先定义好的规则得到对应的子表名，然后去操作它。

分表和分区相似，都是按照规则分解表。不同在于分表将大表分解为若干个独立的实体表，而分区是将数据分段在多个位置存放，可以是同一个磁盘也可以在不同的机器。分区后，表面上还是一张表，但数据分散到多个位置。应用程序读写时操作的还是大表名字，数据库自动去组织分区的数据。

分表分为垂直切分和水平切分两种。

1. 水平分割

当一个表中的数据量过大时，可以把该表的数据按照某种规则（例如，根据用户的 id 散列值）进行划分，然后存储到多个结构相同的表和不同的库上。

例如一张用户表拥有用户量超过 100 亿，如果所有数据放在一张表中，每个用户登录时，数据库都要从 100 亿中查找，会很慢。如果将这一张表分成 100 份，每张表有 1 亿条，就小了很多，比如 user0，user1，user2，...，user99 表。

用户登录的时候，可以将用户的请求做取模操作 id%100，那么会得到 0～99 的数，查询表的时候，将表名 user 跟取模得数连接起来，就构建了表名。比如 123456789 用户，取模的 89，那么就到 user9 表查询，查询的时间将会大大缩短，这就是水平分割。

2. 垂直分割

垂直分割指的是表的记录不多，但是字段很长，表占用空间很大，检索表的时候需要执行大量的 IO 操作，严重降低性能。这时需要把大的字段拆分到另一个表，并且该表与原表是一对一的关系，即将表按照功能模块、关系密切程度划分出来，部署到不同的数据库上。例如，建立定义数据库、商品数据库、用户数据库、日志数据库等，分别用于存储项目数据定义表、商品定义表、用户数据表、日志数据表等。

例如，学生答题表 question 有如下字段：id、姓名、分数、题目、答案。其中题目和答案是比较大的字段，id、姓名和分数比较小。

如果只想查询 id 为 8 的学生的分数，语句如下：

    select 分数 from question where id = 8;

虽然只是查询分数，但是题目和答案两个大字段也要被扫描，很消耗性能，这就可以使用垂直分割。可以把题目单独放到一张表中，通过 id 与 question 表建立一对一的关系，同样将答案单独放到一张表中，这样当查询 question 表中的分数时，就不会扫描题目和答案。

MySQL 在进行分表的时候要注意以下几点：

（1）存放图片、文件等大文件用文件系统存储。数据库只存储路径，图片和文件存放在文件系统，甚至单独存放在一台服务器。

（2）要正确设置参数，其中最重要的参数就是内存，主要用 innodb 引擎，所以下面两个参数需要配置的大一些。

    innodb_additional_mem_pool_size=64M
    innodb_buffer_pool_size=1G

对于 MyISAM，需要调整 key_buffer_size，当然调整参数还是要看状态，用 show status 语句可以看到当前状态，以决定该调整哪些参数。

15.3 MySQL 主从复制

主从复制是用来建立一个和主数据库完全一样的数据库环境，称为从数据库。主数据库一般是实时的业务数据库，从数据库的作用和使用场合一般是作为后备数据库，主数据库服务器故障后，可切换到从数据库继续工作，以及可在从数据库作备份、数据统计等工作，这样不影响主数据库的性能。

主从复制还可以用于读写分离，是指读与写分别使用不同的数据库，当然一般在不同服务器上。一般读写的数据库环境配置：一个写数据库，一个或多个读数据库，各个数据库分别位于不同的服务器上，充分利用服务器性能和数据库性能。当然，其中会涉及如何保证读写数据库的数据一致，这个可以利用主从复制技术来完成。

一般应用场合为业务吞吐量很大，读数据库操作可简单理解为 select 语句，对于提供读数据服务的数据库的负载较大；

下面介绍如何配置主从复制的数据库。首先需要准备两台服务器，如图 15-19 和图 15-20 所示，10.211.55.7 和 10.211.55.8。其中 10.211.55.7 设置为主库，而 10.211.55.8 作为从库。

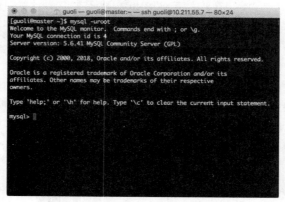

图 15-19　主库

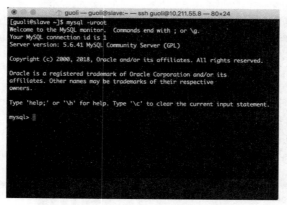

图 15-20　从库

如图 15-21 所示，在进行主从配置时，防火墙对其有很大的影响，为了避免因防火墙带来的问题，需要关闭相关设置。

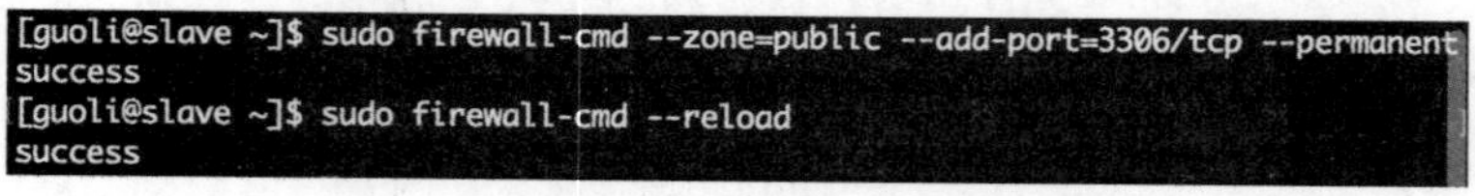

图 15-21　关闭防火墙

下面来配置主库，登录至主库的 MySQL 服务，为主库的 MySQL 服务器增加用于主从库同步数据的用户，在本节中，添加用户 mstest 和密码 123456。操作如图 15-22 所示。

```
mysql> grant replication slave, replication client on *.* to 'mstest'@'10.211.55.8' identified by '123456';
Query OK, 0 rows affected (0.00 sec)

mysql> flush privileges;
Query OK, 0 rows affected (0.00 sec)
```

图 15-22　添加数据库用户

接下来修改主库的配置文件，如图 15-23 所示。

```
guoli — guoli@master:/etc — ssh guoli@10.211.55.7 — 67×14
default-character-set=utf8
socket=/usr/local/mysql/mysql56/mysql.sock
[mysqld]
server-id=177
log-bin=log
#binlog-do-db=mstest
#binlog-ignore-db=mysql

port=3306
socket=/usr/local/mysql/mysql56/mysql.sock
basedir=/usr/local/mysql/mysql56
datadir=/usr/local/mysql/mysql56/data
character-set-server=utf8
```

图 15-23　修改配置文件

重启 MySQL 服务，查看主库的配置信息，查阅命令为 show master status;，结果如图 15-24 所示，其中 log_file，以及 log_pos 在后面的从库配置中使用。

```
guoli — guoli@master:/etc — ssh guoli@10.211.55.7 — 84×10

mysql> show master status;
+------------+----------+--------------+------------------+-------------------+
| File       | Position | Binlog_Do_DB | Binlog_Ignore_DB | Executed_Gtid_Set |
+------------+----------+--------------+------------------+-------------------+
| log.000004 |      120 |              |                  |                   |
+------------+----------+--------------+------------------+-------------------+
1 row in set (0.00 sec)

mysql>
```

图 15-24　查看主库状态

下面来配置从库，首先需要注意的是 MySQL 服务启动时会有自己的 Server_id 和 UUID，其中 Server_id 主库和从库之间是不能相同的，而 UUID 作为数据库服务的标志也必须是唯一的，在进行配置时需要重视。

首先修改从库的 MySQL 配置文件，如图 15-25 所示。

```
guoli — guoli@slave:/home/guoli — ssh guoli@10.211.55.8 — 102×24
# For advice on how to change settings please see
# http://dev.mysql.com/doc/refman/5.6/en/server-configuration-defaults.html
# *** DO NOT EDIT THIS FILE. It's a template which will be copied to the
# *** default location during install, and will be replaced if you
# *** upgrade to a newer version of MySQL.
[mysql]
default-character-set=utf8
socket=/usr/local/mysql/mysql56/mysql.sock
[mysqld]
server-id=2
replicate-do-db=bookdbms
replicate-ignore-db=mysql

port=3308
socket=/usr/local/mysql/mysql56/mysql.sock
basedir=/usr/local/mysql/mysql56
datadir=/usr/local/mysql/mysql56/data
character-set-server=utf8
# Remove leading # and set to the amount of RAM for the most important data
# cache in MySQL. Start at 70% of total RAM for dedicated server, else 10%.
# innodb_buffer_pool_size = 128M

# Remove leading # to turn on a very important data integrity option: logging
```

图 15-25　修改从库配置文件

进入从库的 MySQL 服务，执行以下命令：
change master to master_host='10.211.55.7',
　　　　master_port=3306,
　　　　master_user='mstest',
　　　　master_password='123456',
　　　　master_log_file='log.000004',
　　　　master_log_pos=120;

如图 15-26 所示，执行成功后，输入命令 show slave status\G 查看目前从库的配置信息。

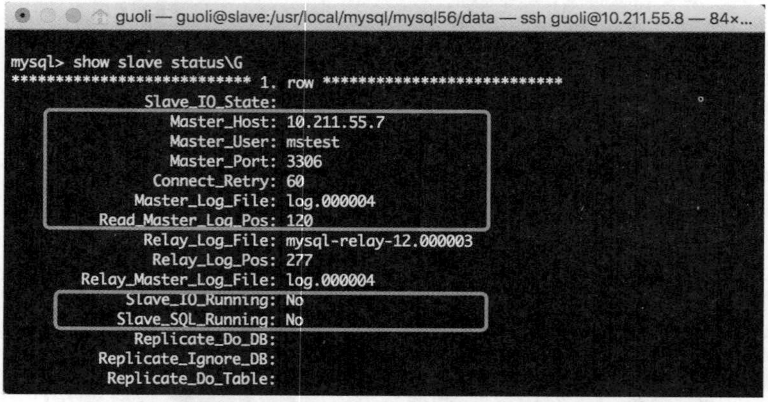

图 15-26　从库状态查询

如图 15-27 所示，输入命令 start slave 启动从库。

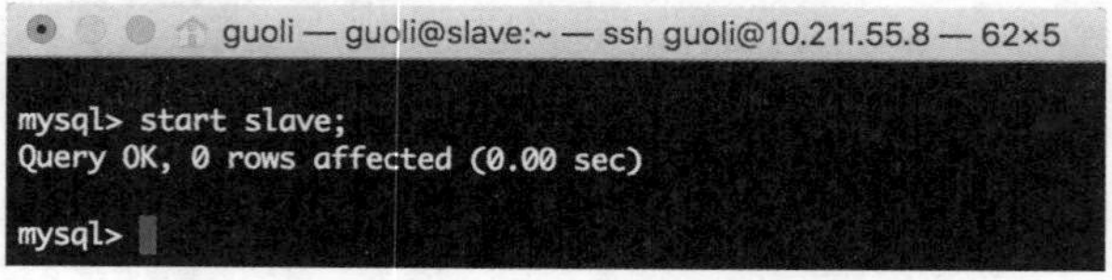

图 15-27　启动从库

重新查看从库当前的状态，如图 15-28 所示，一定要注意 Slave_IO_Running 和 Slave_SQL_Running 两个参数的数据必须是 YES 才代表从库配置成功。

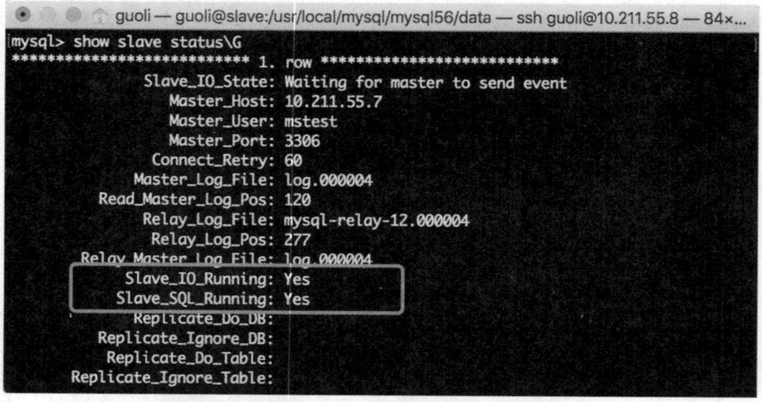

图 15-28　查看从库状态

此时对于主库的任何修改，都会同步到从库中，这之间会存在一定的时间间隔，并非实时，这是由 MySQL 主从复制的原理决定的。

15.4 SQL 优化

15.4.1 MySQL 运行原理

如图 15-29 所示，MySQL 逻辑架构整体分为三层，最上层为客户端层，并非 MySQL 所独有，连接处理、授权认证、安全等功能均在这一层处理。

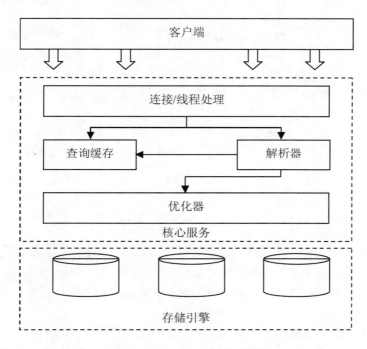

图 15-29　MySQL 逻辑架构图

MySQL 大多数核心服务均在中间层，包括查询缓存、分析、优化、内置函数，如时间、数学、加密等函数。所有的跨存储引擎的功能也在这一层实现，如存储过程、触发器、视图等。

最下层为存储引擎，负责 MySQL 中的数据存储和提取，如常见的存储引擎 MyISAM、InooDB 等，每种存储引擎都有其优势和劣势。中间的核心服务层通过 API 接口与存储引擎通信，这些 API 接口屏蔽了不同存储引擎间的差异。

MySQL 由 SQL 接口，解析器，优化器，缓存，存储引擎等模块组成。在本节中不对这些内容做解释，大家可以在网上查询到相关概念。在这里我们分析当客户端向 MySQL 发送一个请求的时候，MySQL 到底做了些什么呢？

在 MySQL 中，将客户端请求分为了两种类型。一种是 query，需要调用 Parser 模块，也就是通过解析器的解析才能够执行的请求；一种是 command，不需要调用 Parser 模块，就可以直接执行的请求。以查询请求为例，对 MySQL 执行查询过程进行分析。

如图 15-30 所示，首先客户端需要通过 TCP/IP 协议发送与 MySQL 服务器进行连接的请求，MySQL 服务端的管理模块会与客户端建立网络连接。建立好连接后，客户端就可以通过该连接向 MySQL 服务器发送数据操作请求。

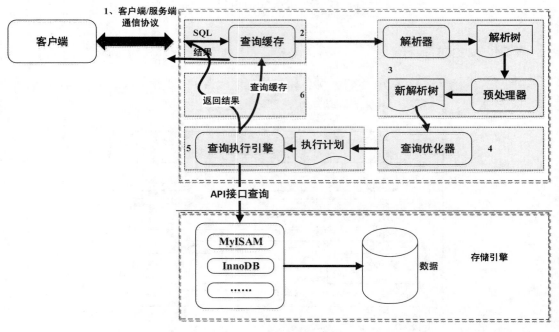

图 15-30　SQL 执行过程

在解析一个查询语句前，如果查询缓存是打开的，那么 MySQL 会检查这个查询语句是否命中查询缓存中的数据。如果当前查询恰好命中查询缓存，在检查一次用户权限后直接返回缓存中的结果。这种情况下，查询不会被解析，也不会生成执行计划，更不会执行，而是直接返回缓存中的数据。

MySQL 通过关键字将 SQL 语句进行解析，并生成一棵对应的解析树。在这个过程中，解析器主要通过语法规则来验证和解析。比如 SQL 中是否使用了错误的关键字或者关键字顺序等，预处理则会根据 MySQL 规则进一步检查解析树是否合法，比如检查要查询的数据表和数据列是否存在等。

经过前面解析生成的语法树被认为是合法的，并且由优化器将其转化成查询计划。多数情况下，一条查询可以有很多种执行方式，最后都返回相应的结果，优化器的作用就是找到这其中最好的执行计划。

在完成解析和优化阶段以后，MySQL 会生成对应的执行计划，查询执行引擎根据执行计划给出的指令逐步执行得出结果。整个执行过程的大部分操作都是通过调用存储引擎实现的接口来完成，这些接口被称为 handler API。查询过程中的每一张表由一个 handler 实例表示。实际上，MySQL 在查询优化阶段就为每一张表创建了一个 handler 实例，优化器可以根据这些实例的接口来获取表的相关信息，包括表的所有列名、索引统计信息等。存储引擎接口提供了非常丰富的功能，但其底层仅有几十个接口，这些接口像搭积木一样完成了一次查询的大部分操作。

查询执行的最后一个阶段就是将结果返回给客户端。即使查询不到数据，MySQL 仍会返回这个查询的相关信息，比如该查询影响到的行数以及执行时间等。如果查询缓存被打开且此查询可以被缓存，MySQL 服务器也会将结果存放到缓存中。

结果集返回客户端是一个增量且逐步返回的过程。有可能 MySQL 在生成第一条结果时，就开始向客户端逐步返回结果集了。这样 MySQL 服务器就无须存储太多结果而消耗过多内存，也可以让客户端第一时间获得返回结果。

MySQL 整个查询执行过程分为 6 个步骤：

（1）客户端向 MySQL 服务器发送一条查询请求。
（2）服务器首先检查查询缓存，如果命中缓存，则立刻返回存储在缓存中的结果，否则进入下一阶段。
（3）服务器进行 SQL 解析、预处理、再由优化器生成对应的执行计划。
（4）MySQL 根据执行计划，调用存储引擎的 API 来执行查询。
（5）将结果返回给客户端，同时缓存查询结果。

15.4.2　SQL 编写技巧

（1）用 rand()提取随机行。利用 MySQL 数据库中的随机函数 rand()获取一个 0~1 之间的数，利用这个函数和 order by 一起实现数据随机排序。

    select * from stu order by rand();

下面是通过 limit 随机抽取了 3 条数据样本。

    select * from stu order by rand() limit 3;

（2）不要使用 by rand()命令。如果真的需要随机显示结果，有很多更好的途径实现，虽然需要写更多的代码，但能避免性能瓶颈。该语句的问题在于，MySQL 可能会为表中每一个独立的行执行 by rand()命令，这会消耗处理器的处理能力，然后仅仅返回一行，资源极大的浪费。

（3）利用 group by 的 with rollup 子句统计。使用 group by 的 with rollup 子句，可以同时检索出聚合数据后的统计信息。例如，下述代码就可以在对 cname,pname 进行聚合统计后，对分组结果再次汇总，得出聚合结果的统计数据。

    select cname,pname,count(pname) from demo group by cname,pname with rollup;

（4）用 BIT GROUP FUNCTIONS 做统计。在使用 group by 语句时可以同时使用 bit_and、bit_or 函数来完成统计工作，这两个函数的主要作用是做数值之间的逻辑位运算。

    select id,bit_or(kind) from order_rab group by id;   //二进制位运算

对 order_rab 表中 id 分组时，对 kind 做位"与"和"或"计算。

    select id,bit_and(kind) from order_rab group by id;//二进制余运算，只有 11 才为 1

（5）将 IP 地址存储为无符号整型。许多程序员在创建一个 VARCHAR（15）时并没有意识到可以将 IP 地址以整数形式来存储。当使用 INT 类型时，只占用 4 个字节的空间，这是一个固定大小的领域。但是，必须确定所操作的列是一个 UNSIGNED INT 类型，因为 IP 地址将使用 32 位 unsigned integer。

（6）尽量避免 SELECT *命令。从表中读取越多的数据，查询会变得越慢。即使在数据库服务器与 WEB 服务器独立分开的情况下，依然增加磁盘需要操作的时间。此时，如果查询数据非常多，将会面临网络延迟。在查询时，始终指定需要的列，而不是查询全部数据，这是一个良好的习惯。

（7）保证连接的索引是相同的类型。如果应用程序中包含多个连接查询，需要确保进行连接的两边的表上的列，都创建了索引，这会影响 MySQL 内部连接操作的优化。此外，进行连接的列必须是同一类型。

（8）利用 LIMIT 1 取得唯一行。当要查询一张表时，只需要看一行。而查询结果可能会获取多条满足当前 WHERE 子句的查询条件的使用。

在这种情况下，增加一个 LIMIT 1 会令查询更加有效，这样数据库引擎发现只有 1 后将停止扫描，而不是去扫描整个表或索引。

（9）用 EXPLAIN 使 SELECT 查询更加清晰。使用 EXPLAIN 关键字是另一个 MySQL 优化技巧，可以让开发者了解 MySQL 正在进行什么样的查询操作，这可以帮助开发者发现瓶颈的所在，并显示出查询或表结构在哪里出了问题。例如，EXPLAIN 查询的结果，可以知道哪些索引正在被引用，表是如何被扫描和排序的等。

（10）应尽量避免在 WHERE 子句中使用!=或<>操作符，以及避免使用 OR 在 WHERE 中进行条件连接，否则引擎将放弃使用索引而进行全表扫描。

（11）尽量避免在 WHERE 子句中使用 NULL 值，否则将导致引擎放弃使用索引而进行全表扫描，如：

  select id from t where age is null

可以在 age 上设置默认值 0，确保表中 age 列没有 NULL 值，如下所示：

  select id from t where age=0

习　题

1. 请扩展学习 MySQL 主从配置知识，搭建一主多从的复制机制，并简述 MySQL 中主从配置的类型之间的区别和用途，例如一主多从、双主配置等。

2. 请改写图书借阅信息表，根据用户进行分区。请简述分区设计思想及分区实现代码。

3. 请简述 MySQL 的查询过程。

4. 通过分析 MySQL 的查询过程，扩展 MySQL 查询优化知识，根据自己的分析，扩展 SQL 编写技巧。

第 16 章　数据库编程示例——知识自测系统

本章以知识自测系统为例，介绍一个数据库应用软件从需求分析到概念模型设计，再到逻辑模型设计、物理结构设计，直至系统实现的全部过程。

16.1　项目目标

开发本系统的主旨是为学生提供一个可以对所学课程知识进行自我测验的平台。在本系统中，学生可以从教师提供的课程题库中按自己所需提取试题，进行自我测验，以达到学习和锻炼的目的。

16.2　系统需求

16.2.1　需求描述

本系统只提供选择题供用户自测。为保证系统题库中的试题能够持续更新下去，应由任课教师负责不定时向题库中录入新的试题。学生进入系统后，可以选择想要测试的课程，并可以有针对性地选择想要自测的试题范畴，如只测试自己曾经做错的题目或自己从来没做过的题目，当然也可以漫无目的、完全随机地从题库中抽取指定数量的题目进行自测。学生答完题系统应自动判题，并告知学生自测成绩。

16.2.2　用户及功能描述

系统共三种用户：管理员、教师、学生。
1. 教师
教师具有题库管理功能。但是教师只具备管理自己授课课程的题库，不能对其他课程的题库进行操作。教师可对自己授课课程的题库进行试题的添加、修改、删除和查询。
2. 管理员
管理员是特殊的教师，他除了具有教师的全部功能外，还负责对各类基础信息进行管理。包括：教师信息、学生信息、课程信息、教师授课信息。管理员可对上述信息进行添加、修改、删除和查看。
3. 学生
学生可以自由选择想要自测的课程，选择课程后，可设定本次自测从题库抽取的题目数量以及自测的范围（完全随机抽取、只抽取没做过的题目、只抽取做错过的题目），设定好后进入答题界面开始答题，答完最后一道题时系统自动判题并给出结果。
此外，上述所有用户都具有登录和修改密码的功能。

16.3 概念模型设计

经需求分析可知本系统涉及的实体有：教师、学生、课程和试题。一位教师可以讲授多门课程，一门课程也可以有多位教师在讲授；一门课程可以拥有多道试题，但是每道试题只属于一门课程；一个学生可以试做多道试题，一道试题也可以由不同的同学来选做。

经上述实体和实体关系分析，得出图 16-1 所示的 E-R 图。

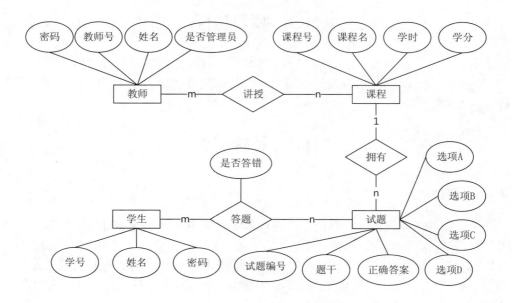

图 16-1　E-R 图

16.4 逻辑模型设计

由上节 E-R 图推导关系模式，除四个实体：教师、学生、课程、试题需转成关系外，所有的 m:n 关系也会衍生出新的关系，即教师对课程的教师授课关系以及学生对试题的答题记录关系。最终推导出的关系模式如下：

教师（<u>教师号</u>，姓名，密码，是否管理员）。

学生（<u>学号</u>，姓名，密码）。

课程（<u>课程号</u>，课程名，学时，学分）。

试题（<u>试题编号</u>，题干，选项 A，选项 B，选项 C，选项 D，正确答案，课程号）。课程号为外键，参照课程关系中的课程号。

教师授课（<u>教师号，课程号</u>）。教师号为外键，参照教师关系中的课程号；课程号为外键，参照课程关系中的课程号。

答题记录（<u>学号，试题编号</u>，是否答错）。学号为外键，参照学生关系中的学号；试题编号为外键，参照试题关系中的试题编号。

16.5 物理模型设计

根据上节导出的关系模式，设计满足要求的 MySQL 数据表结构见表 16-1 至表 16-6。

（1）教师表（teacher），表结构见表 16-1。

表 16-1 teacher 数据表

列名	数据类型	长度	允许空	是否为主键	说明
teacherId	varchar	10	否	是	教师号
password	varchar	20	否	否	密码
teacherName	varchar	10	否	否	姓名
IsAdmin	varchar	2	否	否	管理员

对应的数据表创建语句为：
```
CREATE TABLE 'teacher' (
    'teacherId' varchar(10) NOT NULL,
    'teacherName' varchar(10) NOT NULL,
    'password ' varchar(20) NOT NULL,
    'IsAdmin' varchar(2) NOT NULL,
    PRIMARY KEY  ('teacherid')
) ENGINE=InnoDB DEFAULT CHARSET=utf8;
```

（2）学生表（student），表结构见表 16-2。

表 16-2 student 数据表

列名	数据类型	长度	允许空	是否为主键	说明
stuId	varchar	20	否	是	学号
password	varchar	20	否	否	密码
stuName	varchar	10	否	否	姓名

对应的数据表创建语句为：
```
CREATE TABLE 'student' (
    'stuId' varchar(20) NOT NULL,
    'stuName' varchar(10) NOT NULL,
    'password' varchar(20) NOT NULL,
    PRIMARY KEY  ('stuid')
) ENGINE=InnoDB DEFAULT CHARSET=utf8;
```

（3）课程表（course），表结构见表 16-3。

表 16-3 course 数据表

列名	数据类型	长度	允许空	是否为主键	说明
courseId	varchar	10	否	是	课程号
courseName	varchar	20	否	否	课程名称

列名	数据类型	长度	允许空	是否为主键	说明
courseHour	int	11	是	否	总学时
courseCredit	float		是	否	课程学分

对应的数据表创建语句为：

```
CREATE TABLE 'course' (
    'courseId' varchar(10) NOT NULL,
    'courseName' varchar(20) NOT NULL,
    'courseHour' int(11) default NULL,
    'courseCredit' float default NULL,
    PRIMARY KEY ('courseId')
) ENGINE=InnoDB DEFAULT CHARSET=utf8;
```

（4）试题表（testquestion），表结构见表 16-4。

表 16-4　testquestion 数据表

列名	数据类型	长度	允许空	是否为主键	说明
questionID	int	11	否	是	试题编号
courseId	varchar	10	否	否	课程号
questionTitle	varchar	100	否	否	题干
answerA	varchar	100	否	否	选项 A
answerB	varchar	100	是	否	选项 B
answerC	varchar	100	是	否	选项 C
answerD	varchar	100	是	否	选项 D
CurrectAnswer	varchar	4	否	否	正确答案

对应的数据表创建语句为：

```
CREATE TABLE 'testquestion' (
    'questionID' int(11) NOT NULL auto_increment,
    'courseId' varchar(10) NOT NULL,
    'questionTitle' varchar(100) NOT NULL,
    'answerA' varchar(100) NOT NULL,
    'answerB' varchar(100) default NULL,
    'answerC' varchar(100) default NULL,
    'answerD' varchar(100) default NULL,
    'CurrectAnswer' varchar(4) NOT NULL,
    PRIMARY KEY ('questionID'),
    KEY 'FK_TESTQUES_REFERENCE_COURSE' ('courseId'),
    CONSTRAINT 'FK_TESTQUES_REFERENCE_COURSE' FOREIGN KEY ('courseId')
        REFERENCES 'course' ('courseId') ON DELETE CASCADE ON UPDATE CASCADE
) ENGINE=InnoDB AUTO_INCREMENT=1 DEFAULT CHARSET=utf8;
```

上述语句中的 ON DELETE CASCADE ON UPDATE CASCADE 标识了级联删除和级联更新策略，当主键表课程表中的数据删除或主键更新时，会自动级联删除或更新子表试题表中数据。

（5）教师授课表（teachcourse），表结构见表 16-5。

表 16-5 teachcourse 数据表

列名	数据类型	长度	允许空	是否为主键	说明
courseId	varchar	10	否	是	课程号
teacherId	varchar	10	否	是	教师号

对应的数据表创建语句为：

```
CREATE TABLE 'teachcourse' (
    'teacherId' varchar(10) NOT NULL,
    'courseId' varchar(10) NOT NULL,
    PRIMARY KEY  ('teacherId','courseId'),
    KEY 'FK_TEACHCOU_REFERENCE_COURSE' ('courseId'),
    CONSTRAINT 'FK_TEACHCOU_REFERENCE_COURSE' FOREIGN KEY ('courseId')
    REFERENCES 'course' ('courseId') ON DELETE CASCADE ON UPDATE CASCADE,
    CONSTRAINT 'FK_TEACHCOU_REFERENCE_TEACHER' FOREIGN KEY ('teacherId')
    REFERENCES 'teacher' ('teacherid') ON DELETE CASCADE ON UPDATE CASCADE
) ENGINE=InnoDB DEFAULT CHARSET=utf8;
```

（6）答题记录表（studentanswer），表结构见表 16-6。

表 16-6 studentanswer 数据表

列名	数据类型	长度	允许空	是否为主键	说明
questionID	int	11	否	是	试题编号
stuId	varchar	20	否	是	学号
everError	bit	1	是	否	是否答错

对应的数据表创建语句为：

```
CREATE TABLE 'studentanswer' (
    'questionID' int(11) NOT NULL,
    'stuid' varchar(20) NOT NULL,
    'everError' bit(1) default NULL,
    PRIMARY KEY  ('questionID','stuid'),
    KEY 'FK_STUDENTA_REFERENCE_STUDENT' ('stuid'),
    CONSTRAINT 'FK_STUDENTA_REFERENCE_STUDENT' FOREIGN KEY ('stuid')
    REFERENCES 'student' ('stuid') ON DELETE CASCADE ON UPDATE CASCADE,
    CONSTRAINT 'FK_STUDENTA_REFERENCE_TESTQUES' FOREIGN KEY ('questionID')
    REFERENCES 'testquestion' ('questionID') ON DELETE CASCADE ON UPDATE CASCADE
) ENGINE=InnoDB DEFAULT CHARSET=utf8;
```

16.6 技术准备

使用 Java 语言连接 MySQL 数据库，需首先下载 MySQL 连接驱动，可以到以下网址下载 https://dev.mysql.com/downloads/connector/j/。截止到本书完稿时，该网站提供的最新连接驱动为 mysql-connector-java-5.1.41。

在工程目录中创建 lib 文件夹，将下载后的.zip 或.gz 文件解压，将其中的 mysql-connector-java-5.1.41-bin.jar 文件复制到 lib 文件夹内，如图 16-2 所示。

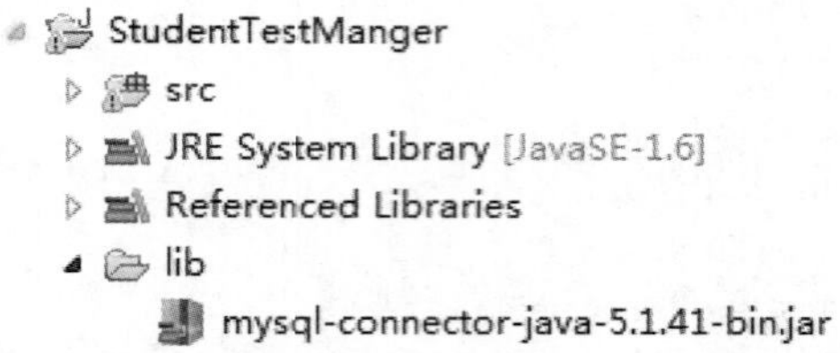

图 16-2 将连接驱动复制到项目的 lib 文件夹中

在图 16-2 中，右击 mysql-connector-java-5.1.41-bin.jar，在弹出菜单中选择 Build Path→Add to Build Path 菜单项，会看到工程中的 Referenced Libraries 目录下多了前有一个奶瓶状图标的 mysql-connector-java-5.1.41-bin.jar，如图 16-3 所示。

图 16-3 jar 包引用成功

经过上述操作，连接驱动已成功引入到工程中。接下来就可以在程序中操作数据库。Java 操作数据库需用到 java.sql 包中的若干类和接口，见表 16-7。

表 16-7 访问数据库常用类和接口

类名	作用
DriverManager 类	用于跟踪可用的驱动程序，并在数据库和相应驱动程序之间建立连接
Connection 接口	用于建立与特定的数据库之间的连接
Statement 接口	用于向数据库发送 SQL 语句，并返回结果
ResultSet 接口	用于接收 SQL 语句执行后的结果集

各类和接口的常用方法见表 16-8 至表 16-11。

表 16-8 DriverManager 类常用方法

方法	作用
public static Connection getConnection (String url,String user,String password)	通过指定的地址与数据库建立连接，其中 url 表示数据库的 URL，user 表示数据库的用户名，password 表示用户密码

表 16-9 Connection 接口常用方法

方法	作用
void close()	关闭数据库连接，立即释放与此连接有关的数据库资源和 JDBC 资源
PreparedStatement prepareStatement(String sql)	创建一个 PreparedStatement 对象（Statement 子接口）来将参数化的 SQL 语句发送到数据库

表 16-10 Statement 接口常用方法

方法	作用
void close()	关闭 Statement 对象，立即释放与此 Statement 有关的数据库和 JDBC 资源
void setString(int parameterIndex, String x)	向参数化 SQL 语句中的参数赋值。parameterIndex 为参数索引，x 为预赋给参数的值
int executeUpdate()	执行给定 SQL 语句，该语句可能为 INSERT、UPDATE 或 DELETE 语句，返回影响的行数
ResultSet executeQuery()	执行给定的查询（SELECT）语句，并返回对应的 ResultSet 对象。该方法只能用于查询

表 16-11 ResultSet 接口常用方法

方法	作用
void close()	关闭 ResultSet 对象，立即释放与此 ResultSet 有关的数据库和 JDBC 资源
boolean next()	移动游标指向下一行数据
String getString(int columnIndex)	读取当前行指定列的数据，columnIndex 为列索引

下面分别以向教师表添加一条教师信息和从教师表查询所有教师信息为例，介绍 Java 操作 MySQL 数据库的具体方法。修改、删除数据的编程方法与添加相似，此处不再赘述。

向教师表添加教师信息的代码如下：

```java
import java.sql.Connection;
import java.sql.DriverManager;
import java.sql.PreparedStatement;
public class InsertMessageTest {
    public static void main(String[] args) {
        Connection conn=null;
        PreparedStatement pst=null;
        try{
            String dbDriver = "com.mysql.jdbc.Driver"; //驱动类类名
            String dbUrl= "jdbc:mysql://localhost:3306/studentquestion"; //连接数据库的 URL
            String dbUser = "root";//数据库用户名
```

```java
            String dbPassword = "admin"; //密码
            Class.forName(dbDriver); //加载驱动
            conn = DriverManager.getConnection(dbUrl, dbUser, dbPassword);//创建数据库连接
            //构造 SQL 语句，其中的?为占位符，
            //后面会由 PreparedStatement 对象的 setString 方法为其赋值
            String sql="insert into teacher(teacherid,teachername,password,IsAdmin) values(?,?,?,?)";
            pst=conn.prepareStatement(sql);//构建 PreparedStatement 对象
            pst.setString(1,"1001");//为上述 SQL 语句中第一个?赋值
            pst.setString(2, "李明");//为上述 SQL 语句中第二个?赋值
            pst.setString(3, "200207");//为上述 SQL 语句中第三个?赋值
            pst.setString(4,"否");//为上述 SQL 语句中第四个?赋值
            int rows=pst.executeUpdate();//要求数据库执行 SQL 语句，并返回影响的行数
            if(rows>0)
                System.out.println("插入成功!");
            else
                System.out.println("插入失败!");
        }
        catch(Exception e){
            System.out.println("插入失败");
        }
        finally{///以下代码用来释放资源
            try{
                if (pst != null) {//判断 PreparedStatement 对象是否为空
                    pst.close(); //关闭操作数据库资源
                }
                if (conn != null) {//判断 Connection 对象是否为空
                    conn.close(); // 关闭连接数据库资源
                }
            }
            catch(Exception e){
                System.out.println("关闭数据库，释放资源时发生错误");
            }
        }
    }
}
```

从教师表查询教师信息的代码如下：

```java
import java.sql.Connection;
import java.sql.DriverManager;
import java.sql.PreparedStatement;
import java.sql.ResultSet;
public class SelectMessageTest {
    public static void main(String[] args) {
        Connection conn=null;
```

```java
PreparedStatement pst=null;
ResultSet rs=null;
try{
    String dbDriver = "com.mysql.jdbc.Driver"; //驱动类类名
    String dbUrl= "jdbc:mysql://localhost:3306/studentquestion"; //连接数据库的 URL
    String dbUser = "root";//数据库用户名
    String dbPassword = "admin"; //密码
    Class.forName(dbDriver); //加载驱动
    conn = DriverManager.getConnection(dbUrl, dbUser, dbPassword);//创建数据库连接
    //构造 SQL 语句
    String sql="select * from teacher";
    pst=conn.prepareStatement(sql);
    //构建 PreparedStatement 对象,准备向数据库提交 SQL 语句
    rs=pst.executeQuery();//要求数据库执行 SQL 语句,并返回结果集
    System.out.println("教师号\t 姓名\t 密码\t 是否管理员");
    while(rs.next()){
        System.out.println(rs.getString("teacherid")+"\t"+
        rs.getString("teacherName")+"\t"+rs.getString("password")+"\t"+
        rs.getString("isAdmin"));
    }
}
catch(Exception e){
    System.out.println("查询失败");
}
finally{
    try{
        if(rs!=null){//判断 ResultSet 对象是否为空
            rs.close();//关闭 ResultSet
        }
        if (pst != null){//判断 Statement 对象是否为空
            pst.close(); //关闭操作数据库资源
        }
        if (conn != null) {      //判断 Connection 对象是否为空
            conn.close(); //  关闭连接数据库资源
        }
    }
    catch(Exception e){
        System.out.println("关闭数据库,释放资源时发生错误");
    }
}
}
}
```

16.7 系统类结构设计

根据前几节的需求分析和数据库设计，对系统类结构进行设计，如图 16-4 所示，由于篇幅有限，本书仅介绍教师信息管理模块的相关类设计，因系统采用 MDI 多文档窗体结构，教师信息管理模块各界面以主界面的子界面形式呈现，在主界面之前还有登录界面，所以顺便将登录界面和主界面的类也一并列出，其他功能模块的类设计参照教师信息管理模块。

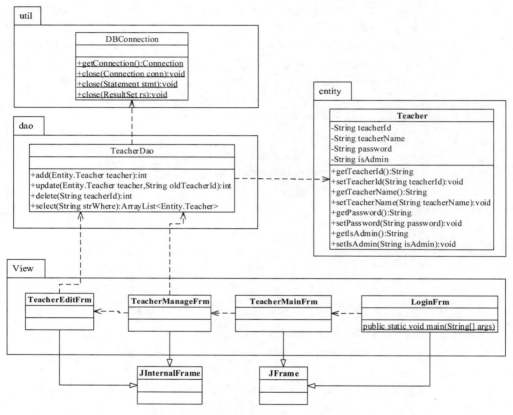

图 16-4　教师信息管理系统部分类设计

本项目共四个包：entity、util、dao、view。entity 为实体类包，包含的类用于对数据表相应实体的属性封装，包中的 Teacher 类对教师信息的属性进行了封装；util 为工具类包，封装着本系统需要复用的一些方法，目前只有一个 DBConnection 类，主要实现数据库连接和关闭操作，这些操作在任何一个数据库访问过程中都需要调用，因此有必要抽取出来；dao 为数据访问类包，主要实现对各个数据表的数据库操作，如增、删、改、查等，包中的 TeacherDao 类实现了对教师表的操作；view 为视图类包，也就是界面，其中的 LoginFrm 为登录界面，TeacherMainFrm 为教师端主界面，TeacherManageFrm 为教师管理模块的列表和编辑入口界面，TeacherEditFrm 为教师信息编辑界面，TeacherMainFrm 为 MDI 父窗体，TeacherManageFrm 和 TeacherEditFrm 为 MDI 子窗体。

下节介绍各个类（除 LoginFrm）的代码实现。

16.8 代码实现

16.8.1 entity.Teacher 类

entity 包的 Teacher 类代码如下：

```java
package entity;
public class Teacher {
    public String teacherName;//教师姓名
    public String teacherId;//教师编号
    public String teacherPwd;//教师密码
    public String teacherIsAdmin;//是否管理员
    public Teacher(){
    }
    public Teacher(String teacherName, String teacherId, String teacherPwd,String teacherIsAdmin) {
        this.teacherName = teacherName;
        this.teacherId = teacherId;
        this.teacherPwd = teacherPwd;
        this.teacherIsAdmin = teacherIsAdmin;
    }
    public String getTeacherName() {
        return teacherName;
    }
    public void setTeacherName(String teacherName) {
        this.teacherName = teacherName;
    }
    public String getTeacherId() {
        return teacherId;
    }
    public void setTeacherId(String teacherId) {
        this.teacherId = teacherId;
    }
    public String getTeacherPwd() {
        return teacherPwd;
    }
    public void setTeacherPwd(String teacherPwd) {
        this.teacherPwd = teacherPwd;
    }
    public String getTeacherIsAdmin() {
        return teacherIsAdmin;
    }
    public void setTeacherIsAdmin(String teacherIsAdmin) {
        this.teacherIsAdmin = teacherIsAdmin;
    }
    public String toString() {
        return teacherName;
    }
}
```

16.8.2 util.DBConnection 类

util 包的 DBConnection 类代码如下:

```java
package util;
import java.sql.Connection;
import java.sql.DriverManager;
import java.sql.ResultSet;
import java.sql.SQLException;
import java.sql.Statement;
import javax.swing.JOptionPane;
public class DBConnection {
    private static final String DBDRIVER = "com.mysql.jdbc.Driver"; //驱动类类名
    private static final String DBURL = "jdbc:mysql://localhost:3306/studentquestion"; //连接 URL
    private static final String DBUSER = "root";//数据库用户名
    private static final String DBPASSWORD = "admin"; //数据库密码
    static{//将加载驱动放到静态块中
        try {
            Class.forName(DBDRIVER); //加载驱动
        } catch (ClassNotFoundException e1) {//发生加载驱动异常
            e1.printStackTrace();
        }
    }
    public static Connection getConnection() {//建立与数据库的连接
        Connection conn = null; //建立 Connection 接口引用
        try {
            conn = DriverManager.getConnection(DBURL, DBUSER, DBPASSWORD); //建立连接
        } catch (SQLException e) {// 发生连接异常
            JOptionPane.showMessageDialog(null,"连接 MySQL 失败!!! ","***提示信息***",
            JOptionPane.INFORMATION_MESSAGE); //提示连接 MySQL 连接失败
        }
        return conn;
    }
    public static void close(Connection conn) {//关闭连接
        if (conn != null) {//判断 Connection 对象是否为空
            try {
                conn.close();// 关闭连接数据库资源
            } catch (SQLException e){ //判断关闭 Connection 对象时是否发生异常
                e.printStackTrace();}
        }
    }
    public static void close(Statement stmt) {//管理 Statement
        if (stmt != null){ //判断 Statement 对象是否为空
            try {
                stmt.close();//关闭操作数据库资源
            } catch (SQLException e){ //判断关闭 Statement 对象时是否发生异常
                e.printStackTrace();
```

                }
            }
        }
        public static void close(ResultSet rs) {//关闭 ResultSet
            if (rs != null) {//判断结果集是否为空
                try {
                    rs.close();//关闭结果集
                } catch (SQLException e){ //判断结果集是否发生异常
                    e.printStackTrace();
                }
            }
        }
    }

16.8.3 dao.TeacherDao 类

dao 包的 TeacherDao 类代码如下：

```java
package dao;
import java.sql.ResultSet;
import java.sql.SQLException;
import java.util.ArrayList;
import javax.swing.JOptionPane;
import util.DBConnection;
import java.sql.Connection;
import java.sql.PreparedStatement;
import entity.Teacher;
public class TeacherDao {
    public ArrayList<Teacher> select(String where) {//查询数据，where 为查询条件，为空时查询全部
        ArrayList<Teacher> list = new ArrayList<Teacher>();
        Connection conn = null;
        PreparedStatement pst = null;
        ResultSet rs = null;
        try {
            conn = DBConnection.getConnection();
            String sql = "SELECT teacherid,teachername,password,IsAdmin from teacher";
            if (!where.equals("")) {
            //如果 where 不为空，将 where 里面的内容作为 where 子句，构造完整的 SQL 语句
                sql += " where " + where;
            }
            pst = conn.prepareStatement(sql);
            rs = pst.executeQuery();
            while (rs.next()) {//遍历查询结果，封装为 Teacher 对象，并存入 list 集合
                Teacher tea = new Teacher();
                tea.setTeacherId(rs.getString(1));
                tea.setTeacherName(rs.getString(2));
                tea.setTeacherPwd(rs.getString(3));
                tea.setTeacherIsAdmin(rs.getString(4));
```

```java
                    list.add(tea);
                }
            } catch (SQLException e) {
                e.printStackTrace();
            } finally {
                DBConnection.close(conn);
            }
            return list;
        }
        public int add(Teacher tea) {//添加数据
            Connection conn = null;
            PreparedStatement pst = null;
            int rows = 0;
            try {
                conn = DBConnection.getConnection();
                String sql = "insert into teacher(teacherid,teachername,password,IsAdmin) values(?,?,?,?)";
                pst = conn.prepareStatement(sql);
                pst.setString(1, tea.getTeacherId());
                pst.setString(2, tea.getTeacherName());
                pst.setString(3, tea.getTeacherPwd());
                pst.setString(4, tea.getTeacherIsAdmin());
                rows = pst.executeUpdate();
            } catch (SQLException e) {
                e.printStackTrace();
            } finally {
                DBConnection.close(pst);
                DBConnection.close(conn);
            }
            return rows;
        }
        public int update(Teacher tea, String Id) {//修改数据，tea 为教师的新信息，Id 为教师旧编号
            Connection conn = null;
            PreparedStatement pst = null;
            int rows = 0;
            try {
                conn = DBConnection.getConnection();
                String sql = "UPDATE teacher SET teacherid=?,teachername=?,password=?,IsAdmin=?
                    WHERE teacherid=?";
                pst = conn.prepareStatement(sql);
                pst.setString(1, tea.getTeacherId());
                pst.setString(2, tea.getTeacherName());
                pst.setString(3, tea.getTeacherPwd());
                pst.setString(4, tea.getTeacherIsAdmin());
                pst.setString(5, Id);
                rows = pst.executeUpdate();
            } catch (SQLException e) {
```

```java
                e.printStackTrace();
            } finally {
                DBConnection.close(pst);
                DBConnection.close(conn);
            }
            return rows;
        }
        public int delete(String tno) {//删除数据，tno 为要删除教师的编号
            Connection conn = null;
            PreparedStatement pst = null;
            int rows = 0;
            try {
                conn = DBConnection.getConnection();
                String sql = "DELETE FROM teacher WHERE teacherid=?";
                pst = conn.prepareStatement(sql);
                pst.setString(1, tno);
                rows = pst.executeUpdate();
            } catch (SQLException e) {
                e.printStackTrace();
            } finally {
                DBConnection.close(pst);
                DBConnection.close(conn);
            }
            return rows;
        }
        public int changePassword(String T_No, String T_Password) {
        //修改密码,T_NO 为教师号，T_Passworde 为新密码
            Connection conn = null;
            PreparedStatement pstmt = null;
            int rows = 0;
            try {
                conn = DBConnection.getConnection();
                String sql = "UPDATE teacher SET password=? WHERE teacherid=?";
                pstmt = conn.prepareStatement(sql);
                pstmt.setString(1, T_Password);
                pstmt.setString(2, T_No);
                rows = pstmt.executeUpdate();
            } catch (SQLException e) {
                e.printStackTrace();
            } finally {
                DBConnection.close(pstmt);
                DBConnection.close(conn);
            }
            return rows;
        }
}
```

16.8.4　view.TeacherMainFrm 类

view 包的 TeacherMainFrm 类代码如下：

```java
package view;
import java.awt.BorderLayout;
import java.awt.Font;
import java.awt.event.ActionEvent;
import java.awt.event.ActionListener;
import javax.swing.DefaultDesktopManager;
import javax.swing.JDesktopPane;
import javax.swing.JFrame;
import javax.swing.JMenu;
import javax.swing.JMenuBar;
import javax.swing.JMenuItem;
public class TeacherMainFrm extends JFrame implements ActionListener{
    private static final long serialVersionUID = 1L;
    static String id=LoginFrm.user;//从登录界面接收用户编号
    JMenuBar jnbar=new JMenuBar(); //创建菜单栏
    JMenu jm_information=new JMenu("基本信息管理"); //基本信息管理菜单
    JMenuItem ji_teacher=new JMenuItem("教师信息");
    JMenuItem ji_student=new JMenuItem("学生信息");
    JMenuItem ji_course=new JMenuItem("课程信息");
    JMenuItem ji_tecourse=new JMenuItem("授课信息");
    JMenu jm_perset=new JMenu("个人设置"); //个人设置菜单
    JMenuItem ji_passwd=new JMenuItem("修改密码");
    JMenu jm_question=new JMenu("题库相关管理");//题库相关管理菜单
    JMenuItem ji_questionma=new JMenuItem("题库管理");
    static JDesktopPane desk; // 用来添加 Mdi 子窗体的桌面容器
    public TeacherMainFrm(String isAdmin){
        desk = new JDesktopPane();
        desk.setDesktopManager(new DefaultDesktopManager());
        add(desk, BorderLayout.CENTER);
        Font font=new Font("宋体",Font.BOLD+Font.PLAIN,18);
        jm_information.setFont(font);
        jm_perset.setFont(font);
        jm_question.setFont(font);
        this.setTitle("考试系统教师端");
        this.setJMenuBar(jnbar);
        jnbar.add(jm_information);
        jnbar.add(jm_perset);
        jnbar.add(jm_question);
        jm_information.add(ji_teacher);
        if(isAdmin.equals("是")){
        }else{
            jm_information.setEnabled(false);
        }
```

```
        ji_teacher.addActionListener(this);
        jm_information.add(ji_student);
        ji_student.addActionListener(this);
        jm_information.add(ji_course);
        ji_course.addActionListener(this);
        jm_information.add(ji_tecourse);
        ji_tecourse.addActionListener(this);
        jm_perset.add(ji_passwd);
        ji_passwd.addActionListener(this);
        jm_question.add(ji_questionma);
        ji_questionma.addActionListener(this);
        this.setBounds(50, 50, 1150, 900);
        this.setVisible(true);
    }
    //各菜单项事件,打开相应子窗体放入 JDesktopPane 容器内
    public void actionPerformed(ActionEvent e) {
        if(e.getSource()==ji_teacher){
            desk.add(new TeacherManageFrm(),JDesktopPane.DRAG_LAYER);
        }else if(e.getSource()==ji_student){
            desk.add(new StudentManageFrm(),JDesktopPane.DRAG_LAYER);
        }else if(e.getSource()==ji_course){
            desk.add(new CourseManageFrm(),JDesktopPane.DRAG_LAYER);
        }else if(e.getSource()==ji_tecourse){
            desk.add(new TeachCourseManageFrm(),JDesktopPane.DRAG_LAYER);
        }else if(e.getSource()==ji_passwd){
            desk.add(new ChangeTeacherPasswordFrm(),JDesktopPane.DRAG_LAYER);
        }else if(e.getSource()==ji_questionma){
            desk.add(new TestQuestionManageFrm(),JDesktopPane.DRAG_LAYER);
        }
    }
}
```

运行界面如图 16-5 所示。

图 16-5　教师端主界面

16.8.5　view.TeacherManageFrm 类

view 包的 TeacherManageFrm 类代码如下：

```java
package view;
import java.awt.BorderLayout;
import java.awt.event.ActionEvent;
import java.awt.event.ActionListener;
import java.beans.PropertyVetoException;
import java.util.*;
import javax.swing.*;
import javax.swing.event.InternalFrameAdapter;
import javax.swing.event.InternalFrameEvent;
import dao.TeacherDao;
import entity.Teacher;
public class TeacherManageFrm extends JInternalFrame {
    private static final long serialVersionUID = 1L;
    private Box box1 = Box.createVerticalBox();
    private JComboBox box11 = new JComboBox(new String[]
        { "教师编号","教师姓名" });//查询依据下拉列表
    private JTextField tf_text = new JTextField(20);//查询输入框
    private JButton b_seIndistinct = new JButton("查询");
    private JButton b_selectAll = new JButton("查询全部");
    private JButton b_add = new JButton("添加");
    private JButton b_alter = new JButton("修改");
    private JButton b_delete = new JButton("删除");
    private JPanel p1 = new JPanel();
    private JPanel p2 = new JPanel();
    private JPanel p3 = new JPanel();
    private BorderLayout layout = new BorderLayout();
    private JPanel p = new JPanel(layout);
    private Object[][] obj1;//用于存放查询结果
    private Object[] obj2 = { "教师编号","教师姓名","教师密码","是否为管理员" };//Jtable 列头文本
    public JTable table;
    public ArrayList<Teacher> list;
    TeacherDao teacherDao=new TeacherDao();//实例化数据访问类对象
    public TeacherManageFrm() {
        super(" ", true, true, true, true);
        setDefaultCloseOperation(JFrame.DISPOSE_ON_CLOSE);
        addInternalFrameListener(new InternalFrameAdapter() {
        public void internalFrameActivated(InternalFrameEvent e) {
            setLayer(JDesktopPane.DRAG_LAYER);
        }
        public void internalFrameDeactivated(InternalFrameEvent e) {
            setLayer(JDesktopPane.DEFAULT_LAYER);
        }
    });
```

```java
String text = tf_text.getText();
list = teacherDao.select(text);//查询所有的教师信息
obj1 = new Object[list.size() + 10][4];
table = new JTable(obj1, obj2);//初始化 JTable
JScrollPane pane = new JScrollPane(table);
p1.add(box1);
box11.setSelectedIndex(0);
box1.add(box11);
p1.add(tf_text);
p1.add(b_seIndistinct);
p1.add(b_selectAll);
p2.add(pane);
p3.add(b_add);
p3.add(b_alter);
p3.add(b_delete);
p.add(p1, BorderLayout.NORTH);
p.add(p2, BorderLayout.CENTER);
p.add(p3, BorderLayout.SOUTH);
this.setTitle("教师信息管理");
refresh();//刷新 Jtable 显示数据
b_selectAll.addActionListener(new ActionListener() {//"查询全部"按钮事件
    public void actionPerformed(ActionEvent e) {
        tf_text.setText("");
        refresh();
        p2.repaint();
    }
});
b_seIndistinct.addActionListener(new ActionListener() {//"查询"按钮事件
    public void actionPerformed(ActionEvent e) {
        String text = tf_text.getText();
        String field="";
        if(((String) box11.getSelectedItem()).equals("教师编号") ){
            field="teacherid";//设置查询字段
        }else {
            field="teachername";//设置查询字段
        }
        if ("".equals(text)) {
            JOptionPane.showMessageDialog(null, "请输入关键词", "***提示信息***",
            JOptionPane.INFORMATION_MESSAGE);
            return;
        }
        list = teacherDao.select(field +" like '%"+text+"%'");//调用查询函数
        Iterator<Teacher> it = list.iterator();//获得查询结果集合的迭代器
        int i = 0;
        while (it.hasNext()) {//遍历查询结果
```

```java
                    Teacher tea = it.next();
                    obj1[i][0] = tea.getTeacherId();
                    obj1[i][1] = tea.getTeacherName();
                    obj1[i][2] = tea.getTeacherPwd();
                    obj1[i][3] = tea.getTeacherIsAdmin();
                    i++;
                }
                for (int j = list.size(); j < obj1.length; j++) {
                    obj1[j][0] = "";
                    obj1[j][1] = "";
                    obj1[j][2] = "";
                    obj1[j][3] = "";
                }
                tf_text.setText("");
                p2.repaint();
            }
        });
        b_add.addActionListener(new ActionListener() {//"添加"按钮事件
            public void actionPerformed(ActionEvent e) {
                //实例化教师信息编辑窗体
                TeacherEditFrm frm =new TeacherEditFrm(TeacherManageFrm.this,"添加");
                //把教师信息编辑窗体作为子窗体添加到教师端主界面中
                TeacherMainFrm.desk.add(frm,JDesktopPane.DRAG_LAYER);
                {
                    frm.setSelected(true);//激活教师信息编辑窗体,使其前置
                } catch (PropertyVetoException e1) {
                    e1.printStackTrace();
                }
            }
        });
        b_alter.addActionListener(new ActionListener() {//"修改"按钮事件
            public void actionPerformed(ActionEvent e) {
                int selectedRow = table.getSelectedRow();// 获得选中行的索引
                if (selectedRow == -1) {//没有选中行的话提示用户
                    JOptionPane.showMessageDialog(null, "请先选中需要修改的行",
                    "***提示信息***",JOptionPane.INFORMATION_MESSAGE);
                    return;
                } else {
                    TeacherEditFrm frm =new TeacherEditFrm(TeacherManageFrm.this,"修改");
                    frm.teacherManageFrm=TeacherManageFrm.this;
                    frm.b_AlterAdd.setText("修改");
                    TeacherMainFrm.desk.add(frm, JDesktopPane.DRAG_LAYER);
                    try {
                        frm.setSelected(true);
                    } catch (PropertyVetoException e1) {
```

```java
                    e1.printStackTrace();
                }
            }
        }
    });
    b_delete.addActionListener(new ActionListener() {//"删除"按钮事件
        public void actionPerformed(ActionEvent e) {
            int selectedRow = table.getSelectedRow();// 获得选中行的索引
            if (teacherDao.delete(table.getModel().getValueAt(selectedRow,0).toString()) > 0) {
                JOptionPane.showMessageDialog(null, "删除成功!!! ","***提示信息***",
                    JOptionPane.INFORMATION_MESSAGE);
                refresh();
            } else {
                JOptionPane.showMessageDialog(null, "删除失败!!! ","***提示信息***",
                    JOptionPane.INFORMATION_MESSAGE);
            }
        }
    });
    this.add(p);
    this.setBounds(200, 100, 500, 500);
    this.setVisible(true);
}
public void refresh() {
    String text = tf_text.getText();
    list = teacherDao.select(text);
    Iterator<Teacher> it = list.iterator();
    int i = 0;
    while (it.hasNext()) {
        Teacher tea = it.next();
        obj1[i][0] = tea.getTeacherId();
        obj1[i][1] = tea.getTeacherName();
        obj1[i][2] = tea.getTeacherPwd();
        obj1[i][3] = tea.getTeacherIsAdmin();
        i++;
    }
    int var = list.size();
    obj1[var][0] = "";
    obj1[var][1] = "";
    obj1[var][2] = "";
    obj1[var][3] = "";
    table.repaint();
}
}
```

运行界面如图 16-6 所示。

图 16-6　教师信息管理界面

16.8.6　view.TeacherEditFrm 类

view 包的 TeacherEditFrm 类代码如下：

```
package view;
import java.awt.Font;
import java.awt.GridLayout;
import java.awt.event.ActionEvent;
import java.awt.event.ActionListener;
import java.beans.PropertyVetoException;
import javax.swing.ButtonGroup;
import javax.swing.JButton;
import javax.swing.JDesktopPane;
import javax.swing.JFrame;
import javax.swing.JInternalFrame;
import javax.swing.JLabel;
import javax.swing.JOptionPane;
import javax.swing.JPanel;
import javax.swing.JPasswordField;
import javax.swing.JRadioButton;
import javax.swing.JTextField;
import javax.swing.event.InternalFrameAdapter;
import javax.swing.event.InternalFrameEvent;
import dao.TeacherDao;
import entity.Teacher;
public class TeacherEditFrm extends JInternalFrame{
    private static final long serialVersionUID = 1L;
    private JLabel l_id=new JLabel(" 工    号：");
    private JTextField tf_id=new JTextField(20);
```

```java
private JLabel l_name=new JLabel(" 姓    名：");
private JTextField tf_name=new JTextField(20);
private JLabel l_passwd=new JLabel("输入密码：");
private JPasswordField tf_passwd=new JPasswordField(20);
private JLabel l_pas=new JLabel("确认密码：");
private JPasswordField tf_pas=new JPasswordField(20);
public JButton b_AlterAdd=new JButton();
private JButton b_reset=new JButton("退出");
private static ButtonGroup bg = new ButtonGroup();
private JLabel l_ma=new JLabel("是否为管理员：");
private static JRadioButton jr_yes = new JRadioButton("是");
private static JRadioButton jr_no= new JRadioButton("否");
private JPanel p_id=new JPanel();
private JPanel p_name=new JPanel();
private JPanel p_passwd=new JPanel();
private JPanel p_pas=new JPanel();
private JPanel p_bg=new JPanel();
private JPanel p_ban=new JPanel();
TeacherDao teacherDao=new TeacherDao();
TeacherManageFrm teacherManageFrm;
public TeacherEditFrm(TeacherManageFrm teacherManageFrm,String operation){
    //调用父类构造，创建具有指定标题、可调整、可关闭、可最大化
    //和可图标化的 JInternalFrame
    super(" ", true, true, true, true);
    setDefaultCloseOperation(JFrame.DISPOSE_ON_CLOSE);
    //添加指定的侦听器，以从此内部窗体接收内部窗体事件
    addInternalFrameListener(new InternalFrameAdapter() {
        public void internalFrameActivated(InternalFrameEvent e) {//当内部窗体被激活时调用
            //设置此组件 layer 属性的便捷方法，此处定义 Drag 层的便捷对象
            setLayer(JDesktopPane.DRAG_LAYER);
        }
        public void internalFrameDeactivated(InternalFrameEvent e) {//内部窗体被取消激活时调用
            setLayer(JDesktopPane.DEFAULT_LAYER);
        }
    });
    this.teacherManageFrm=teacherManageFrm;
    b_AlterAdd.setText(operation);
    p_id.add(l_id);
    p_id.add(tf_id);
    p_name.add(l_name);
    p_name.add(tf_name);
    p_passwd.add(l_passwd);
    p_passwd.add(tf_passwd);
    p_pas.add(l_pas);
    p_pas.add(tf_pas);
    p_ban.add(b_AlterAdd);
```

```java
                p_ban.add(b_reset);
                jr_yes.setActionCommand("是");
                jr_no.setActionCommand("否");
                bg.add(jr_yes);
                bg.add(jr_no);
                p_bg.add(l_ma);
                p_bg.add(jr_yes);
                p_bg.add(jr_no);
                if(b_AlterAdd.getText().equals("添加")){
                    b_AlterAdd.addActionListener(new ActionListener(){
                        public void actionPerformed(ActionEvent e) {
                            Teacher tea=new Teacher();
                            String id=tf_id.getText();
                            String name=tf_name.getText();
                            String passwd=new String(tf_passwd.getPassword());
                            String pas=new String(tf_pas.getPassword());
                            String yesno=bg.getSelection().getActionCommand();
                            tea.setTeacherId(id);
                            tea.setTeacherName(name);
                            tea.setTeacherPwd(passwd);
                            tea.setTeacherIsAdmin(yesno);
                            if(id==null||"".equals(id)||name==null||"".equals(name)||yesno==null){
                                JOptionPane.showMessageDialog(null,
                                "教师号，姓名，是否为管理员错误！！！ ","***提示信息***",
                                JOptionPane.INFORMATION_MESSAGE);
                            }
                            if(!(pas.equals(passwd))){
                                JOptionPane.showMessageDialog(null,"输入密码不一致，请重新输入！！ ",
                                "***提示信息***",JOptionPane.INFORMATION_MESSAGE);
                                return;
                            }
                            if(teacherDao.add(tea)>0){
                                JOptionPane.showMessageDialog(null,"教师信息插入成功！ ",
                                "***提示信息***",JOptionPane.INFORMATION_MESSAGE);
                                TeacherEditFrm.this.teacherManageFrm.refresh();
                            }else{
                                JOptionPane.showMessageDialog(null,"教师信息插入失败！ ",
                                "***提示信息***",JOptionPane.INFORMATION_MESSAGE);
                            }
                        }
                    });
                }
                if(b_AlterAdd.getText().equals("修改")){
                    // 获得选中行的索引
                    int selectedRow = TeacherEditFrm.this.teacherManageFrm.table.getSelectedRow();
                    String id=(String) TeacherEditFrm.this.teacherManageFrm.table.getModel().getValueAt
```

```java
            (selectedRow, 0);
    String name=(String) TeacherEditFrm.this.teacherManageFrm.table.getModel().getValueAt
            (selectedRow, 1);
    String passwd=(String) TeacherEditFrm.this.teacherManageFrm.table.getModel().getValueAt
            (selectedRow, 2);
    String pas=(String) TeacherEditFrm.this.teacherManageFrm.table.getModel().getValueAt
            (selectedRow, 2);
    String yesno=(String) TeacherEditFrm.this.teacherManageFrm.table.getModel().getValueAt
            (selectedRow, 3);
    tf_id.setText(id);
    tf_name.setText(name);
    tf_passwd.setText(passwd);
    tf_pas.setText(pas);
    if("是".equals(yesno)){
        jr_yes.setSelected(true);
    }else if("否".equals(yesno)){
        jr_no.setSelected(true);
    }
    b_AlterAdd.addActionListener(new ActionListener(){
        public void actionPerformed(ActionEvent e) {
            // 获得选中行的索引
            int selectedRow = TeacherEditFrm.this.teacherManageFrm.table.getSelectedRow();
            if(selectedRow!=-1){
                Teacher tea=new Teacher();
                String Id=(String)TeacherEditFrm.this.teacherManageFrm.table.getModel().
                        getValueAt(selectedRow, 0);
                String id=tf_id.getText();
                String name=tf_name.getText();
                String passwd=new String(tf_passwd.getPassword());
                String pas=new String(tf_pas.getPassword());
                String yesno=bg.getSelection().getActionCommand();
                tea.setTeacherId(id);
                tea.setTeacherName(name);
                tea.setTeacherPwd(passwd);
                tea.setTeacherIsAdmin(yesno);
                if(id==null||"".equals(id)||name==null||"".equals(name)||yesno==null){
                    JOptionPane.showMessageDialog(null,
                            "教师号,姓名,是否为管理员错误！","***提示信息***",
                            JOptionPane.INFORMATION_MESSAGE);
                }
                if(!(pas.equals(passwd))){
                    JOptionPane.showMessageDialog(null,"输入密码不一致,请重新输入！"
                            ,"***提示信息***",JOptionPane.INFORMATION_MESSAGE);
                    return;
                }
                if(teacherDao.update(tea,Id)>0){
```

```java
                            JOptionPane.showMessageDialog(null,"教师信息修改成功！"
                            ,"***提示信息***",JOptionPane.INFORMATION_MESSAGE);
                            TeacherEditFrm.this.teacherManageFrm.refresh();
                        }else{
                            JOptionPane.showMessageDialog(null,"教师信息修改失败！"
                            ,"***提示信息***",JOptionPane.INFORMATION_MESSAGE);
                        }
                    }
                }
            });
    }
    Font font = new Font("宋体", Font.BOLD + Font.PLAIN, 19);
    l_id.setFont(font);
    tf_id.setFont(font);
    l_name.setFont(font);
    tf_name.setFont(font);
    l_passwd.setFont(font);
    tf_passwd.setFont(font);
    l_pas.setFont(font);
    tf_pas.setFont(font);
    b_AlterAdd.setFont(font);
    b_reset.setFont(font);
    l_ma.setFont(font);
    jr_yes.setFont(font);
    jr_no.setFont(font);
    b_reset.addActionListener(new ActionListener(){
        public void actionPerformed(ActionEvent e) {
            try {
                TeacherEditFrm.this.setClosed(true);
            } catch (PropertyVetoException e1) {
                e1.printStackTrace();
            }
        }
    });
        this.setTitle("编辑界面");
        this.add(p_id);
        this.add(p_name);
        this.add(p_passwd);
        this.add(p_pas);
        this.add(p_bg);
        this.add(p_ban);
        this.setLayout(new GridLayout(6,1));
        this.setBounds(500, 100, 400, 400);
        this.setVisible(true);
    }
}
```

运行界面如图 16-7 所示。

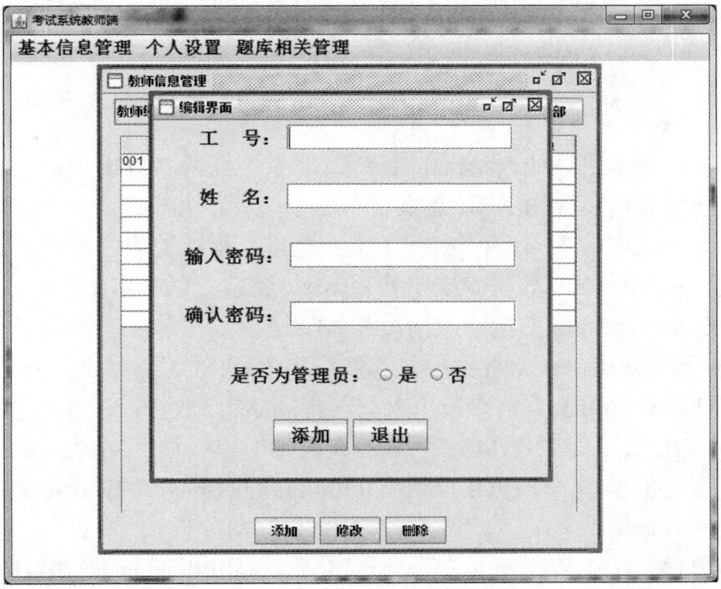

图 16-7 教师信息编辑界面

16.9 本章小结

本章以知识自测系统为例,介绍了一个管理信息系统从需求分析到系统实现的全过程,重点讲解应用本书各章所学数据库设计理论进行应用系统数据库设计的详细步骤,并给出了 Java 语言访问 MySQL 数据库的具体方法和示例。熟练掌握本章内容,对今后的数据库设计和管理信息系统开发工作会有直接的帮助。

参考文献

[1] 王珊，萨师煊．数据库系统概论[M]．5 版．北京：高等教育出版社，2014．

[2] 郭东恩．数据库原理及应用[M]．北京：科学出版社，2013．

[3] 何玉洁．数据库原理与应用教程[M]．4 版．北京：机械工业出版社，2016．

[4] 周文刚．SQL Server 2008 数据库应用教程[M]．北京：科学出版社，2013

[5] 虞益诚．SQL Server 2005 数据库应用技术[M]．2 版．北京：中国铁道出版社，2009．

[6] 刘瑞新，张义兵．SQL Server 数据库技术及应用教程[M]．北京：电子工业出版社，2012．

[7] 侯振云，肖进．MySQL5 数据库应用入门与提高[M]．北京：清华大学出版社，2015．

[8] 郑阿奇．MySQL 数据库教程[M]．北京：人民邮电出版社，2017．

[9] 数据库设计的基本步骤．[EB/OL]．https://blog.csdn.net/huyr_123/article/details/61417850，2018.08．

[10] MySQL 安全配置．[EB/OL]．http://www.cnblogs.com/littlehann/p/3792203.html，2018.08．

[11] MySQL 的 user 表．[EB/OL]．https://blog.csdn.net/nangeali/article/details/76408634，2018.08．

[12] MySQL 优化之权限管理．[EB/OL]．http://blog.csdn.net/l1028386804/article/details/46763767，2018.07．

[13] MySQL 安全机制．[EB/OL]．https://blog.csdn.net/u012291393/article/details/78448659，2018.08．